母猪高产高效饲养技术

MUZHU
GAOCHAN GAOXIAO
SIYANG JISHU

王丽荣　李小军　王杰琼　主编

化学工业出版社
·北京·

内容简介

本书介绍了猪的品种类型及种猪选择、母猪的营养及日粮配制、母猪场的建设、母猪的饲养管理、提高母猪生产力的措施、母猪的疾病防控、母猪场的经营管理等与母猪高产、高效饲养有关的核心关键技术，为提高母猪养殖效益提供技术支撑。本书适合养猪技术人员、养猪专业大户、猪场经营管理人员、兽医人员等阅读参考。

图书在版编目（CIP）数据

母猪高产高效饲养技术/王丽荣，李小军，王杰琼主编.—北京：化学工业出版社，2020.8

ISBN 978-7-122-37267-3

Ⅰ.①母… Ⅱ.①王… ②李… ③王… Ⅲ.①母猪-饲养管理 Ⅳ.①S828.9

中国版本图书馆CIP数据核字（2020）第106382号

责任编辑：邵桂林　　文字编辑：林　丹　王治刚

责任校对：王佳伟　　装帧设计：韩　飞

出版发行：化学工业出版社（北京市东城区青年湖南街13号　邮政编码100011）

印　　装：三河市延风印装有限公司

850mm×1168mm　1/32　印张8¾　字数230千字

2021年1月北京第1版第1次印刷

购书咨询：010-64518888　　售后服务：010-64518899

网　　址：http://www.cip.com.cn

凡购买本书，如有缺损质量问题，本社销售中心负责调换。

定　　价：39.80元

编写人员名单

主　编　王丽荣　李小军　王杰琼

副主编　宋振宇　王青科　王瑞俭　魏刚才

编写人员（按姓名笔画排列）

王丽荣（河南科技学院）

王青科（封丘县农业农村局）

王杰琼（封丘县农业农村局）

王瑞俭（温县动物卫生监督所）

任建静（封丘县农业农村局）

孙敬华（孟州市动物卫生监督所）

李小军（河南省济源市动物卫生监督所）

李高峰（济源市动物卫生监督所）

李菲霞（温县畜产品质量安全监测中心）

杨　娜（封丘县农业农村局）

宋振宇（济源市动物卫生监督所）

魏刚才（河南科技学院）

魏里朋（河南科技学院）

编写人员名单

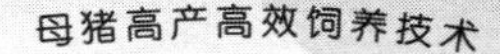

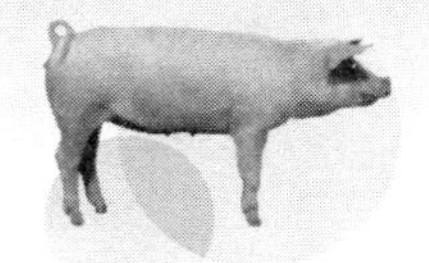

前 言

我国是养猪和猪肉消费大国，目前，生猪存栏量已超过 5 亿头（其中能繁母猪存栏量接近 4000 万头），养殖方式也在向规模化、机械化、智能化方向发展，养猪业成为一个大产业，这不仅极大地丰富了猪肉市场，满足了人们的生活需要，而且对于畜牧业产业结构调整和养殖者经济收入的增加也发挥着巨大的作用。

养猪业的发展需要饲养大量的母猪，而母猪的生产水平直接决定了养猪业的发展质量。由于品种、环境、饲养管理和疾病等因素的影响以及技术配套不够完善等，我国母猪的产仔率和仔猪成活率较低、能繁母猪年生产的仔猪数量较少（丹麦年生产 28 ~ 32 头，我国年生产 16 ~ 20 头），这不仅影响了养殖者的生产效益，也造成了资源的巨大浪费。推广实用的、配套的母猪高效饲养技术，对于推动我国养猪业的稳定持续发展，提高养猪生产水平和效益具有极为重要的意义。为此，特组织有关技术人员编写了本书。

本书立足我国母猪养殖的实际，结合生产中的一些成功经验和母猪养殖的先进技术，对母猪高效饲养技术进行了系统介绍。本书共分七章，分别是：猪的品种及种猪引进、母猪的营养及日粮配制、母猪场的建设、母猪的饲养管理、提高母猪生产力的措施、母猪的疾病防控、母猪场的经营管理。

本书内容密切联系实际、内容简练、操作性强，适用于从事种猪生产和自繁自养猪场的饲养人员、技术人员和管理人员阅读，也可以作为大、中专学校和农村函授及培训班的辅助教材和参考书。

由于编写水平所限，加之时间仓促，书中疏漏之处在所难免，敬请广大同仁批评指正。

编者

母猪高产高效饲养技术

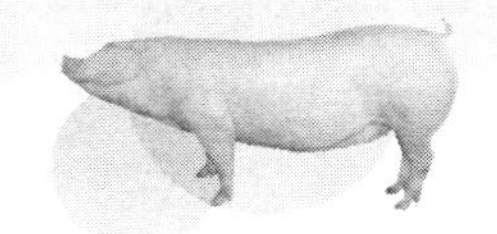

目 录

第一章 猪的品种及种猪引进 1

第一节 猪的品种类型和品种介绍 …… 1

一、品种类型 …… 1

二、品种介绍 …… 2

第二节 优良母猪的选择和引进 …… 22

一、种母猪的选择 …… 22

二、种母猪的引进 …… 24

第二章 母猪的营养及日粮配制 28

第一节 母猪的营养需要 …… 28

一、需要的营养物质 …… 28

二、营养标准 …… 34

第二节 母猪的日粮配制 …… 35

一、日粮配制的原料种类 …… 35

二、日粮配方的设计 …… 44

三、日粮配方的举例 …… 50

第三章 母猪场的建设 59

第一节 母猪场的场址选择和规划布局 …… 59
一、场址选择 …… 59
二、规划布局 …… 61
第二节 母猪场猪舍设计和设备配备 …… 66
一、猪舍设计 …… 66
二、猪场设备 …… 70

第四章 母猪的饲养管理 77

第一节 后备母猪的饲养管理 …… 77
一、后备母猪生长发育的特点 …… 77
二、后备母猪的选择 …… 78
三、后备母猪的饲养 …… 79
四、后备母猪的管理 …… 80
第二节 母猪配种期的饲养管理 …… 83
一、母猪的发情期与发情周期 …… 83
二、母猪的排卵潜力 …… 84
三、母猪配种的适宜时期 …… 84
四、配种期母猪的饲养 …… 85
五、配种期母猪的管理 …… 87
第三节 母猪妊娠期的饲养管理 …… 89
一、妊娠诊断 …… 89
二、妊娠母猪的生理特点 …… 91
三、妊娠母猪的饲养 …… 91
四、妊娠母猪的管理 …… 94
第四节 母猪分娩期的管理 …… 96
一、分娩前的准备 …… 96

二、分娩征兆 …… 97
三、分娩过程 …… 97
四、接产 …… 98
五、母猪分娩前后的饲养 …… 101
六、母猪产后的护理 …… 102
第五节　哺乳母猪的饲养管理 …… 102
一、母猪的泌乳行为和影响母猪泌乳量的因素 …… 102
二、哺乳母猪的饲养 …… 107
三、哺乳母猪的管理 …… 111
四、生产实践中存在的问题 …… 113

第五章　提高母猪生产力的措施　116

第一节　母猪的发情与排卵 …… 116
一、母猪的发情和发情周期 …… 116
二、母猪发情异常 …… 117
三、母猪不发情的原因及处理 …… 118
四、母猪的排卵 …… 120
五、控制母猪繁殖障碍 …… 124
第二节　母猪的发情及发情鉴定 …… 128
一、母猪的发情 …… 128
二、发情鉴定 …… 131
第三节　母猪的配种 …… 132
一、配种的适宜时间 …… 132
二、配种方式 …… 134
三、配种方法 …… 135
四、配种问题处理 …… 144
第四节　提高胚胎成活率 …… 146
一、胚胎生长发育规律和阶段 …… 146
二、胚胎死亡高峰期 …… 147

三、母猪胚胎死亡的主要原因及防治措施 …… 148
第五节　采用繁殖新技术 …… 151
一、同期发情 …… 151
二、分娩控制 …… 153
三、产期病预防术 …… 154
四、仔猪下痢病预防术 …… 155

第六章　母猪的疾病防控 156

第一节　猪病综合防制 …… 156
一、科学的饲养管理 …… 156
二、加强隔离卫生 …… 157
三、严格消毒 …… 165
四、猪场的免疫接种 …… 181
五、药物防治 …… 186
六、疫病扑灭措施 …… 189
第二节　常见猪病防治 …… 189
一、母猪的传染病防治 …… 189
二、母猪的寄生虫病防治 …… 219
三、母猪的其他疾病防治 …… 226

第七章　母猪场的经营管理 238

第一节　经营管理的概念、意义及内容 …… 238
一、经营管理的概念 …… 238
二、经营管理的意义 …… 238
三、经营管理的内容 …… 239
第二节　猪场生产计划管理 …… 240
一、编制计划的方法 …… 240

二、猪场主要生产计划 …… 240
第三节　生产运行过程的经营管理 …… 242
一、猪场管理制度 …… 242
二、定额管理 …… 243
三、制定工作程序 …… 245
四、记录管理 …… 246
五、产品销售管理 …… 249
第四节　经济核算 …… 250
一、资产核算 …… 250
二、成本核算 …… 252
三、盈利核算 …… 254
附录　猪常见疾病鉴别表 256
参考文献 265

第一章 猪的品种及种猪引进

第一节 猪的品种类型和品种介绍

一、品种类型

我国猪种资源丰富，根据猪肉瘦肉率多少可将猪种分为瘦肉型、脂肪型、兼用型。

（一）瘦肉型猪

瘦肉型猪是指以生产瘦肉为主要特征的猪种，其猪肉瘦肉多、肥肉少（脂肪占胴体重的30%左右），瘦肉率在55%以上。体躯长浅，整个身体呈流线型，前后肢间距宽，头颈较轻，臀部发达，肌肉丰满，一般体长较胸围大15～20厘米，背膘厚在2.5～3厘米以下。在标准饲养管理下，6月龄体重可达90～100千克。代表品种有丹麦长白猪、英国大约克夏猪、美国杜洛克猪和中国三江白猪。

（二）脂肪型猪

脂肪型猪胴体脂肪多，一般脂肪占胴体重的55%～60%，胴体瘦肉率在45%以下，整个外形呈方砖形。体躯宽、深而不长，四肢短，头颈较粗，体长与胸围相等或约超过2厘米，背膘厚在4厘米以上。代表品种有两广小花猪、内江猪、八眉猪、陆川猪、英国老巴克夏猪。

（三）兼用型猪

兼用型猪的体形和生产性能介于瘦肉型猪和脂肪型猪之间。90千克时胴体瘦肉率为50%～55%，背膘厚为2.5～3.5厘米。该型猪肉脂品质优良，风味可口，产肉和产脂肪能力均较强。体形中等，背腰宽阔，中躯短粗，后躯丰满，体质结实，性情温驯，适应性强。我国地方猪种大多属于这一类型。

二、品种介绍

（一）国内地方品种

1. 太湖猪

【产地与分布】 产于江苏、浙江的太湖地区，由二花脸猪、梅山猪、枫泾猪、米猪等地方类型猪组成。主要分布在长江下游的江苏、浙江和上海交界的太湖流域，故统称"太湖猪"。品种内类群结构丰富，有广泛的遗传基础。肌肉脂肪较多，肉质较好。

【外貌特征】 太湖猪（图1-1）头大额宽，额部皱纹多、深，耳特大、软而下垂，耳尖同嘴角齐或超过嘴角，耳朵形如大蒲扇。全身被毛黑色或青灰色，毛稀。腹部皮肤呈紫红色，也有鼻吻或尾尖呈白色的。梅山猪的四肢末端为白色，米猪骨骼较细致。

图1-1　太湖猪

【生产性能】成年公猪体重150～200千克，成年母猪体重150～180千克。公猪4～5月龄时，精液品质已基本达到成年公猪的水平。母猪在一个发情期内排卵较多。太湖猪生长速度较慢，性成熟早，屠宰率65%～70%，胴体瘦肉率较低。太湖猪是世界上产仔最多的猪品种，最高窝产仔数达到36头。初产母猪平均产仔数12头以上，活仔数11头以上；3胎及3胎以上母猪平均产仔数16头，活仔数14头以上。

【杂交利用效果】用苏白猪、长白猪和约克夏猪作父本与太湖猪母猪杂交，一代杂种猪日增重分别为506克、481克和477克。用长白猪作父本，与梅二（梅山公猪配二花脸母猪）杂种猪母猪进行杂交，后代日增重可达500克；用杜洛克猪作父本，与长二（长白公猪配二花脸母猪）杂种猪母猪进行杂交，其后代的瘦肉率较高，在体重87千克时屠宰，胴体瘦肉率达53.5%。

2. 民猪

【产地与分布】原产于东北和华北部分地区。分布于华北、东北和内蒙古等地。

【外貌特征】民猪（图1-2）头中等大，面直长，耳大、下垂。体躯扁平，背腰狭窄，臀部倾斜。四肢粗壮。全身被毛黑色、密而长，鬃毛较多，冬季密生绒毛。

图1-2　民猪

【生产性能】性成熟早，母猪4月龄左右出现初情，体重60千克时卵泡已成熟并能排卵。母猪发情征候明显，配种受胎率高。公猪一般于9月龄、体重90千克左右时配种；母猪8月龄、体重80千克左右时初配。初产母猪产仔数11头左右，3胎及3胎以上母猪产仔数13头左右；体重在18～90千克的育肥期内，日增重458克左右；体重60千克和90千克时屠宰，屠宰率分别约为69%和72%，胴体瘦肉率分别约为52%和45%。民猪体质健壮，耐寒，产仔数多，脂肪沉积能力强，胴体瘦肉率高，肉质好，适于放牧和粗放管理。

【杂交利用效果】用民猪作父本，分别与东北花猪、哈白猪和长白猪母猪杂交，所得反交一代杂种，育肥期日增重分别为615克、642克和555克。以民猪作母本产生的一代杂种母猪，再与第三品种公猪杂交所得后代，育肥期日增重比二品种杂交又有提高。

3. 内江猪

【产地与分布】产于四川省的内江地区。主要分布于内江、资中、简阳等市、县。

【外貌特征】内江猪（图1-3）体形较大，头大嘴短，颜面横纹深陷成沟，额皮中部隆起成块。耳中等大、下垂。体躯宽深，背腰微凹，腹大，四肢较粗壮。皮厚，全身被毛黑色，鬃毛粗长。

图1-3　内江猪

【生产性能】 成年公猪体重约169千克，成年母猪体重约155千克；公猪一般5～8月龄初次配种，母猪一般6～8月龄初次配种。初产母猪平均产仔数9.5头，3胎及3胎以上母猪平均产仔数10.5头。在中等营养水平下限量饲养，体重13～91千克阶段，饲养期193天，日增重404克。体重90千克时屠宰，屠宰率67%，胴体瘦肉率37%。内江猪对外界刺激反应迟钝，对逆境适应性好（对高温和寒冷都能适应）。

【杂交利用效果】 内江猪与地方品种或培育品种猪杂交，一代杂种猪日增重和每千克增重消耗饲料量均表现出杂种优势。用内江猪与北京黑猪杂交，杂种猪体重22～75千克阶段，日增重550～600克，每千克增重消耗配合饲料2.99～3.45千克，杂种猪日增重杂种优势率为63%～74%。用长白公猪与内江母猪杂交，一代杂种猪日增重杂种优势率为36.2%，每千克增重消耗配合饲料比双亲平均值低67%～71%。胴体瘦肉率45%～50%。

4.荣昌猪

【产地与分布】 产于四川省荣昌和隆昌两地。主要分布地区也在荣昌和隆昌两地。

【外貌特征】 荣昌猪（图1-4）体形较大。头大小适中，面微凹，耳中等大、下垂，额面皱纹横行、有旋毛。背腰微凹，腹大而深，臀稍倾斜。四肢细小、结实。除两眼四周或头部有大小不等的黑斑外，被毛均为白色。

图1-4　荣昌猪

【生产性能】 成年公猪平均体重158千克，成年母猪平均体重144千克；公猪4月龄性成熟，5～6月龄可用于配种。母猪初情期为71～113天，初配以7～8月龄、体重50～60千克较为适宜。在选育群中，初产母猪平均产仔数8.5头，经产母猪平均产仔数11.7头。

荣昌猪适应性强，瘦肉率较高，配合力较好，鬃质优良。

【杂交利用效果】 长白公猪与荣昌母猪的配合力较好，日增重杂种优势率为14%～18%，饲料利用率的杂种优势率为8%～14%；用汉普夏、杜洛克公猪与荣昌母猪杂交，一代杂种猪胴体瘦肉率可达49%～54%。

5. 金华猪

【产地与分布】 产于浙江省金华地区。分布于东阳、浦江、义乌、永康和金华等地。

【外貌特征】 金华猪（图1-5）体形中等偏小。耳中等大、下垂。背微凹，腹大微下垂，臀较倾斜。四肢细短，蹄坚实呈玉色。毛色以中间白、两头黑为特征，即头颈和臀尾部为黑皮黑毛，体躯中间为白皮白毛，故又称“两头乌”或“金华两头乌猪”。金华猪头型可分“寿字头”和“老鼠头”两种类型。

图1-5　金华猪

【生产性能】 成年公猪平均体重112千克，平均体长127厘米；成年母猪平均体重97千克，平均体长122厘米。公猪100日龄时

已能采得精液，精液质量已接近成年公猪。母猪110日龄、体重28千克时开始排卵。初产母猪平均产仔数10.5头，活仔数10.2头；3胎以上母猪平均产仔数13.8头，活仔数13.4头。金华猪在体重17～76千克阶段，平均饲养期127天，日增重464克；体重67千克时屠宰，屠宰率72%，胴体瘦肉率43%。金华猪具有性情温驯、母性好、性成熟早和产仔多等优良特性，皮薄骨细，肉质好，是优质火腿原料。

【杂交利用效果】用丹麦长白公猪与金华猪母猪杂交，杂种猪体重13～76千克阶段，日增重362克，胴体瘦肉率51%。用丹麦长白猪作父本，与约克夏公猪配金华母猪的杂种母猪杂交，其杂种猪在中等营养水平下饲养，体重18～75千克阶段日增重381克，胴体瘦肉率58%。

6.大花白猪

【产地与分布】产于广东省珠江三角洲一带。主要分布在广东省。

【外貌特征】大花白猪（图1-6）体形中等大小。耳稍大、下垂，额部多有横皱纹。背部较宽、微凹，腹较大。被毛稀疏，毛色为黑白花。头、臀部有大块黑斑，腹部、四肢为白色，背腰部及体侧有大小不等的黑斑，在黑白色的交界处有黑皮白毛形成的“晕”。

图1-6　大花白猪

【生产性能】成年公猪体重130～140千克，体长135厘米左右；成年母猪体重105～120千克，体长125厘米左右。大花白公猪6～7月龄开始配种，母猪90日龄出现第一次发情。初产母猪平均产仔数12头；3胎以上经产母猪平均产仔数13.5头。在较好的饲养条件下，大花白猪体重20～90千克阶段，需饲养135天，日增重519克。体重70千克时屠宰，屠宰率70%，胴体瘦肉率43%。大花白猪耐热耐湿，繁殖性能好，早熟，脂肪沉积能力强。

【杂交利用效果】分别用长白猪、杜洛克猪作父本，与大花白猪母猪杂交，一代杂种猪体重20～90千克阶段，日增重分别为597克（长大杂交猪）和583克（杜大杂交猪），屠宰率分别为69%（长大杂交猪）和70%（杜大杂交猪）。

（二）国内的培育品种

1. 三江白猪

三江白猪是由长白猪和东北民猪杂交培育而成的我国第一个瘦肉型猪种。三江白猪具有生长快、省料、抗寒、胴体瘦肉多、肉质良好等特点。

【产地与分布】由东北农学院、红兴隆农场管理局科学研究所等单位利用东北民猪和长白猪为杂交亲本，以生长和胴体性能为主要选择性状进行系统选育而成的。主要分布于东北三江平原。

【外貌特征】三江白猪（图1-7）具有瘦肉型猪的外貌特征。全身被毛白色，毛丛稍密，头轻嘴直，两耳下垂或稍前倾，背腰平直，腿臀丰满，肢蹄结实。乳头数7对，排列整齐。成年公猪体重250～300千克，成年母猪体重200～250千克。

图1-7　三江白猪

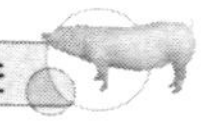

【繁殖性能】性成熟较早，母猪初情期137～160日龄，发情周期17～23天，排卵数15.8枚左右，发情特征较明显。母猪的适宜初配年龄为8月龄左右，体重90～110千克；公猪的初配月龄为8～9月龄，体重100～120千克。初产母猪平均窝产仔数10.17头，经产母猪12头以上。仔猪平均初生个体重在1.21千克，平均窝重11.32千克；20日龄平均窝重41.56千克；35日龄平均窝重67.77千克，平均个体重7.8千克，育成率85%。

【生产性能】60日龄断奶仔猪窝重160千克。6月龄育肥猪体重可达90千克，每千克增重消耗配合饲料3.5千克。在农场条件下饲养，190日龄体重可达85千克。体重90千克时屠宰，胴体瘦肉率58%。眼肌面积为28～30平方厘米，腿臀比例29%～30%。背最长肌pH 6.26，系水力良好，肉质良好，无PSE肉，大理石纹丰富而分布均匀。

【杂交利用效果】对寒冷气候有较强的适应性，繁殖性能较好，与国外引入猪种和国内培育的瘦肉型猪种都有很好的杂交配合力，适宜作为杂交母本。与杜洛克猪杂交，杂种猪平均日增重663克，瘦肉率63.81%，肉质良好。

2. 湖北白猪

湖北白猪是由大白猪、长白猪与本地通城猪、监利猪和荣昌猪杂交培育而成的瘦肉型猪品种。胴体瘦肉率高，肉质好，生长发育较快，繁殖性能优良，能耐受长江中游地区夏季高温、冬季湿冷等气候条件。

【产地与分布】产于湖北省武汉市及华中地区。分布于湖北省近半数的县。

【外貌特征】湖北白猪（图1-8）体格较大，全身被毛白色。头稍轻而直长，大小适中，鼻直、稍翘，额无皱纹，耳向前倾或稍下垂，背腰平直，中躯较长，腿臀丰满，肢蹄结实。平均乳头数7对，分布均匀。成年公猪体重、体长分别为200～280千克、145～150厘米，母猪分别为180～230千克、140～145厘米。

【繁殖性能】小公猪3月龄、体重40千克时出现性行为；小母

图 1-8　湖北白猪

猪初情期在 3～3.5 月龄，性成熟期在 4～4.5 月龄，初配的适宜年龄为 7.5～8 月龄。母猪发情周期 20 天左右，发情持续期 3～5 天。初产母猪产仔数 9.5～10.5 头，3 胎以上经产母猪产仔数 12 头以上。仔猪断乳育成率 88%，平均初生个体重 1.32 千克，2 月龄个体重 18.62 千克。

【生产性能】 在良好的饲养条件下，6 月龄体重可达 90 千克。体重 90 千克时屠宰，屠宰率 75%。腿臀比例 30%～33%，胴体瘦肉率 58%～62%。肌肉 pH 6 左右，肌内脂肪含量 2.00%～2.05%，肉色鲜红，肉质良好。

【杂交利用效果】 用杜洛克猪、汉普夏猪、大约克夏猪和长白猪作父本，分别与湖北白猪母猪进行杂交，其一代杂种猪体重 20～90 千克阶段，日增重分别为 611 克、605 克、596 克和 546 克，胴体瘦肉率分别为 64%、63%、62%和 60%。湖北白猪适宜作为瘦肉型猪生产的杂交母本，与杜洛克等品种猪有很好的杂交配合力。

3. 上海白猪

上海白猪是由约克夏猪、苏白猪和太湖猪杂交培育而成。其主要特点是生长较快、产仔较多、适应性强和胴体瘦肉率较高。

【产地与分布】 培育于上海地区，现有生产母猪两万头左右，主要分布在上海市郊。

【外貌特征】 上海白猪（图 1-9）体形中等偏大，体质结实。头面平直或微凹，耳中等大小略向前倾。背宽，腹稍大，腿臀较丰

满。全身被毛为白色。

图 1-9 上海白猪

【生产性能】成年公猪体重 250 千克左右，体长 167 厘米左右；母猪体重 177 千克左右，体长 150 厘米左右。公猪多在 8～9 月龄、体重 100 千克以上时开始配种。母猪初情期为 6～7 月龄，发情周期 19～23 天，发情持续期 2～3 天。母猪多在 8～9 月龄配种。初产母猪产仔数 9 头左右，3 胎及 3 胎以上母猪产仔数 11～13 头。

上海白猪体重在 20～90 千克阶段，日增重 615 克左右；体重 90 千克时屠宰，平均屠宰率 70%。眼肌面积 26 平方厘米，腿臀比例 27%，胴体瘦肉率平均 52.5%。

【杂交利用效果】用杜洛克猪或大约克夏猪作父本与上海白猪母猪杂交，一代杂种猪日增重为 700～750 克；杂种猪体重 90 千克时屠宰，胴体瘦肉率 60%以上。

4. 湘白 1 系猪

湘白 1 系猪是由大约克夏猪、长白猪、苏白猪和大围子猪杂交培育而成。湘白 1 系猪遗传性能稳定，适应性强，繁殖力高，生长发育快。以湘白 1 系猪母猪与杜洛克猪公猪杂交生产商品猪，其杂种猪生长快，省饲料，好饲养。

【产地与分布】培育于湖南。主要分布于长沙市郊区和长沙县等地，已推广到岳阳、益阳、株洲、娄底、怀化、常德、柳州等7个地区的24个县、市。

【外貌特征】湘白1系猪（图1-10）头中等大小，鼻嘴平圆，耳中等大、直立、稍向前倾。背腰结合良好且平直，臀部较丰满，腹线不下垂。全身被毛呈白色。成年公猪平均体重170千克，成年母猪平均体重155千克。

图1-10 湘白1系猪

【繁殖性能】公、母猪适宜配种月龄为7～8月龄、体重为70～85千克。初配母猪发情周期19.8天，发情持续期3～5天；经产母猪发情持续期3～4天。初产母猪产仔数10头左右，产活仔数9头左右；经产母猪产仔数12头以上。

【生产性能】湘白1系猪生后176～184日龄体重达90千克，育肥期平均日增重604～671克，每千克增重消耗配合饲料3.51～3.64千克；体重90千克时屠宰，屠宰率72%，胴体瘦肉率59%。

【杂交利用效果】用杜洛克猪作父本与湘白1系猪母猪杂交，其后代146～165日龄体重达90千克，日增重691～798克，胴体瘦肉率63%～63.7%；用汉普夏猪作父本与湘白1系猪母猪杂交，其后代153～163日龄体重达90千克，日增重685～749克，胴体瘦肉率62.8%～63.1%；用长白猪作父本与湘白1系猪母猪杂交，其后代163～187日龄体重达90千克，日增重585～694克，胴体瘦肉率60.7%～61.8%；用大约克夏猪作父本与湘白1系猪母猪杂交，其后代172～192日龄体重达90千克，日增重563～703克，

胴体瘦肉率59.9%～60.9%。

5.浙江中白猪

浙江中白猪主要是由长白猪、约克夏猪和金华猪杂交培育而成的瘦肉型品种，具有体质健壮，繁殖力较高，杂交利用效果显著和对高温、高湿气候条件有较好适应能力等良好特性，是生产商品瘦肉猪的良好母本。

【产地与分布】培育于浙江省。主要分布于浙江省的德清、湖州、杭州、宁波、台州、舟山等地，并推广到广东、湖南等省。

【外貌特征】浙江中白猪（图1-11）具有较明显的瘦肉型猪的外貌特征，体形中等偏大，全身被毛白色。头轻颈细，面部平直或微凹，耳中等大、前倾或稍下垂。背腰平直，腿臀丰满，体质结实，有效乳头数14个。成年公猪体重200～250千克，成年母猪180～250千克。

图1-11　浙江中白猪

【繁殖性能】青年母猪初情期5.5～6月龄，8月龄可配种。初产母猪平均产仔数9.4～10.5头，产活仔数8.5～9.8头；经产母猪平均产仔数12.5～13.6头，产活仔数11.6～12.6头。

【生产性能】生长育肥期平均日增重520～600克，190日龄左右体重达90千克。体重90千克时屠宰，屠宰率73%，胴体瘦肉率57%。背膘厚2.6～2.8厘米，眼肌面积31.0～34平方厘米。肌肉

pH 5.8～6.2，肌内脂肪含量 1.5%～1.8%，肉色评分 2.5～3.2 分。

【杂交利用效果】 浙江中白猪是瘦肉型猪生产的理想杂交母本。与杜洛克猪、长白猪、大约克夏猪二元杂交的杂种猪均具有较高的杂种优势。杜洛克公猪与浙江中白猪母猪杂交，一代杂种猪 175 日龄体重达 90 千克，体重 20～90 千克阶段，平均日增重 700 克。体重 90 千克时屠宰，胴体瘦肉率 61.5%。

6. 北京黑猪

【产地与分布】 20 世纪 60 年代初，北京农业大学、中国农业科学院、北京市农业科学院等单位从北京双桥农场和北郊农场挑选较优秀的当地黑猪组成基础猪群，1976 年以后对北京黑猪的 3 个系群采用群体继代选育，1982 年经北京市鉴定达到预定选育目标。该猪种主要分布于北京市，现已推广到河北、河南、山西等地。

【外貌特征】 北京黑猪（图 1-12）全身被毛黑色，外形清秀，两耳向前上方直立或平伸，面微凹，额较宽，颈部和肩部结合良好，背腰和腹部平直，四肢强健，腿臀丰满，乳头数 7 对以上。成年公猪的体重、体长分别为 260 千克、168 厘米，母猪分别为 220 千克、158 厘米。

图 1-12　北京黑猪

【繁殖性能】 母猪初情期 198～215 日龄，排卵数 14 枚左右；

经产母猪排卵数16～18枚。公猪初配适宜年龄为8月龄、体重100～120千克。初产母猪平均产仔数10.5±0.12头，产活仔数10.13头，初生个体重1.12千克；2月龄每窝成活仔猪数9.22头，窝重166.07千克，个体重18.01千克。经产母猪平均产仔数11.67头，产活仔数11.01头；2月龄每窝成活仔猪数10.08头，窝重182.72千克，平均个体重18.13千克。

【生产性能】 平均日增重578～729克，每千克增重耗料量3.14～3.53千克。体重90千克时屠宰，屠宰率74.38%，胴体长78.42厘米，背膘厚2.72厘米，胴体瘦肉率54.59%，腿臀比例28.85%，眼肌面积31.47平方厘米，肌肉pH 5.68～6.32，系水力72.7%，肉色评分2.75分。

【杂交利用效果】 在瘦肉型猪的生产中，北京黑猪适宜作母本。试验表明，它与长白猪、大约克夏猪杂交均有较好的配合力，在瘦肉率、产仔数等方面均有显著的杂种优势，大约克夏×（长白×北京黑）三元商品猪胴体瘦肉率达58.16%，长白×北京黑平均窝产仔数达13.03头。三元杂交商品猪生长快，耗料省，瘦肉率高，肉质良好，从未发现PSE肉和DFD肉。

7. 甘肃白猪

甘肃白猪是以长白猪和苏白猪为父本，八眉猪与河西猪为母本，通过育成杂交的方法培育而成。甘肃白猪具有遗传性稳定、生长发育快、适应性强、肉质品质优良等特点。

【产地与分布】 培育于甘肃省。主要分布在甘肃的武威、张掖、酒泉、嘉峪关、白银地区以及临夏州、永登县、榆中县等地。此外，在宁夏、青海也有少量分布。

【外貌特征】 甘肃白猪（图1-13）头中等大小，脸面平直，耳中等大、略向前倾。背平直，体躯较长，体质结实。后躯较丰满，四肢坚实。全身被毛呈白色。成年公猪体重242千克，体长155厘米；成年母猪体重176千克，体长146厘米。

【繁殖性能】 公、母猪适宜配种年龄为7～8月龄、体重85千克左右，发情周期17～25天，发情持续期2～5天。平均产仔数

图 1-13　甘肃白猪

9.59 头，产活仔数 8.84 头。

【生产性能】体重 20～90 千克阶段，平均日增重 648 克。体重 90 千克时屠宰，屠宰率 74%，胴体瘦肉率 52.5%。

【杂交利用效果】作为母本与引入的瘦肉型猪种公猪杂交，其杂种猪生长快，耗料省。如用甘肃白猪为母本与杜洛克猪公猪和汉普夏猪公猪进行杂交，日增重分别为 718 克和 761 克，胴体瘦肉率分别为 57.3%和 57.4%。

8. 广西白猪

广西白猪是用长白猪、大约克夏猪的公猪与当地陆川猪、东山猪的母猪杂交培育而成。广西白猪的体形比当地猪高、长，肌肉丰满，繁殖力好，生长发育快，饲料利用率好。作为母本与杜洛克猪公猪杂交，其杂种猪生长发育快，耗料省，杂种优势明显。

【产地与分布】培育于广西。主要分布于广西，此外广东、海南、云南、贵州、湖北等省均有引种饲养。

【外貌特征】广西白猪（图 1-14）头中等长，面侧微凹，耳向前伸。肩宽胸深，背腰平直稍弓，身躯中等长。胸部及腹部肌肉较少。全身被毛呈白色。成年公猪平均体重 270 千克，体长 174 厘米；成年母猪平均体重 223 千克，体长 155 厘米。

【繁殖性能】平均产仔数 11 头左右，初生窝重 13.3 千克，20 日龄窝重 44.1 千克，60 日龄窝重 103.2 千克。

长白猪与大约克夏猪杂交的杂种母猪产仔数、育成数和断乳窝重均优于纯繁母猪，且后代的整齐度、抗逆性也较好。在提高商品瘦肉型猪的生产性能、经济性能方面，长白猪不仅可作为一个重要的父本，而且可作为一个重要的母本。但是长白猪存在体质较弱、抗逆性较差、对饲养条件要求高的缺点。

2. 大约克夏猪（大白猪）

大约克夏猪是世界上著名的瘦肉型猪品种。其主要优点是：生长快，饲料利用率高，产仔较多，胴体瘦肉率高。

【产地与分布】 18世纪在英国育成，是世界上著名的瘦肉型猪品种。引入我国后，经过多年培育驯化，已经有了较好的适应性。目前，我国已经引入了英系（英国）、法系（法国）、加系（加拿大）和美系（美国）等的大约克夏猪。

【外貌特征】 大约克夏猪（图1-16）体形大，结构匀称，两耳竖立，鼻直或略上翘，颜面微凹，背腰平直或微弓，四肢较高，肌肉较发达，腿臀丰满，被毛呈白色，少数额角皮上有小暗斑。平均乳头数7对。成年公猪平均体重和体长分别为300千克和175厘米，成年母猪分别为250千克和165厘米。

图1-16　大约克夏猪

【繁殖性能】 母猪初情期5～6月龄，一般8月龄、体重达120千克以上时开始配种；公猪以10月龄左右初配为宜。母猪发情周期18～22天，发情持续期3～4天。母猪妊娠期平均115天。初产母猪产仔数9～10头，经产母猪产仔数10～12头，产活仔数10头左右。

【生产性能】大约克夏猪生长迅速，饲料利用率高，在良好饲养条件下，6月龄体重可达100千克以上。生长育肥期平均日增重700～800克，每千克增重耗料量2.6～3.2千克；最新引进的大约克夏猪140～150日龄体重可达90千克，生长育肥期平均日增重800～900克，每千克增重耗料量2.3～2.8千克。胴体背膘厚1.6～2.5厘米，瘦肉率60%～66%，肉质较长白猪好。体重90千克时屠宰，屠宰率71%～73%。眼肌面积30～37平方厘米，胴体瘦肉率60%～65%。

【杂交利用效果】大约克夏猪具有适应性好、生长速度快、饲料利用率高的优点，杂交利用效果明显。在国外大部分地区及国内大中型的养殖场，大约克夏猪主要用作杂交母本，与长白猪杂交生产长白×大白或大白×长白二元杂种母猪，因为该杂种母猪不仅继承了双亲产仔多、母性好、生长快、耗料省、瘦肉率高的共同优点，同时克服了长白猪的适应性较差、肉质较差、体质软弱及大约克夏猪奶水较少、易长膘的缺点，产生较高的杂种优势。

3. PIC配套系猪

该种猪采用分子数量遗传学原理，应用分子标记辅助选择技术、BLUP（最佳线性无偏预测）技术、胚胎移植和人工授精技术培育出的具有不同特点的专门化父、母本品系。

【产地与分布】是英国种猪改良公司培育的配套系猪种。PIC中国公司拥有七个核心场和十余个扩繁场，客户遍布全国。

【外貌特征】PIC配套系猪（图1-17）外貌相似于长白猪，后腿、臀部肌肉发达。

【繁殖性能】父系突出生长速度、饲料利用率和产肉性状的选择，母系突出哺乳力、年产胎次、窝产仔数、优良肉质和适应性的选择，充分利用杂种优势和性状互补原理，进行五系优化配套，达到当今世界养猪生产的最高水平。母猪年产胎次2.2～2.4胎，窝

图 1-17 PIC 配套系猪

均产活仔数 10.5～12 头；商品猪达 90～100 千克体重日龄 155 天；料肉比（2.6～2.8）∶1。

【生产性能】商品猪屠宰率 78%以上，胴体瘦肉率 66%以上，腿臀丰满，结构匀称，体形紧凑，一致性好，适应国内外不同市场需求。

4. 迪卡配套系种猪

【产地与分布】迪卡配套系种猪简称迪卡（DEKALB），是美国迪卡公司在 20 世纪 70 年代开始培育的品种。迪卡配套系种猪包括曾祖代（GGP）、祖代（GP）、父母代（PS）和商品杂优代（MK）。1991 年 5 月，我国从美国引进迪卡配套系曾祖代种猪，由五个系组成，这五个系分别称为 A 系、B 系、C 系、E 系、F 系。这五个系均为纯种猪，可利用其进行商品肉猪生产，充分发挥专门化品系的遗传潜力，获得最大杂种优势。

【外貌特征】任何代次的迪卡配套系种猪均具有典型方砖形体形，背腰平直，肌肉发达，腿臀丰满，结构匀称，四肢粗壮，体质结实，生长速度快，饲料转化率高，屠宰率高，群体整齐。CD 系母猪（图 1-18）毛白色，头中等大小，嘴短，耳前倾或直立，体长，四肢粗壮，体形大。

【生产性能】迪卡配套系种猪具有产仔数多、生长速度快、饲料转化率高、胴体瘦肉率高等突出特性，除此之外，还具有体质结

图 1-18　迪卡配套系种猪 CD 系母猪

实、群体整齐、采食能力强、肉质好、抗应激等一系列优点。初产母猪产仔数 11.7 头，经产母猪产仔数 12.5 头。150 日龄体重达 90 千克，料肉比 2.8∶1，胴体瘦肉率 60%，屠宰率 74%。该猪种易于饲养管理，具有良好的推广前景。

第二节　优良母猪的选择和引进

母猪的质量不仅影响仔猪数量，而且还影响肉猪的品质和饲料利用率。只有选择具有高产潜力、体形良好、健康无病的优质种母猪，并进行良好的饲养管理，才能获得量多质优的商品仔猪，才能为快速育肥奠定一个坚实的基础。

一、种母猪的选择

（一）品种选择

根据生产目的和要求确定杂交模式，选择需要的优良品种。如生产中，为提高肉猪的生长速度和胴体瘦肉率，人们常用引进品种进行杂交生产三元杂交商品猪。因为引进品种具有生长速度快、饲料利用率高、胴体瘦肉率高、屠宰率较高等特点，并且经过多年的改良，它们的平均窝产仔数也有所提高，而且肉猪市场价格高。如我国近年引进数量较多、分布较广的有长白猪、大约克夏猪、杜洛克猪、皮特兰猪等（表 1-1）。

表 1-1　几种主要引进瘦肉型品种猪的比较

品种名称	原产地	外貌特征	突出特点	缺陷
长白猪	丹麦	毛色纯白，耳长、大、前倾，头狭长、清秀，体长	母性较好，产仔多，瘦肉率高，生长快，是优良的杂交母本	对饲养条件要求高，易患肢蹄病
大约克夏猪（大白猪）	美国	毛色纯白，耳直立，体大头长，颜面微凹	繁殖性能好，产仔多，作母本较好	眼肌面积小，后腿比重小
杜洛克猪	美国	被毛棕红色，耳中等大小，略向前倾，颜面微凹，四肢粗壮	瘦肉率高，生长快，饲料利用率高，是理想的杂交终端父本	胴体短，眼肌面积小
皮特兰猪	比利时	毛色灰白夹有黑色斑点，有的部分杂有红色斑点，耳中等大小	后腿和腰特别丰满，瘦肉率极高	生长速度较慢，易产生劣质肉

（二）体形外貌选择

好的种母猪要体形匀称、膘情适中、胸宽体健、腿臀肌肉发达、肢蹄发育良好、个体性征明显、具有种用价值且无任何遗传疾患。外生殖器发育正常，乳房形质良好，排列整齐均匀，无瞎乳头、翻乳头或无效乳头，大小适中且不少于 12 个。

（三）种猪场的选择

要尽可能从规模较大、历史较长、信誉度较高的大型良种猪场购进优良种母猪；种猪场应能满足客户的要求，设专用销售观察室供客户挑选，确保种猪质量和维护顾客利益；要求供种场提供该场免疫程序及所购买的种猪免疫情况，并注明各种疫苗的注射日期。种猪最好经测定后出售，并附测定资料和种猪三代系谱；购种猪时要注意查看或索取种猪卡片及种猪系谱档案，确保其为优良品种的后裔并具有较高的生产水平。

（四）种母猪选择

种母猪要求健康、无任何临床病征和遗传疾患（如脐疝、瞎乳头等），营养状况良好，发育正常，四肢要求结合合理、强健有力，体形外貌符合品种特征和本场自身要求，耳号清晰，纯种猪应打上耳牌，以便标示。种母猪生殖器官要求发育正常，阴户不能过小和上翘，应选择阴户较大且松弛下垂的个体；有效乳头应不低于6对，且分布均匀对称；四肢要求有力且结构良好。种母猪必须经本场兽医临床检查无猪瘟（HC）、萎缩性鼻炎（AR）、布氏杆菌病等病症，并有由兽医检疫部门出具的检疫合格证。

二、种母猪的引进

为提高猪群总体质量和保持较高的生产水平，达到优质、高产、高效的目的，猪场和养殖户都经常要向质量较好的种猪场引进种猪，因此，引种工作直接影响到种猪的质量。

（一）做好引种准备工作

1. 制订引种计划

猪场和养殖户应结合自身的实际情况，根据种群更新计划确定所需品种和数量，有选择性地购进能满足自身要求提高本场种猪某种性能的个体，并只购买与自己的猪群健康状况相同的优良个体；如果是加入核心群进行育种的，则应购买经过生产性能测定的种母猪。新建场应从所建场的生产规模、产品市场和猪场未来发展方向等方面进行计划，确定所引进种猪的数量、品种和级别，是外来品种（如大约克夏、杜洛克或长白）还是培育品种或地方品种，是原种、祖代还是父母代。并根据引种计划，选择质量高、信誉好的大型种猪场引种。

2. 应了解的具体问题

（1）疫病情况　调查各地疫病流行情况和各种种猪质量情况，必须从没有疫病流行的地区，并经过详细了解的健康种猪场引进，同时了解该种猪场的免疫程序及其具体措施。

（2）种猪场种母猪的选育标准　要了解其繁殖性能（如产仔数、受胎率、初配月龄等）。引种最好能结合种猪综合选择指数进行选种，特别是从国外引种时更应重视该项工作。

3. 隔离舍的准备工作

猪场应设隔离舍，要求距离生产区最好有300米以上的距离，在种猪到场前的30天（至少7天），应对隔离栏及其用具进行严格消毒，可选择质量好的消毒剂，如中山“腾骏”有机氯消毒剂，进行多次严格消毒。

（二）种猪的运输

1. 车辆消毒

最好不使用运输商品猪的外来车辆装运种猪。在运载种猪前24小时，应使用高效的消毒剂对车辆和用具进行两次以上的严格消毒，最好能空置一天后再装猪，在装猪前再用刺激性较小的消毒剂（如中山“腾骏”双链季铵盐络合碘）彻底消毒一次，并开具消毒证明。

2. 避免应激和损伤

长途运输的车辆，车厢最好能铺上垫料，冬天可铺上稻草、稻壳、木屑，夏天铺上细沙，以降低种猪肢蹄损伤的可能性；供种场提前2～3小时对准备运输的种猪停止投喂饲料。赶猪上车时不能赶得太急，注意保护种猪的肢蹄，装猪结束后应固定好车门。

所装载的猪只的数量不要过多，装得太密会引起挤压而导致种猪死亡。运载种猪的车厢面积应为猪只纵向表面积的1.5倍；最好将车厢隔成若干个隔栏，安排4～6头猪为一个隔栏，隔栏最好用光滑的水管制成，避免刮伤种猪。

长途运输时，应对每头种猪按每10千克体重注射1毫升长效抗生素（如辉瑞“得米先”或腾骏“爱富达”），以防止猪群途中感染细菌性疾病；对临床表现特别兴奋的种猪，可注射适量氯丙嗪等镇静剂。

3. 保持适宜的环境

冬天要注意保暖，夏天要重视降温防暑。尽量避免在酷暑期装运种猪，夏天运种猪应避免在炎热的中午装猪，可在早晨和傍晚装运；途中应注意经常供给充足的饮水（长途运输时可先配置一些电解质溶液，用时加上奶粉，在路上供种猪饮用），有条件时可准备西瓜供种猪采食，防止种猪中暑，并寻找可靠的水源为种猪淋水降温，一般日淋水3～6次。

运猪车辆应备有汽车帆布，若遇到烈日或暴雨，应将帆布遮于车顶上面，防止烈日直射和暴雨袭击种猪，车厢两边的帆布应挂起，以便通风散热；冬季帆布应挂在车厢前上方，以便挡风取暖。

4. 运输平稳快速

长途运输的运猪车应尽量在高速公路上行驶，避免堵车，每辆车应配备两名驾驶员交替开车，行驶过程中应尽量避免急刹车；途中应注意选择没有停放其他运载动物车辆的地点就餐，绝不能与其他装运猪只的车辆一起停放；随车应准备一些必要的工具和药品，如绳子、铁丝、钳子、抗生素、镇痛退热药物以及镇静剂等。

5. 注意检查和观察

运输途中要适时检查和观察猪群，如出现呼吸急促、体温升高等异常情况，应及时采取有效的措施，可注射抗生素和镇痛退热针剂，并用温度较低的清水冲洗猪身降温，必要时可采用耳尖放血疗法。大量运输时最好能准备一辆备用车，以免运输途中出现故障，停留时间太长而造成不必要的损失。

（三）种母猪到场后的管理

1. 消毒和分群

种母猪到场后，立即对卸猪台、车辆、猪体及卸车周围地面进行消毒，然后将种母猪卸下，按大小进行分群饲养，有损伤、脱肛等情况的种母猪应立即隔开单栏饲养，并及时治疗处理。

2. 饮水和饲喂

先给种母猪提供饮水，待其休息6～12小时后方可供给少量饲料，第二天开始可逐渐增加饲喂量，5天后才能恢复正常饲喂量。种母猪到场后的前两周，由于疲劳加上环境的变化，机体对疫病的抵抗力会降低，饲养管理上应注意尽量减少应激，可在饲料中添加抗生素（可用泰妙菌素50毫克/千克，金霉素150毫克/千克）和多种维生素，使种母猪尽快恢复正常状态。

3. 隔离与观察

种母猪到场后必须在隔离舍隔离饲养 30～45 天，严格检疫，特别是对布氏杆菌病、伪狂犬病等疫病要特别重视，须采血经有关兽医检疫部门检测，确认没有细菌感染阳性和病毒野毒感染，并检测猪瘟、口蹄疫等抗体情况。

4. 疾病预防

种母猪到场一周后，应按本场的免疫程序接种猪瘟疫苗等各类疫苗，对 7 月龄的后备母猪在此期间可做一些繁殖障碍疾病的防疫注射，如细小病毒病疫苗、乙型脑炎疫苗等；种母猪在隔离期内，接种各种疫苗后，应进行一次全面驱虫，可使用多拉菌素或长效伊维菌素等广谱驱虫剂按每 33 千克体重 1 毫克皮下注射进行驱虫，使其能充分发挥生长潜能。隔离期结束后，对该批种母猪进行体表消毒，再转入生产区投入生产。

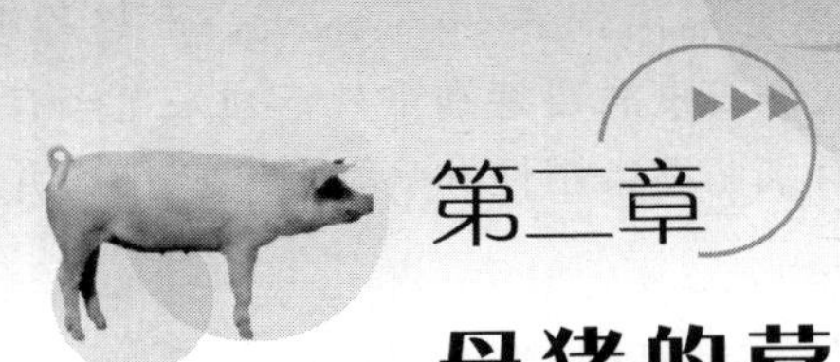

第二章 母猪的营养及日粮配制

饲料营养是保证母猪繁殖的基础，只有选择优质的饲料，提供全面、平衡和充足的营养，才能保证母猪繁殖性能的充分发挥。

第一节　母猪的营养需要

一、需要的营养物质

母猪需要的营养物质，概括起来主要有蛋白质、碳水化合物、脂肪、矿物质、维生素和水。这些营养物质对于维持机体的生命活动、生长发育、繁殖具有不同的重要作用。只有保证这些营养物质在数量、质量及比例上均能满足猪的需要时，才能保持猪体健康，并充分发挥其生产潜力。

（一）蛋白质

蛋白质是构成猪体的基本物质，是猪体内的一切组织和器官，如肌肉、神经、皮肤、血液、内脏甚至骨骼等的主要成分，而且在猪的生命活动中，各组织需要不断地利用蛋白质来增长、修补和更新。新陈代谢过程中所需的酶、激素、色素和抗体等也都由蛋白质来构成。所以蛋白质是猪体最重要的营养物质。饲料中蛋白质进入猪的消化道，经过消化和各种酶的作用，分解成氨基酸之后被吸收，成为构成猪体蛋白质的基础物质。因此，猪对蛋白质的需要实

质上是对氨基酸的需要。日粮中如果缺少蛋白质，会影响母猪的繁殖、仔猪的生长和健康，甚至引起死亡；相反，日粮中蛋白质过多也是不利的，不仅会造成浪费，而且会引起猪体代谢紊乱、出现中毒等，所以饲粮中蛋白质含量必须适宜。

目前已知，蛋白质是由二十多种氨基酸组成，氨基酸分为必需氨基酸与非必需氨基酸。所谓必需氨基酸，即在猪体内不能合成或合成的速度及数量不能满足猪体正常生长需要，必须由饲料供给的氨基酸。所谓非必需氨基酸，即在猪体内合成较多，或需要量较少，无需由饲料供给也能保持猪的正常生长的氨基酸。研究证明，生长猪需要 10 种必需氨基酸（赖氨酸、蛋氨酸、色氨酸、组氨酸、异亮氨酸、亮氨酸、苯丙氨酸、缬氨酸、苏氨酸和精氨酸）。后备猪能合成机体所需精氨酸的 60％～70％，成年猪则可合成足够需要的精氨酸。蛋氨酸需要量的 50％可用胱氨酸代替，苯丙氨酸需要量的 30％可由谷氨酸替代。所以，胱氨酸和苯丙氨酸也称为半必需氨基酸。由此可见，饲料中提供足够的必需氨基酸和非蛋白氮合成非必需氨基酸的能力决定了饲料的蛋白质营养水平。

饲料蛋白质中某一种或某些氨基酸不足，就会限制其他氨基酸的利用，该氨基酸称为限制性氨基酸。猪饲料中的限制性氨基酸为赖氨酸、蛋氨酸、色氨酸、苏氨酸和异亮氨酸，其中赖氨酸为第一限制性氨基酸，饲料中容易缺乏，所以适当添加赖氨酸能有效地提高饲料中蛋白质的利用率。饲料的加工调制、蛋白酶抑制因子以及氨基酸之间的竞争和拮抗作用都会影响蛋白质的消化利用效率。

配合日粮时，要搭配采用多种蛋白质饲料，使它们之间的氨基酸互相弥补。如动物性蛋白质的氨基酸组成较完善，尤其是赖氨酸、蛋氨酸含量较高，而植物性蛋白质所含必需氨基酸种类少，赖氨酸、蛋氨酸含量较低，将动物性饲料与植物性饲料配合使用，可以提高氨基酸的平衡性。另外，也可通过添加合成氨基酸以满足猪的必需氨基酸需要。不同饲料原料氨基酸的利用率差异较大，要根据不同阶段猪的生理特点，合理地选择饲料原料。

猪食入的蛋白质进入消化道后，在胃蛋白酶、十二指肠胰蛋白酶和糜蛋白酶的作用下，蛋白质降解为多肽。小肠中多肽在羧基肽酶和氨基肽酶作用下变为游离氨基酸和寡肽，寡肽能被吸收进入肠系膜经二肽酶水解为氨基酸。由小肠吸收的游离氨基酸通过血液进入肝脏。猪小肠可将短肽直接吸收进入血液，而且这些短肽的吸收率比游离氨基酸还高，其顺序为三肽＞二肽＞游离氨基酸。肽在黏膜细胞内也可被分解为氨基酸。新生仔猪可以吸收母乳中少量完整的蛋白质，如仔猪能直接吸收免疫球蛋白，所以给新生仔猪吃上初乳并获得抗体是非常重要的。

（二）碳水化合物、脂肪等能量物质

能量对猪具有重要的营养作用，猪一生中的全部生理过程（呼吸、血液循环、消化吸收、排泄、神经活动、体温调节、生殖和运动）都离不开能量。能量不足就会影响猪的生长和繁殖，没有能量猪就无法生存。猪在进行物质代谢的同时，也伴随着能量的代谢和转换。动物体所需的能量主要来源于采食的饲料。在饲料有机物中都蕴藏着化学能，可在猪体内代谢过程中逐步释放能量满足其各种需要。

饲料中各种营养物质的热能总值称为饲料总能。饲料中各种营养物质在猪的消化道内不能被全部消化吸收，不能消化的物质随粪便排出，粪中也含有能量，食入饲料的总能量减去粪中的能量，才是被猪消化吸收的能量，这种能量称为消化能。故猪饲料中的能量都以消化能来表示，其表示方式是兆焦/千克或千焦/千克。

猪对能量的需要包括本身的代谢维持需要和生产需要。影响能量需要的因素很多，如环境温度、猪的类型、品种、不同生长阶段及生理状况和生产水平等。日粮的能量值在一定范围，猪每天的采食量多少可由日粮的能量值而定，所以饲料中不仅要有一个适宜的能量值，而且与其他营养物质比例要合理，使猪摄入的能量与各营养素之间保持平衡，提高饲料的利用率和饲养效果。

猪的能量来源于饲料中碳水化合物、脂肪和蛋白质的分解。碳水化合物是来源最广泛，而且在饲粮中所占比例最大的营养物质，是猪主要的能量来源。其主要成分包括单糖、双糖、多糖以及粗纤维。在谷实类饲料中可溶性单糖和双糖含量很少，主要是淀粉，所以，淀

粉是猪的主要能量来源。2～3周龄前的仔猪，由于消化道中胰腺分泌胰淀粉酶不足，故饲喂大量淀粉饲料的仔猪生长较差。在7日龄之前，饲喂的葡萄糖和乳糖仔猪能有效利用；饲料粗纤维中一般含有纤维素、半纤维素和木质素，其组成比例不稳定，纤维素和半纤维素为多聚糖，木质素是苯（基）丙烷基衍生物的不完形多聚体，难以消化。猪小肠中无消化粗纤维的酶，故不能消化纤维素和半纤维素，但粗纤维到大肠中经微生物的发酵作用，其消化的主要尾产物为挥发性脂肪酸，由它供给的能量约为维持能量需要的5%～28%。粗纤维消化率的高低受纤维来源、木质化程度、日粮中的含量和加工程度影响，因而变异较大。粗纤维的利用受饲粮的物理与化学成分、日粮营养水平、猪的年龄等影响，猪对粗纤维的消化率变化很大。一般认为，后备猪日粮中使用一定量的粗纤维，有利于其以后的繁殖，避免过肥，形成良好的繁殖体况。特别推荐在后备猪日粮中使用苜蓿草粉等原料，其中所含的一些有益于繁殖和泌乳的未知因子，可在体内长期贮存。母猪利用粗纤维的能力较强。试验表明，对妊娠母猪的能量需要，可用青饲料满足40%～50%。在母猪饲粮中，粗纤维水平甚至可以达到10%～12%，并不影响母猪的繁殖。但需要注意的是，这些粗纤维不应全部来自稻壳、统糠、豆荚等原料。

饲料中一般均含有脂肪，约5%，脂肪含热能高，其热能是碳水化合物或蛋白质的2.25倍。猪体内沉积有大量脂肪，主要是体组织合成脂肪酸。合成脂肪酸的主要原料是乙酰辅酶A，它主要来自葡萄糖，脂肪和某些氨基酸也可以产生乙酰辅酶A，由乙酰辅酶A生成甘油三酯。但猪不能合成某些脂肪酸，必须由日粮供给或通过体内特定先体物合成。对机体正常机能和健康具有重要保护作用的脂肪酸称必需脂肪酸。必需脂肪酸有亚油酸（十八碳二烯酸）、亚油酸（十八碳三烯酸）和花生四烯酸，亚油酸（十八碳二烯酸）必须通过日粮供给。亚油酸（十八碳三烯酸）和花生四烯酸这两种必需脂肪酸可由日粮直接供给，也可以通过供给足量的亚油酸由体内进行分子转化而合成。必需脂肪酸缺乏症表现为皮肤损害，出现角质鳞片，毛细血管变得脆弱，免疫力下降，生长受阻，幼龄、生长迅速的动物反应更敏感。猪能从饲料中获得所需的必需脂肪酸，在常用饲料中必需脂肪酸含量比较丰富，一般不会缺乏。一般说来，猪亚油酸需要量占饲粮的0.1%。用常规配合饲料一般不会发生脂肪酸缺乏症，除哺乳期和早期断乳仔猪配合饲粮中需添加脂肪外，其他类别饲粮一般无需添加。在妊娠后期母猪的饲粮中添加脂肪，有利于仔猪的成活和母猪的泌乳。泌乳期母猪饲粮中添加脂肪，可使乳脂率和泌乳量得到明显改善，母猪泌乳期降重减少。尤其是夏季添加脂肪，对防止母猪，特别是初产母猪因采食量减少而能量摄入不足有明显效果。

蛋白质是猪体能量的来源之一，当猪日粮中碳水化合物、脂肪的含量不能满足机体供能需要时，体内的蛋白质可以分解氧化产生能量。但蛋白质供能不仅不经济，而且容易加重机体的代谢负担。

（三）矿物质

矿物质是动物营养中的一大类无机营养物质，它虽不含能量，但却是组成猪体的重要成分之一。矿物质元素在猪体内有着确切的生理功能和代谢作用，它们具有调节血液和其他液体的浓度、酸碱度及渗透压，保持平衡，促进消化活动、神经活动、肌肉活动和内分泌活动的作用。猪需要的矿物质元素有钙、磷、钠、氯、钾、镁、硫、铁、铜、钴、碘、锰、锌、硒等，其中前7种是常量元素（占体重0.01%以上），后几种是微量元素。

钙、磷是猪体内含量最多的元素，主要构成骨骼和牙齿，此外还对维持神经、肌肉等的正常生理活动起重要作用。缺乏钙、磷会导致猪食欲减退，体质消瘦，异食癖，仔猪出现佝偻病，妊娠母猪死胎、胚胎畸形和弱仔多，泌乳母猪泌乳减少，跛行和奶瘫。过量的钙能与磷结合生成不易溶解的三磷酸钙而无法被猪吸收。日粮中的钙与磷应当保持适当的比例。一般猪日粮中钙磷比例为（1.1～1.5）∶1。一般说来，青绿多汁饲料中含钙、磷较多，且比例合适。谷物与糠麸中所含的磷，有半数或半数以上是猪不能利用的植酸磷，以精饲料为主的日粮，应补加含有钙和磷的骨粉或磷酸氢钙，补加量一般可按混合精料的1%来搭配。

钠、氯、钾对维持机体渗透压、酸碱平衡与水的代谢有重要作用。缺钠会使猪对养分的利用率下降，且影响母猪的繁殖；缺氯则导致猪生长受阻；钾缺乏时，肌肉弹性和收缩力降低，肠道膨胀，在热应激条件下，易发生低血钾症。食盐既是营养物质又是调味剂。它能增进猪的食欲，促进消化，提高饲料利用率，是猪不可缺少的矿物质饲料。一般食盐以占日粮精料的0.3%～0.5%来供应。如果用含盐多的饲料，如泔水、酱油渣与咸鱼粉等，则日粮中的食盐量必须减少，甚至不喂，以免引起食盐中毒。一次喂入125～250克食盐，猪就会发生中毒死亡。

铁为形成血红蛋白、肌红蛋白等的必需元素。猪体内65%的铁存在于血液中，它与血液中氧的运输、细胞内的生物氧化过程关系密切。铜虽不是血红素的组成成分，但它在血红素的形成过程中起催化作用。铜还与骨骼发育、中枢神经系统的正常代谢有关，也是肌体内各种酶的组成成分与活化剂。锌是猪体内多种代谢所必需的营养物质，参与维持上皮细胞的正常形态、被毛的正常生长和机体健康以及激素的正常作用。锰是几种重要生物催化剂（酶系）的组成部分，与激素关系十分密切，对胚胎发育及成长、乳房和骨骼发育、母猪发情、排卵、泌乳都有影响。碘是合成甲状腺素的主要成分，对营养物质代谢起调节作用。硒是猪生命活动必需的元素之一，硒的作用与维生素E相似，补硒可降低猪对维生素E的需要量，并减轻因维生素E的缺乏给猪带来的损害。

（四）维生素

维生素是一组化学结构不同，营养作用、生理功能各异的低分子有机化合物，猪对其需要量虽然很少，但其生物作用很大，主要以辅酶和催化剂的形式广泛参与体内代谢的多种化学作用，从而保证机体组织器官的细胞结构功能正常，调控物质代谢，以维持猪体健康和各种生产活动。缺乏时，可影响正常的代谢，使机体出现代谢紊乱，危害猪体健康和正常生产。在集约化、高密度饲养条件下，猪的繁殖性能较高，同时猪的正常生理特性和行为表现被限制，环境条件恶化，对维生素的需要量大幅增加，加之缺乏青绿饲料的供应和阳光的照射，容易发生维生素缺乏症，必须注意添加各种维生素。维生素的种类很多，但归纳起来分为两大类：一类是脂溶性维生素，包括维生素 A、维生素 D、维生素 E 及维生素 K 等；另一类是水溶性维生素，主要包括 B 族维生素和维生素 C。

（五）水

水不仅是猪体的主要组成部分，也是重要的营养素，是猪体生命活动过程中不可缺少的。在猪体内，各种营养物质的消化、吸收，代谢废物的排出，血液循环，体温调节等都离不开水。猪失去所有的脂肪和一半蛋白质仍能活着，但失去体内 1/10 的水分则多数会死亡。所以，在日常饲养管理中必须把水作为重要的营养物质对待，经常供给清洁而充足的饮水。

仔猪和母猪饮水量的建议标准见表 2-1。

表 2-1　仔猪和母猪饮水量的建议标准

猪的类型	体重/千克	饮水量/(升/天)
仔猪	5	0.7
	10	1
	15	2.8
母猪	初产母猪	8～12
	妊娠母猪	10～15
	分娩母猪	15＋1.5×仔猪数

二、营养标准

猪的生长和生产过程实质上是对各种营养物质的消耗过程，只有了解猪对各种营养物质的确切需要量，才能有效地给以供给，从而既能最大限度满足猪的需要，又不会造成营养浪费。

营养标准（饲养标准）是以猪的营养需要（猪在生长发育、繁殖等生理活动过程中每天对能量、蛋白质、维生素和矿物质的需要量）为基础的，经过多次试验和反复验证后对某一类猪在特定环境和生理状态下的营养需要得出的一个在生产中应用的估计值。在营

养标准中，详细地规定了猪在不同生长时期和生产阶段，每千克饲粮中应含有的能量、粗蛋白质、各种必需氨基酸、矿物质及维生素含量或每天需要的各种营养物质的数量。有了营养标准，就可以按照营养标准来设计日粮配方，进行日粮配制，避免实际饲养中的盲目性。但是，母猪的营养需要受到猪的品种、生产性能、饲料条件、环境条件等都多种因素影响，选择标准应该因猪制宜、因地制宜。

第二节　母猪的日粮配制

一、日粮配制的原料种类

配制母猪全价日粮需要饲料原料，而猪的饲料原料种类很多，按其性质一般分为能量饲料、蛋白质饲料、青绿多汁饲料、粗饲料、糟渣类饲料、矿物质饲料和饲料添加剂。

（一）能量饲料

能量饲料是指干物质中粗纤维含量在18%以下、粗蛋白质含量在20%以下的饲料。这类饲料主要包括禾本科的谷实饲料和它们加工后的副产品，以及动植物油脂和糖蜜等，是猪饲料的主要组成部分，用量占日粮的60%～70%左右。常用的能量饲料见表2-2。

表2-2　常用的能量饲料

名称	特点	用量
玉米	玉米含能量高(代谢能14.27兆焦/千克)，纤维少，适口性好，价格适中，是主要的能量饲料。但玉米蛋白质含量低，一般为8.6%，蛋白质中的几种必需氨基酸含量少，特别是赖氨酸和色氨酸。玉米含钙少，磷含量也偏低，喂时必须注意补钙。玉米易发生霉变，用带霉菌的玉米喂猪，适口性差，增重少，公猪性欲低，母猪不孕或流产。现在培育的高蛋白质玉米、高赖氨酸玉米等饲料用玉米，营养价值更高，饲喂效果更好	玉米用量可占到猪日粮的40%～70%

续表

名称	特点	用量
高粱	高粱所含能量和玉米相近，蛋白质含量高于玉米，但单宁(鞣酸)含量较高，使味道发涩，适口性差	在饲料中用量不超过15%为宜
小麦	小麦所含能量与玉米相近，含粗蛋白质10%～12%，且氨基酸比其他谷实类完全，B族维生素丰富。其缺点是缺乏维生素A、维生素D，小麦内含有较多的非淀粉多糖，黏性大，粉料用量过大会粘嘴，降低适口性	用量为10%～30%。如果饲料中添加β-葡聚糖酶和木聚糖酶等酶制剂，用量可提高
大麦	大麦有带壳的“皮大麦”(草大麦)和不带壳的“稞大麦”(青稞)两种，通常饲用的是皮大麦。大麦粗蛋白质含量高于玉米，蛋白质品质比玉米好，其赖氨酸是谷实类中含量较高者(0.42%～0.44%)。大麦粗脂肪含量低	饲料中用量不宜超过25%
稻谷、糙米和碎米	稻谷主要用于加工成大米后作为人的粮食，产稻区已有将稻谷作为饲料的倾向，尤其是早熟稻。稻谷因含有坚实的外壳，故粗纤维含量高(8.5%左右)，是玉米的4倍多；可利用消化能值低(11.29～11.70兆焦/千克)；粗蛋白质含量较玉米低，粗蛋白质中赖氨酸、蛋氨酸和色氨酸含量与玉米近似；稻谷中钙少，磷多，含锰、硒较玉米高，含锌较玉米低。总之，稻谷适口性差，饲用价值不高，仅为玉米的80%～85%，这限制了其在配合饲料中的使用量。稻谷去壳后称糙米，其代谢能值高(13.94兆焦/千克)，粗蛋白质含量为8.8%，氨基酸组成与玉米相近。糙米的粗纤维含量低(0.7%)，维生素比碎米更丰富。因此，以磨碎的糙米作为饲料，是一种较为科学的、经济的利用稻谷的好方法	饲料中用量不宜超过10%
麦麸	包括小麦麸和大麦麸。麦麸含能量低，但蛋白质含量较高，各种成分比较均匀，且适口性好，是猪的常用饲料。麦麸的容积大，质地疏松，有轻泻作用，可用于调节营养浓度；麦麸适口性好，含有较多的B族维生素，具有调养母猪消化道机能的作用，是优良的饲料	妊娠母猪和哺乳母猪饲粮中麦麸的使用量不超过30%

续表

名称	特点	用量
米糠	米糠又有全脂米糠、脱脂米糠之分，通常说的米糠是指全脂米糠。米糠的粗蛋白质含量比麸皮低，比玉米高，品质也比玉米好，赖氨酸含量高达0.55%。米糠的粗脂肪含量很高，可达15%，因而其能值也位于糠麸类饲料之首。其脂肪酸的组成多属不饱和脂肪酸，油酸和亚油酸占79.2%，脂肪中还含有2%～5%的天然维生素E，B族维生素含量也很高，但缺乏维生素A、维生素D、维生素C。米糠粗灰分含量高，钙磷比例极不平衡，磷含量高，但所含磷约有86%属植酸磷，利用率低且影响其他元素的吸收利用。米糠在贮存中极易氧化、发热、霉变和酸败，最好用鲜米糠或脱脂米糠饼（粕）喂猪。新鲜米糠对猪的适口性好	仔猪应避免使用，因易引起下痢，但经加热破坏其胰蛋白酶抑制因子后可增加用量
高粱糠	主要是高粱籽实的外皮。脂肪含量较高，粗纤维含量较低，代谢能略高于其他糠麸，蛋白质含量10%左右。有些高粱糠含单宁较高，适口性差，易致便秘	母猪日粮中所占比例不得超过15%
次粉（四号粉）	次粉是面粉工业加工副产品。营养价值高，适口性好。但和小麦相同，多喂时也会产生粘嘴现象，制作颗粒料时则无此问题	占日粮的10%为宜
油脂类饲料	这类饲料油脂含量高，其发热量为碳水化合物或蛋白质的2.25倍。油脂类饲料包括各种油脂，如动物油脂、豆油、玉米油、菜籽油、棕榈油等，以及脂肪含量高的原料，如膨化大豆、大豆磷脂等。在饲料中加入少量的脂肪饲料，除了作为脂溶性维生素的载体外，还能提高日粮中的能量浓度。妊娠后期和哺乳前期饲粮中添加油脂，仔猪成活率提高2.6个百分点；断奶仔猪数每窝增加0.3头；母猪断奶后6天发情率由28%提高到92%，30天内发情率由60%提高到96%。仔猪开食料中加入糖和油脂，可提高适口性，对于开食及提前断奶有利	各类猪日粮中添加油脂水平为：妊娠-哺乳母猪10%～15%，仔猪开食料5%～10%

续表

名称	特点	用量
根茎瓜类饲料	用作饲料的根茎瓜类饲料主要有马铃薯、甘薯、南瓜、胡萝卜、甜菜等。这类饲料含有较多的碳水化合物和水分，粗纤维和蛋白质含量低，适口性好，具有通便和调养作用，是猪的优良饲料。可以提高肉猪增重，对哺乳母猪有催乳作用	50千克以上猪2～3千克/天

（二）蛋白质饲料

蛋白质饲料是指饲料干物质中粗蛋白质含量在20%以上（含20%）、粗纤维含量在18%以下（不含18%）的一类饲料，可分为植物性蛋白质饲料和动物性蛋白质饲料。一般在日粮中占10%～30%。常见的蛋白质饲料见表2-3。

表2-3 常见的蛋白质饲料

名称	特点	用量
大豆饼（粕）	是养猪业中应用最广泛的蛋白质补充料。因榨油方法不同，其副产物可分为豆饼和豆粕两种类型，含粗蛋白质40%～50%，各种必需氨基酸组成合理，赖氨酸含量较其他饼（粕）高，但蛋氨酸缺乏。消化能为每千克13.18～14.10兆焦；钙、磷、胡萝卜素、维生素D、维生素B_2含量低；胆碱、烟酸的含量高。适口性好	后备猪5%～20%，妊娠母猪10%～25%
花生饼	花生饼的粗蛋白质含量略高于豆饼，为42%～48%，精氨酸和组氨酸含量高，赖氨酸含量低，适口性好于豆饼，与豆饼配合使用效果较好。花生饼脂肪含量高，不耐贮藏，易染上黄曲霉而产生黄曲霉毒素，这种毒素对猪危害严重。因此，生长黄曲霉的花生饼不能喂猪	配合饲料中用量为15%以下
棉籽饼	带壳榨油的称棉籽饼，脱壳榨油的称棉仁饼，前者含粗蛋白质17%～28%，后者含粗蛋白质39%～40%。但棉籽饼含有棉酚和环丙烯脂肪酸，对家畜健康有害。喂前应脱毒，可采用长时间蒸煮或0.05% $FeSO_4$溶液浸泡等方法，以减少棉酚对猪的毒害作用	母猪不用或很少量。无腺体棉花新品种可以不受限制

续表

名称	特点	用量
芝麻饼	芝麻饼是芝麻榨油后的副产物，含粗蛋白质40%左右，蛋氨酸含量高，适当与豆饼搭配喂猪，能提高蛋白质的利用率。由于芝麻饼含脂肪多而不宜久贮，最好现粉碎现喂	配合饲料中用量可占5%～10%
葵花饼	葵花饼有带壳的和脱壳的两种。优质的脱壳葵花饼含粗蛋白质40%以上、粗脂肪5%以下、粗纤维10%以下，B族维生素含量比豆饼高，可代替部分豆饼喂猪	配合饲料中用量可占10%
亚麻籽饼（胡麻籽饼）	亚麻籽饼粗蛋白质含量29.1%～38.2%，高的可达40%以上，但赖氨酸仅为豆饼的1/3。含有丰富的维生素，尤以胆碱含量为多，而维生素D和维生素E很少。其营养价值高于芝麻饼和花生饼。适口性不佳，具有轻泻作用，用量过多会降低猪脂硬度	母猪饲粮中用量为5%～8%。与大麦、小麦配合效果好
鱼粉	鱼粉是最理想的动物性蛋白质饲料，其粗蛋白质含量高达45%～60%，而且在氨基酸组成方面，赖氨酸、蛋氨酸、胱氨酸和色氨酸含量高。鱼粉中含有丰富的维生素A和B族维生素，特别是维生素B_{12}。另外，鱼粉中还含有钙、磷、铁等。用它来补充植物性饲料中限制性氨基酸的不足，效果很好。由于鱼粉的价格较高，掺假现象较多，使用时应仔细辨别和化验。使用鱼粉要注意盐含量，盐分超过猪的饲养标准规定量极易造成食盐中毒	一般在配合饲料中用量可占2%～5%
血粉	血粉是屠宰场的一种下脚料。粗蛋白质的含量很高，达80%～82%，但血粉加工所需的高温易使蛋白质的消化率降低，赖氨酸受到破坏。且血粉有特殊的臭味，适口性差（为保证饲料的安全性，最好少用甚至不用血粉）	用量为3%～5%，添加异亮氨酸效果更好。仔猪不用
肉骨粉	由肉联厂的下脚料及病畜的废弃肉经高温处理制成，是一种良好的蛋白质饲料。肉骨粉粗蛋白质含量达40%以上，蛋白质消化率高达80%，赖氨酸含量丰富，蛋氨酸和色氨酸较少，钙、磷含量高，且比例适宜，因此是猪很好的蛋白质和矿物质补充饲料。肉骨粉易变质，不易保存。如果处理不好或者存放时间过长导致其发黑、发臭，则不宜作饲料（为保证饲料的安全性，最好少用甚至不用肉骨粉）	用量5%以下，最好与其他蛋白质补充料配合使用

续表

名称	特点	用量
水解羽毛粉	水解羽毛粉含粗蛋白质近80%，但蛋氨酸、赖氨酸、色氨酸和组氨酸含量低，使用时要注意氨基酸平衡问题，应该与其他动物性饲料配合使用	母猪饲料中用量为3%～5%
酵母饲料	是在一些饲料中接种专门的菌株发酵而成，既含有较多的能量和蛋白质，又含有丰富的B族维生素和其他活性物质，蛋白质消化率高，能提高饲料的适口性及营养价值，一般含粗蛋白质20%～40%。但如果用蛋白质丰富的原料生产酵母混合饲料，再掺入皮革粉、羽毛粉或血粉之类的高蛋白质饲料，也可使产品的粗蛋白质含量提高到60%以上。但其味苦，适口性差	母猪饲料中用量为3%～5%

（三）青绿多汁饲料

青绿多汁饲料是指供给猪饲用的幼嫩青绿植株、茎叶或叶片等，富含叶绿素，主要包括天然牧草、栽培牧草、青饲作物、叶菜类、树叶及水生饲料。这类饲料天然水分含量高于60%。如果来源充足、运输便利和价格低廉，建议饲粮中用量（干物质）为：后备猪3%～5%，妊娠母猪25%～50%，泌乳母猪15%～35%。在青绿多汁饲料不充足的情况下，应优先保证种猪。

（四）粗饲料

粗饲料是指粗纤维含量在18%以上的饲料，主要包括干草类、秸秆类、糠壳类、树叶类等。粗饲料来源广泛，成本低廉，但粗纤维含量高，不容易消化，营养价值低。粗饲料容积大，适口性差。经加工处理后猪还可利用一部分。尤其是其中的优质干草在粉碎以后，如豆科干草粉，仍是较好的饲料，是冬季猪蛋白质、维生素以及钙的重要来源。由于粗纤维不易消化，因此其含量要适当控制，适宜比例是5%～15%。使用粗饲料对于增加饲粮容积、限制饲粮能量浓度、预防妊娠母猪过肥有一定意义。

（五）糟渣类饲料

糟渣类饲料是禾谷类、豆科籽实和甘薯等原料在酿酒、制酱、

制醋、制糖及提取淀粉过程中残留的糟渣产品，包括酒糟、酱糟、醋糟、糖糟、豆腐渣、粉渣等。它们的共同特点是：水分含量较高（65%～90%），干物质中淀粉较少，蛋白质等其他营养物质都较原料含量约增加2倍，B族维生素含量增多，粗纤维也增多。干燥的糟渣有的可作蛋白质补充料或能量饲料，但有的只能作粗饲料。糟渣类饲料大部分以新鲜状态喂猪，随着配合饲料的工业化发展，我国干酒糟已开始在猪的配合饲料中应用。未经干燥处理的糟渣类饲料含水量较多，不易保存，非常容易腐败变质，而干制品吸湿性较强，易霉烂，不易贮藏，利用时应引起注意。

（六）矿物质饲料

母猪的繁殖和机体代谢需要钙、磷、钠、钾、硫等多种矿物元素，上述青绿多汁饲料、能量饲料、蛋白质饲料中虽均含有矿物质，但其含量远不能满足母猪的需要，因此在母猪日粮中常常需要专门加入矿物质饲料。

1. 食盐

食盐主要用于补充猪体内的钠和氯，保证猪体正常的新陈代谢，另外还可以增进猪的食欲，用量可占日粮的0.3%～0.5%。

2. 钙、磷补充饲料

（1）骨粉或磷酸氢钙　含有大量的钙和磷，而且比例合适。添加骨粉或磷酸氢钙，主要用于饲料中含磷量不足时。

（2）贝壳粉、石粉、蛋壳粉　三者均属于钙质饲料。贝壳粉是最好的钙质矿物质饲料，含钙量高，又容易吸收；石粉价格便宜，含钙量高，但猪吸收能力差；蛋壳粉可以自制，将各种蛋壳经水洗、煮沸和晒干后粉碎即成，其吸收率也较好，但要严防传播疾病。

（七）饲料添加剂

饲料添加剂是指在那些常用饲料之外，为补充满足动物生长、繁殖、生产各方面营养需要或为某种特殊目的而加入配合饲料中的少量或微量物质。其目的是强化日粮的营养价值或满足猪体的特殊需要，如保健、促生长、增食欲、防霉、改善饲料品质和畜产品质量。

母猪日粮中常用的饲料添加剂的种类及特性见表2-4。

表2-4　母猪日粮中常用的饲料添加剂的种类及特性

种类	名称	特性
营养性饲料添加剂	维生素添加剂	维生素添加剂含有多种维生素，添加时按产品说明书要求的用量，饲料中原有的含量只作为安全裕量，不予考虑。猪处于逆境时对这类添加剂的需要量增加
	微量元素添加剂	微量元素添加剂主要是指含有所需元素的化合物，这些化合物一般包括无机盐类、有机盐类和微量元素-氨基酸螯合物。添加微量元素不考虑饲料中的元素含量，而把饲料中的元素含量作为安全裕量
	氨基酸添加剂	能够人工合成的氨基酸有赖氨酸、蛋氨酸、苏氨酸和色氨酸，前两者应用最为普及。以大豆饼为主要蛋白质来源的日粮，添加蛋氨酸可以节省动物性饲料用量；豆饼不足的日粮添加蛋氨酸和赖氨酸，可以大大强化饲料的蛋白质营养价值；在杂粕含量较高的日粮中添加赖氨酸和蛋氨酸，可以提高日粮的消化利用率
非营养性饲料添加剂	抗生素添加剂	预防猪的某些细菌性疾病，或猪处于逆境或环境卫生条件差时，加入一定量的抗生素添加剂有良好效果。目前许多国家已经禁止使用抗生素添加剂，我国也有明确的限制
	中草药饲料添加剂	中草药饲料添加剂毒副作用小，不易在产品中残留，且具有多种营养成分和生物活性物质，兼具有营养和防病的双重作用。其天然、多能、营养的特点，可起到增强免疫作用、激素样作用、维生素样作用、抗应激作用、抗微生物作用等
	酶制剂	生产中应用的酶制剂可分为两类：其一是单一酶制剂，如淀粉酶、脂肪酶、蛋白酶、纤维素酶和植酸酶等；其二是复合酶制剂。复合酶制剂是由一种或几种单一酶制剂为主体，加上其他单一酶制剂混合而成，或者由一种或几种微生物发酵获得。复合酶制剂可以同时降解饲料中多种需要降解的底物（多种抗营养因子和多种养分），可最大限度地提高饲料的营养价值。国内外饲料酶制剂产品主要是复合酶制剂，如以蛋白酶、淀粉酶为主的饲用复合酶
	微生态制剂	微生态制剂（活菌制剂或益生素）是将动物体内的有益微生物经过人工筛选培育，再经过现代生物工程工厂化生产，专门用于动物营养保健的活菌制剂。其内含有十几种甚至几十种畜禽胃肠道有益菌，也有单一菌制剂（如乳酸菌制剂）。畜牧业中除一些特殊的需要外，都用多种菌的复合制剂

续表

种类	名称	特性
非营养性饲料添加剂	酸制(化)剂	用以增加胃酸,激活消化酶,促进营养物质吸收,降低肠道 pH,抑制有害菌感染。目前,国内外应用的酸化剂包括有机酸化剂、无机酸化剂和复合酸化剂
	低聚糖	又名寡聚糖,是由 2～10 个单糖通过糖苷键连接成直链或支链的小聚合物的总称。低聚糖种类很多,如异麦芽糖低聚糖、异麦芽酮糖、大豆低聚糖、低聚半乳糖、低聚果糖等。低聚糖可以促进并维持动物体内已建立的正常微生态平衡
	糖萜素	糖萜素是从油茶饼(粕)和菜籽饼(粕)中提取的,由糖类(≥30%)、苷类(≥30%)和有机酸组成的天然生物活性物质。它可增强猪体的抗病力和免疫力,并有抗氧化、抗应激作用
	大蒜粉、大蒜素	大蒜是餐桌上的常备之物,有悠久的调味、刺激食欲和抗菌历史。用于饲料添加剂的有大蒜粉和大蒜素,它们有诱食、杀菌、促生长、提高饲料利用率和畜产品品质的作用
	驱虫保健剂	主要指一些抗球虫、绦虫和蛔虫等药物
	防霉剂	配合饲料保存时间较长时,需要添加防霉剂。生产中常用的防霉剂有丙酸钙、丙酸钠、克饲霉、霉敌等
	抗氧化剂	饲料存放过程中易氧化变质,不仅影响饲料的适口性,而且降低饲用价值,甚至还会产生毒素,造成猪的死亡。所以,长期贮存饲料,必须加入抗氧化剂。抗氧化剂种类很多,目前常用的抗氧化剂多由人工化学合成,如丁基化羟基甲苯(简称 BHT)、乙氧基喹啉(简称山道喹)、丁基化羟甲基苯(简 BHA)等。抗氧化剂在配合饲料中的添加量为 0.01%～0.05%
	其他添加剂	除以上介绍的添加剂外,还有调味剂(如乳酸乙酯、葱油、茴香油、花椒油等)、激素类等

使用添加剂的基本要求:①所使用的添加剂及其预混料应遵照国家规定的品种、剂量和使用方法,长期使用不应对动物产生急性或慢性毒害和不良影响;②必须有确实的经济效益和生产效果;③不能影响动物对饲料的适口性;④在畜产品中残留量和排入环境的量不能超过食品卫生和环境保护规定的标准,不能影响畜产品的质量和人体健康;⑤对种用动物不得导致其生殖生理的改变;⑥所用化工原料中含有毒重金属量(如铅、砷、汞等)不得超出允许量;⑦维生素等不得失效或超过有效期限。

二、日粮配方的设计

（一）母猪日粮配方设计原则

1. 营养原则

营养标准是母猪配合日粮配方设计的依据。母猪的品种、类型、饲养管理条件等也能影响营养的实际需要量，温度、湿度、有害气体、应激因素、饲料加工调制方法等也会影响营养的需要和消化吸收。因此，在生产中原则上按营养标准配合日粮，也要根据实际情况作适当的调整。

2. 生理原则

配合日粮时，必须根据不同阶段母猪的不同特点，选择适宜的饲料进行搭配和合理加工调制。如哺乳仔猪的日粮中粗纤维含量应控制在5%以下。豆类饲料应炒熟粉碎，以增加香味、增强适口性。成年母猪对粗纤维的消化能力增强，可以提高粗饲料的用量，扩大粗饲料的选择范围，但要注意日粮的适口性、容重（不要因饲料体积小而吃不饱，也不能因饲料体积大而吃不完）和稳定性。要注意配合日粮时饲料品种应多样化，既能提高适口性，又能使各种饲料的营养物质互相补充，以提高其营养价值。

3. 经济原则

母猪生产中的饲料费用在成本中占有较高比例，因此，配合日粮时，应充分利用饲料的替代性，就地取材，选用营养丰富、价格低廉的饲料原料，以降低生产成本，提高经济效益。同时，配合饲料时必须注意混合均匀，这样才能保证配合日料的质量。

4. 安全性原则

饲料安全关系到猪群健康，更关系到食品安全和人民健康。所以，配制的饲料要符合国家饲料卫生质量标准，饲料中含有的物质、品种和数量必须控制在安全允许的范围内，有毒物质、药物添加剂、细菌总数、霉菌总数、重金属等不能超标。

（二）母猪日粮配方设计的要点

1.根据不同的生理阶段设计配方

① 乳猪（3～5周龄以前）配合日粮配方设计重点是考虑消化能及蛋白质、赖氨酸和蛋氨酸的数量和质量。3～5周龄以前的小猪更应坚持高消化能、高蛋白质质量的配方设计原则。此外，尽可能考虑使用生长促进剂和与仔猪健康有关的保健剂，以有利于最大限度地提高乳猪、仔猪的生长速度和饲料利用效率。

② 妊娠母猪饲料配方设计时微量营养素的考虑原则与泌乳母猪明显不同。应根据妊娠母猪的限制饲养程度，保证在有限的采食量中能供给可充分满足需要的微量营养素，特别要注意有效供给与繁殖有关的维生素A、维生素D、维生素E、生物素、叶酸、烟酸、胆碱及微量元素锌、碘、锰等。

③ 泌乳母猪日粮配方设计考虑的重点是消化能、蛋白质和氨基酸的平衡。泌乳高峰期更要保证这些营养物质的质量，否则会造成母猪动用体内储存的营养物质维持泌乳，导致体况明显下降，严重影响下一个繁殖周期的繁殖性能。泌乳母猪泌乳量大，采食量也大，微量营养素，特别是微量元素不适宜过量供给。

2.合理利用各种饲料原料和添加剂

（1）常规饲料原料的利用　常规饲料原料的利用，除了保证质量外，还要考虑原料的适宜用量。同样的饲料原料能配制出营养价值不同的配合饲料，但任何一种饲料原料，都不是可以随便配制的。饲料原料只在一定范围内具有线性相加效应。选用适宜的饲料原料、适宜的用量组合，配制的配合饲料饲养效果才最好，否则不能达到最好的饲养效果。表2-5列出了常用饲料原料在不同配合饲料中的适宜用量。

表2-5　不同饲料原料在不同配合饲料中的适宜用量 单位：%

饲料原料	妊娠料	哺乳料	开口料	后备猪料
动物油脂（稳定化）	0	0	0～4	0
大麦	0～80	0～80	0～25	0～85

续表

饲料原料	妊娠料	哺乳料	开口料	后备猪料
血粉	0～3	0～3	0～4	0～3
玉米	0～80	0～80	0～40	0～85
棉籽饼	0～5	0～5	0	0～5
菜籽饼	0～5	0～5	0～5	0～5
鱼粉	0～5	0～5	0～5	0～12
亚麻饼	0～5	0～5	0～5	0～5
肉骨粉	0～10	0～5	0～5	0～5
高粱	0～80	0～80	0～30	0～85
糖蜜	0～5	0～5	0～5	0～5
燕麦	0～40	0～15	0～15	0～20
燕麦(脱壳)	0	0	0～20	0
脱脂奶	0	0	0～20	0
大豆饼	0～20	0～20	0～25	0～20
小麦	0～80	0～80	0～30	0～85
麦麸	0～30	0～10	0～10	0～20
酵母	0～3	0～3	0～3	0～3
稻谷	0～50	0～50	0～20	0～50

饲料的种类繁多，而不同阶段、不同品种母猪的生理特点又有较大差异，所以，选择饲料时必须考虑母猪的生理特点，最大限度地满足其需要。

① 乳猪配合饲料选料　生产中对乳猪配合饲料的选择很严格，应尽量按近似乳蛋白质和乳碳水化合物的质量选用饲料原料。首选奶产品，如脱脂奶粉、乳清粉等，糖类如葡萄糖、蔗糖等；其次选其他动物性饲料，如鱼粉、肉粉、蚕蛹、喷雾血粉、水解蛋白等；再次选用常规植物性饲料，如玉米、豆粕、小麦、燕麦等。非常规饲料如菜籽粕、棉籽粕、统糠等一般不选用。选用非首选的原料，以经过适当的加工处理后再用为好。植物性蛋白质饲料经过加热和加压处理（如膨化挤压大豆），自然淀粉经过膨化处理或糊化处理（如膨化玉米），或一些经过酶解、发酵处理的产品（如水解蛋白）

等均可以视为是对小猪具有较高质量的饲料。也可以考虑使用外源性酶制剂，如蛋白酶、糖化酶、纤维素酶等。维生素、微量元素、生长促进剂、保健剂必须选用。在首选饲料有限的情况下，适当选用具有乳香味的物质（如乳猪香等），有利于促进小猪多采食。合理选用酸化剂（如柠檬酸、醋酸、富马酸等），有利于提高小猪对饲料的消化利用率。

② 泌乳母猪配合饲料选料　原料应充分考虑泌乳高峰期母猪泌乳能力大于采食能力的特点，参照生长猪配合饲料选用原料比较适宜，这样有利于减少饲料容积，促进母猪有效摄入营养物质。

③ 妊娠母猪配合饲料选料　可以采取常规饲料原料和非常规饲料原料并重的方法，充分合理选用粗饲料，有利于自动限饲，防止母猪过量摄入营养物质，影响繁殖性能。对繁殖性能有直接影响的饲料原料（如菜籽粕、棉籽粕等）应尽量少用或不用。对繁殖性能有好处、含未知促生长因子丰富的饲料原料（如苜蓿、发酵副产物等）应尽可能多选用。

（2）矿物质饲料的利用　常量矿物元素中，钙、磷、钠、氯的合理利用十分重要。磷是一种很难用好的矿物元素。生产实践中进行饲料配合时，按无机磷的适宜比例和用量考虑磷源的利用比较简单易行。只要无机磷源（如磷酸氢钙等）提供的磷不低于营养标准需要量的63%，即可认为其配合的饲料磷含量满足需要。若在饲料有效磷含量比较齐全的情况下，按有效磷的数据进行配制更为可靠。饲料配合中常用食盐补充钠和氯的不足部分。但是，食盐很难使配合饲料中的钠和氯达到营养需要标准的平衡要求，若在使用了氯化胆碱和盐酸赖氨酸的情况下，钠和氯更难平衡。因此，在配合饲料的计算过程中，以食盐满足氯需要、用0.1%～0.5%的碳酸氢钠平衡配合饲料中的钠是一种平衡钠和氯的有效方法，而且也在一定程度上保证了钠、氯、钾之间的平衡。

（3）微量元素和维生素的利用　以不考虑能量和蛋白质饲料原料中的含量（仅作为保险系数看待），按营养需要标准额补充比较方便实用。维生素易受饲料加工、贮藏及微量元素的影响。复合多维按猪的正常需要量0.02%补充到天然饲料中，较难保证其有效供给，特别是热、压、湿加工工艺（如蒸汽制粒），正常损失也在40%以上。因此，以这种工艺进行饲料配合，维生素用量至少应增加50%。以膨化制粒工艺进行饲料配合时维生素用量应增加1倍以上。在经济成本允许的条件下，维生素按营养标准需要量的3倍以上使用，可提高猪抗应激的能力。

（4）饲料添加剂的选用　饲料添加剂的生产、销售和选用要符合安全、经济和使用方便的要求。

（三）母猪日粮配方的设计方法

试差法是畜牧生产中常用的一种日粮配合方法。此法是根据营养标准及饲料供应情况，选用数种饲料，先初步规定用量进行试配，然后将其所含养分与饲养标准对照比较，差值可通过调整饲料用量使之符合饲养标准的规定。应用试差法一般需经过反复的调整计算和对照比较。

【例1】现用玉米、菜籽粕、豆粕、麸皮、石粉、磷酸氢钙、食盐和1%的预混剂等设计妊娠母猪饲料配方。

第一步：根据营养标准，查出妊娠母猪的营养需要，见表2-6。

表2-6　妊娠母猪每千克饲粮的营养含量

消化能/（兆焦/千克）	粗蛋白质/%	钙/%	磷/%	赖氨酸/%	蛋+胱氨酸/%	食盐/%
12.97	13.0	0.73	0.60	0.58	0.48	0.30

第二步：根据饲料原料成分表，查出所用各种饲料的养分含量，见表2-7。

表2-7　各种饲料的养分含量

饲料	消化能/（兆焦/千克）	粗蛋白质/%	钙/%	总磷/%	赖氨酸/%	蛋+胱氨酸/%
玉米	14.27	8.7	0.02	0.21	0.24	0.38
菜籽粕	12.05	36.3	0.21	0.83	1.4	0.36

续表

饲料	消化能/（兆焦/千克）	粗蛋白质/%	钙/%	总磷/%	赖氨酸/%	蛋+胱氨酸/%
豆粕	13.74	43.0	0.31	0.61	2.45	1.20
麸皮	12.12	15.5	0.11	0.92	0.58	0.39
石粉			35.00			
磷酸氢钙			23.80	18.0		

第三步：初拟配方。根据饲养经验，初步拟定一个配合比例，然后计算能量、蛋白质含量。初拟的配方和计算结果见表 2-8。

表 2-8 初拟配方及配方中能量、蛋白质含量

饲料及比例/%	代谢能/（兆焦/千克）	粗蛋白质/%
玉米 63	14.27×0.63=8.99	8.7×0.63=5.48
麸皮 24	12.12×0.24=2.91	15.5×0.24=3.72
豆粕 6	13.74×0.06=0.82	43×0.06=2.58
菜籽粕 3	12.05×0.03=0.36	36.3×0.03=1.09
合计 96	13.08	12.87
标准	12.97	13.00
与标准比较	+0.11	−0.13

第四步：调整配方，使能量和蛋白质符合营养标准。由表 2-8 中可以算出能量比标准多 0.11 兆焦/千克，蛋白质少 0.13%。用含蛋白质较高的豆粕代替玉米，需要替代 0.32% [0.11÷(43−8.7)×1%]，则代谢能减少 0.17 兆焦/千克 [(14.27−13.74)×0.32%]。替代后蛋白质为 13%，能量为 12.91 兆焦/千克，与标准接近。

第五步：计算矿物质和氨基酸的含量，见表 2-9。

表 2-9 矿物质和氨基酸含量

饲料比例/%	钙/%	磷/%	赖氨酸/%	蛋+胱氨酸/%
玉米 62.68	0.02×0.6268 =0.0125	0.21×0.6268 =0.1316	0.24×0.6268 =0.1504	0.38×0.6268 =0.2382

续表

饲料比例/%	钙/%	磷/%	赖氨酸/%	蛋+胱氨酸/%
麸皮 24	0.11×0.24 =0.0364	0.92×0.24 =0.2208	0.58×0.24 =0.1392	0.39×0.24 =0.0936
豆粕 6.32	0.31×0.0632 =0.0196	0.61×0.0632 =0.0386	2.45×0.0632 =0.1548	1.20×0.0632 =0.0758
菜籽粕 3	0.21×0.03 =0.063	0.83×0.03 =0.0246	1.4×0.03 =0.042	0.36×0.03 =0.0108
合计 96	0.1315	0.4159	0.4864	0.4148
标准	0.73	0.6	0.58	0.48
与标准比较	−0.5985	0.1841	−0.1	

根据上述配方计算得知，饲粮中钙比标准低0.5985%，磷比标准低0.1841%，先添加磷酸氢钙配平磷，需要添加1%（0.1841÷18×100%）的磷酸氢钙。添加1%磷酸氢钙，增加钙质0.238%，缺钙0.3605%，需要添加石粉1.1%（0.3605÷35×100%）。赖氨酸低于标准0.1%，添加0.1%的赖氨酸。补充0.3%的食盐和1%的预混剂，配方总量99.5%。少0.5%，用玉米补充，可以提高饲料中的代谢能水平和蛋氨酸含量。

第六步：列出配方和主要营养指标。

饲料配方：玉米63.18%，麸皮24%，豆粕6.32%，菜籽粕3%，石粉1.1%，磷酸氢钙1%，食盐0.3%，预混料1%，赖氨酸0.1%。

营养水平：消化能12.98兆焦/千克，粗蛋白质13.05%，钙0.73%，磷0.61%，蛋氨酸+胱氨酸0.48%，赖氨酸0.58%。

三、日粮配方的举例

（一）乳猪（哺乳仔猪）料配方

见表2-10～表2-12。

表 2-10 乳猪（2～3 周哺乳仔猪）料配方（一）

组成	配方 1	配方 2	配方 3	配方 4	配方 5	配方 6	配方 7
黄玉米粉/%	28.15	26.75	27.75	16.45	44.20	17.85	31.65
豆粕/%	15.10	14.10	30.00	24.20	22.75	25.20	30.10
脱脂奶粉/%	40.0	40.0	10.20	20.0	10.0	20.0	10.0
乳清粉/%	0	0	20.0	20.0	10.0	20.0	20.0
进口鱼粉/%	2.5	2.5	2.5	2.5	0	2.5	0
糖/%	10.0	10.0	5.0	10.0	10.0	10.0	5.0
苜蓿烘干草粉/%	0	2.5	0	2.5	0	0	0
油脂/%	2.5	2.5	2.5	2.5	0	2.5	1.0
碳酸钙/%	0.4	0.4	0.5	0.5	0.7	0.5	0.5
脱氟磷酸氢钙/%	0.1	0	0.5	0.1	1.1	0.2	0.5
碘化食盐/%	0.25	0.25	0.25	0.25	0.25	0.25	0.25
仔猪预混剂/%	1.0	1.0	1.0	1.0	1.0	1.0	1.0

表 2-11 乳猪（2～3 周哺乳仔猪）料配方（二）

组成	配方 1	配方 2	配方 3	配方 4	配方 5	配方 6	配方 7	配方 8
黄玉米粉/%	43.75	47.50	49.15	51.85	55.00	54.50	61.00	44.50
豆粕/%	25.8	24.5	27.8	25.2	22.0	27.5	22.5	37.5
脱脂奶粉/%	0	5.0	0	5.0	0	0	2.5	0
乳清粉/%	15.0	10.0	15.0	10.0	20.0	15.0	10.0	15.0
进口鱼粉/%	2.5	2.5	0	0	0	0	0	0
糖/%	5.0	5.0	5.0	5.0	0	0	0	0
苜蓿烘干草粉/%	2.5	0	0	0	0	0	0	0
油脂/%	2.5	2.5	0	0	0	0	1.0	0
碳酸钙/%	0.75	0.70	0.75	0.70	0.75	0.50	0.50	0.50
脱氟磷酸氢钙/%	0.95	1.05	1.05	1.00	1.00	1.25	1.25	1.25
碘化食盐/%	0.25	0.25	0.25	0.25	0.25	0.25	0.25	0.25

续表

组成	配方 1	配方 2	配方 3	配方 4	配方 5	配方 6	配方 7	配方 8
仔猪预混剂/%	1.0	1.0	1.0	1.0	1.0	1.0	1.0	1.0

表 2-12　乳猪（哺乳仔猪）料配方（5～10 千克体重）

组成	配方 1	配方 2	配方 3	配方 4	配方 5	配方 6	配方 7
黄玉米/%	54.3	60.0	60.5	53.8	64	59.3	65.0
麸皮/%	0	0	0	0	7.4	3.0	5.0
豆粕/%	39.8	34.6	31.0	37.0	22.0	25.0	25.0
石粉/%	0.6	1.0	0.2	1.6	0	1.0	0
磷酸氢钙/%	2.0	1.1	2.1	2.1	1.5	1.5	0
食盐/%	0.3	0.3	0.3	0.5	0	1.2	0
进口鱼粉/%	0	0	0	0	3.0	7.0	4.0
酵母/%	0	0	0	0	0	1.0	0
柠檬酸/%	2.0	2.0	2.0	2.0	0	0	0
油脂/%	0	0	2.9	2.0	0	0	0
复合添加剂/%	1.0	1.0	1.0	1.0	1.0	1.0	1.0
复合霉制剂/%	0	0	0	0	1.1	0	0

（二）母猪的饲料配方

母猪的饲料配方见表 2-13～表 2-19。

表 2-13　后备母猪饲料配方

组成	配方 1	配方 2	配方 3	配方 4	配方 5	配方 6
玉米/%	0	0	0	40.0	30.0	30.0
碎米/%	29.0	27.0	30.0	0	0	0
次粉/%	33.8	26.8	22.8	0	0	0
麸皮/%	14.0	20.0	19.0	25.0	30.0	30.0
统糠/%	1.0	6.0	10.0	11.0	18.0	22.0

续表

组成	配方 1	配方 2	配方 3	配方 4	配方 5	配方 6
豆饼/%	15.0	12.0	10.0	0	0	0
蚕豆/%	0	0	0	12.0	12.0	6.0
菜籽饼/%	0	0	0	10.0	8.0	10.0
鱼粉/%	5.0	7.0	4.0	0	0	0
血粉/%	1.0	0	3.0	0	0	0
骨粉/%	0	0	0	1.0	1.0	1.0
贝壳粉/%	0.5	0.5	0.5	0	0	0
食盐/%	0.2	0.2	0.2	0.5	0.5	0.5
0.5%预混剂/%	0.5	0.5	0.5	0.5	0.5	0.5
营养水平						
消化能/(兆焦/千克)	12.89	12.13	11.67	11.26	10.46	9.96
粗蛋白质/%	17.1	17.4	16.0	13.4	13.0	12.2
钙/%	0.56	0.66	0.55	0.61	0.60	0.61
磷/%	0.55	0.65	0.52	0.34	0.34	0.34
赖氨酸/%	0.55	0.59	0.60	0.63	0.60	0.54

表 2-14　种母猪饲料配方（一）

组成	妊娠阶段			泌乳阶段		
	配方 1	配方 2	配方 3	配方 1	配方 2	配方 3
玉米/%	74.53	75.57	59.18	76.13	65.52	62.8
统糠/%	0	0	6.42	0	6.98	7.51
麦麸/%	8.10	10.50	12.00	3.70	9.50	10.20
鱼粉(粗蛋白质 50%)/%	5.06	3.69	5.62	3.03	5.07	3.93
大豆粕/%	0	4.22	6.58	6.05	0	0
饲料酵母/%	0	0	0	0	4.34	0
棉籽粕/%	0	0	0	0	0	5.10
葵花籽粕/%	0	0	0	0	0	2.83

续表

组成	妊娠阶段			泌乳阶段		
	配方 1	配方 2	配方 3	配方 1	配方 2	配方 3
苜蓿/%	4.34	3.68	8.43	0	0	0
菜籽粕/%	0	0	0	3.41	7.24	5.67
大豆/%	5.79	0	0	4.92	0	0
碳酸钙/%	0.34	0.02	0.12	0.24	0.02	0.42
碳酸氢钙/%	1.16	1.67	1.00	1.68	0.61	0.80
食盐/%	0.30	0.30	0.30	0.30	0.30	0.30
微量元素预混料①/%	0.30	0.30	0.30	0.30	0.30	0.30
维生素预混料②/%	0.04	0.04	0.04	0.04	0.04	0.04
赖氨酸/%	0.02	0	0	0.13	0.07	0.09
蛋氨酸/%	0.01	0	0	0.06	0	0
抗生素③/%	0.01	0.01	0.01	0.01	0.01	0.01
合计/%	100	100	100	100	100	100
营养水平						
消化能/(兆焦/千克)	18.79	18.38	12.54	13.79	12.96	12.54
粗蛋白质/%	13.0	12.0	14.0	14.0	14.0	14.0
钙/%	0.75	0.75	0.75	0.75	0.75	0.75
磷/%	0.6	0.6	0.6	0.6	0.6	0.6
赖氨酸/%	0.55	0.47	0.59	0.70	0.60	0.60
蛋氨酸/%	0.18	0.15	0.18	0.25	0.27	0.24
色氨酸/%	0.14	0.13	0.16	0.15	0.16	0.15

① 微量元素预混料组成：硫酸亚铁 7.8594%，硫酸锌 6.9435%，硫酸铜 8.2722%，硫酸锰 3.0972%，碘化钾 0.0045%，亚硒酸钠 0.0117%，碳酸氢钠 3.8115%。添加剂原料粉碎到 0.6 毫米直径细度。

② 复合多种维生素采用商品高浓度复合产品。

③ 抗生素选用四环素族比较合适，如土霉素、金霉素等。

注：配方 1 适用于初产或 2、3 产母猪，配方 2 适用于经产母猪，配方 3 蛋白质利用效率不是太高，配方中低质副产品的比例较高，饲料成本比较低（配方来源于孙哲主编《猪饲料营养配方 7 日通》）。

表 2-15　种母猪饲料配方（二）

组成	妊娠母猪			哺乳母猪		
	配方 1	配方 2	配方 3	配方 1	配方 2	配方 3
玉米/%	38.0	43.0	40.0	35.0	40.0	39.3
大麦/%	19.0	27.0	10.0	34.0	23.5	32.0
麸皮/%	20.0	7.0	16.0	12.0	17.0	4.0
草粉/%	7.0	6.0	14.5	0	0	6.0
豆饼/%	0	8.0	11.0	2.0	10.0	10.0
葵花饼/%	10.00	0	0	0	0	0
棉籽饼/%	0	0	0	8.0	0	0
鱼粉/%	3.0	6.0	6.0	6.0	7.0	6.0
骨粉/%	1.5	1.5	1.0	1.5	0.5	0.6
贝壳粉/%	0	0	0	0	0.5	0.6
食盐/%	0.5	0.5	0.5	0.5	0.5	0.5
预混剂/%	1.0	1.0	1.0	1.0	1.0	1.0
营养水平						
消化能/(兆焦/千克)	12.17	12.76	11.46	12.80	11.51	12.72
粗蛋白质/%	14.2	15.0	15.5	15.8	15.5	16.4
钙/%	0.69	0.78	0.61	0.78	0.61	0.83
磷/%	0.68	0.69	0.58	0.75	0.58	0.62
赖氨酸/%	0.62	0.60	0.81	0.67	0.81	0.86

表 2-16　种母猪饲料配方（三）

组成	妊娠母猪			哺乳母猪		
	配方 1	配方 2	配方 3	配方 1	配方 2	配方 3
玉米/%	46.0	25.5	23.0	50.0	33.0	40.0
大麦/%	11.5	40.0	0	11.0	23.0	39.0
麸皮/%	17.0	15.0	13.5	10.0	20.0	0
碎米/%	0	0	53.0	0	0	0
米糠/%	0	0	5.0	0	0	0

续表

组成	妊娠母猪			哺乳母猪		
	配方1	配方2	配方3	配方1	配方2	配方3
草粉/%	15.0	0	0	10.0	5.5	0
豆饼/%	5.0	15.0	0	10.5	13.0	6.0
鱼粉/%	3.0	2.0	2.0	6.0	2.0	5.0
骨粉/%	1.0	1.0	1.0	1.0	2.0	1.0
贝壳粉/%	0	0	1.0	0	0	0.5
花生饼/%	0	0	0	0	0	7.00
食盐/%	0.5	0.5	0.5	0.5	0.5	0.5
预混剂/%	1.0	1.0	1.0	1.0	1.0	1.0
营养水平						
消化能/(兆焦/千克)	11.63	12.55	13.59	12.26	12.55	13.19
粗蛋白质/%	12.5	14.1	12.3	15.5	15.3	16.3
钙/%	0.59	0.75	0.83	0.68	0.87	0.64
磷/%	0.55	0.73	0.98	0.51	0.73	0.58
赖氨酸/%	0.70	0.88	0.42	0.80	0.75	0.72

表2-17 种母猪饲料配方（四）

组成	妊娠前期		妊娠后期		泌乳期	
	配方1	配方2	配方1	配方2	配方1	配方2
玉米/%	39.30	37.20	38.97	41.00	45.99	45.15
豆粕/%	2.48	3.10	7.01	5.29	9.56	11.47
麸皮/%	8.06	10.54	14.02	10.47	11.15	17.30
高粱/%	6.82	6.20	3.51	3.31	3.98	0
葵花饼/%	2.48	3.10	3.51	3.50	5.57	0
青贮玉米/%	12.77	12.00	10.05	11.00	6.85	7.30
酒精糟/%	25.23	25.00	19.83	22.45	13.50	15.50
骨粉/%	0.62	0.62	0.70	0.66	0.80	0.76

续表

组成	妊娠前期		妊娠后期		泌乳期	
	配方 1	配方 2	配方 1	配方 2	配方 1	配方 2
贝壳粉/%	0.62	0.62	0.70	0.66	0.80	0.76
食盐/%	0.62	0.62	0.70	0.66	0.80	0.76
预混剂/%	1.00	1.00	1.00	1.00	1.00	1.00
合计/%	100	100	100	100	100	100
营养水平						
消化能/(兆焦/千克)	11.84	11.87	11.75	11.73	12.09	12.06
粗蛋白质/%	14.30	14.35	15.70	15.63	15.60	15.12
钙/%	0.70	0.71	0.73	0.72	0.75	0.71
磷/%	0.56	0.56	0.61	0.60	0.57	0.53
赖氨酸/%	0.73	0.76	0.82	0.79	0.71	0.80

表 2-18　空怀母猪配方（一）

组成	配方 1	配方 2	配方 3	配方 4	配方 5
玉米/%	46.5	48.0	48.5	48.5	48.0
麸皮/%	51.0	36.5	30.0	30.0	30.5
豆饼/%	0	0	0	19.0	10.0
葵花饼/%	0	14.0	19.0	0	9.0
骨粉/%	2.0	1.0	2.0	2.0	2.0
食盐/%	0.5	0.5	0.5	0.5	0.5
营养水平					
消化能/(兆焦/千克)	13.09	12.18	11.67	13.31	12.59
粗蛋白质/%	10.8	11.0	11.0	16.0	15.1
钙/%	1.14	0.66	1.16	0.73	0.74
磷/%	0.85	0.66	0.73	0.73	0.72
赖氨酸/%	0.42	0.58	0.63	0.80	0.74

表 2-19　空怀母猪配方（二）

组成	配方1	配方2	配方3	配方4	配方5	配方6	配方7	配方8	配方9
玉米/%	65.0	45.0	20.0	66.0	65.0	40.0	20.0	0	0
麸皮/%	12.0	15.0	5.0	15.0	15.0	0	10.0	10.0	0
碎米/%	0	15.0	45.0	0	0	25.0	45.0	65.0	65.0
菜籽粕/%	3.0	4.0	4.0	3.0	0	3.0	5.0	7.0	5.0
棉籽粕/%	3.0	4.0	3.0	3.0	6.0	3.0	2.0	0	4.0
豆饼/%	3.0	0	2.0	3.0	4.0	3.0	3.0	2.0	0
肠衣粉/%	4.0	5.0	5.0	0	0	0	0	0	6.0
粉浆蛋白/%	0	0	0	4.0	4.0	4.0	4.0	5.0	0
细米糠/%	3.0	5.0	9.0	0	0	15.0	5.0	5.0	13.0
青饲料/%	3.7	3.7	3.7	2.7	2.7	3.7	2.7	2.7	3.7
骨粉/%	2.0	2.0	2.0	2.0	2.0	2.0	2.0	2.0	2.0
食盐/%	0.3	0.3	0.3	0.3	0.3	0.3	0.3	0.3	0.3
预混剂/%	1.0	1.0	1.0	1.0	1.0	1.0	1.0	1.0	1.0
合计/%	100	100	100	100	100	100	100	100	100
营养水平									
消化能/(兆焦/千克)	12.46	12.31	12.25	12.95	13.00	12.90	12.81	12.64	12.10
粗蛋白质/%	13.6	14.1	14.3	14.0	14.5	14.0	14.4	14.7	19.0
钙/%	0.69	0.92	0.71	0.65	0.65	0.65	0.65	0.66	0.73
磷/%	0.60	0.65	0.62	0.62	0.62	0.70	0.71	0.72	0.62
赖氨酸/%	0.52	0.55	0.59	0.60	0.63	0.65	0.68	0.72	0.62

第三章 母猪场的建设

母猪场的设计直接关系到猪场隔离卫生和环境条件，也关系到母猪的健康和繁殖性能。

第一节　母猪场的场址选择和规划布局

一、场址选择

母猪场场址的选择，主要是对场地的地势、地形、土质、水源以及周围环境、交通、电力、青绿饲料供应和放牧条进行全面的考察。母猪场场址的选择必须在养猪之前做好周密计划，选择最合适的地点建场。

（一）地势、地形

场地地势应高燥，地面应有一定坡度。场地高燥，这样排水良好，地面干燥，阳光充足，不利于微生物和寄生虫的滋生繁殖；否则，地势低洼，场地容易积水而变得潮湿、泥泞，夏季通风不良，空气闷热，有利于蚊蝇等昆虫的滋生，冬季则阴冷。地形要开阔、整齐、向阳、避风，特别是要避开西北方向的山口和长形谷地，保持场区小气候状况相对稳定，减少冬季寒风的侵袭。猪场应充分利用自然的地形、地物（如树林、河流等）作为场界的天然屏障，既要考虑猪场避免周围环境的污染，远离污染源（如化工厂、屠宰场等），又要注意猪场是否污染周围环境（如对周围居民生活区的污染等）。

（二）土质

母猪场内的土壤，应该是透气性强、毛细管作用弱、吸湿性和导热性小、质地均匀、抗压性强的土壤，以沙质土壤最适合，这种土地渗水性强，便于雨水迅速下渗。愈是贫瘠的沙性土地，愈适于建造猪舍。如果找不到贫瘠的沙性土地，至少要找排水良好、暴雨后不积水的土地，保证在多雨季节不会变得潮湿和泥泞，有利于保持猪舍内外干燥；土质要洁净而未被污染。

（三）水源

在生产过程中，母猪的饮食、饲料的调制、猪舍和用具的清洗，以及饲养管理人员的生活都需要使用大量的水，因此，母猪场必须有充足的水源。水源应符合下列要求：一是水量要充足，既要能满足猪场内的人、猪用水和其他生产、生活用水，还要能满足防火及以后发展等需要。二是水质要求良好，不经处理即能符合饮用标准的水最为理想。此外，在选择时要调查当地是否因水质而出现过某些地方性疾病等。三是水源要便于保护，以保证水源经常处于清洁状态，不受周围环境的污染。四是要求取用方便，设备投资少，处理技术简便易行。目前，我国尚未制定动物饮用水卫生标准，建议畜牧供水标准使用人的生活饮用水水质卫生标准。

当饮用水中含有农药时，农药含量不能超过表 3-1 的规定。

表 3-1　无公害生猪饲养场猪饮用水农药含量

项目	限量标准/(毫升/升)	项目	限量标准/(毫升/升)	项目	限量标准/(毫升/升)
马拉硫磷	0.25	对硫磷	0.003	百菌清	0.01
内吸磷	0.03	乐果	0.08	甲奈威	0.05
甲基对硫磷	0.02	林丹	0.004	2,4-D	0.1

（四）面积

猪场面积要求充足（饲养 200～600 头基础母猪，每头母猪占

地面积为75～100平方米），周围有足够的农田、果园或鱼塘，便于排污及粪便污水处理，以便能够充分消化猪场的粪便污水，减少猪场排出的粪便污水对周边环境的污染。

（五）位置

猪场是污染源，也容易受到污染。猪场生产大量产品的同时，也需要大量的饲料，所以，猪场场地要兼顾交通运输和隔离防疫，既要便于交通运输，又要便于隔离防疫。猪场距居民点或村庄、主要道路要有300～500米的距离，大型猪场要有1000米的距离。猪场要远离屠宰场、畜产品加工场、兽医院、医院、造纸厂、化工厂等污染源，远离噪声大的工矿企业，远离其他养殖企业。猪场要有充足稳定的电源，周边环境要安全（图3-1）。

图3-1 猪场的位置

二、规划布局

母猪场的规划布局就是根据拟建场地的环境条件，科学地确定各区的位置，合理地确定各类房舍、道路、供排水和供电等管线、绿化带等的相对位置及场内防疫卫生的安排。母猪场的规划布局是否合理，直接影响到猪场的环境控制和卫生防疫。科学合理的规划布局可以有效地利用土地面积，减少建场投资，保持良好的环境条件，进行高效方便的管理。

（一）分区或分场规划

母猪场可规划为生活区或管理区、生产区和隔离区等。其规划模式图见图 3-2。

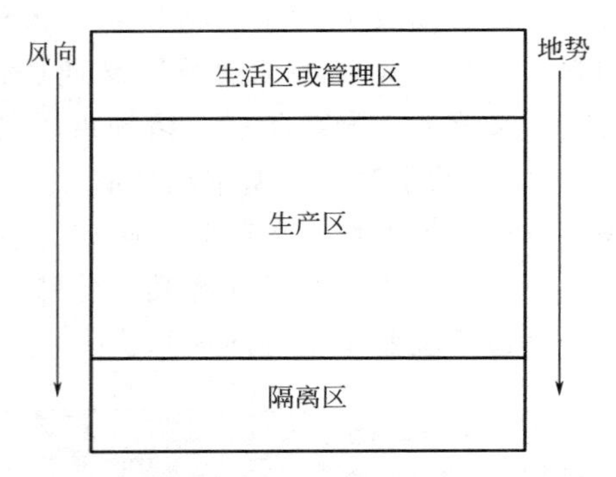

图 3-2　母猪场分区规划的规划模式图

1. 生活区或管理区

生活区或管理区是猪场进行经营管理活动的场所，与社会联系密切，易造成疫病的传播和流行，该区的位置应靠近大门，并与生产区分开，外来人员只能在管理区活动，不得进入生产区。场外运输车辆不能进入生产区。车棚、车库均应设在管理区；除饲料库外，其他仓库亦应设在管理区。职工生活区设在上风向和地势较高处，以免相互污染。

2. 生产区

生产区是猪生活和生产的场所，该区的主要建筑为母猪舍和生产辅助建筑物。生产区应位于全场中心地带，地势应低于管理区，并在其下风向，但要高于隔离区（病畜管理区），并在其上风向。配种舍、妊娠舍和产房依次从上风向向下风向排列。饲料库可以建在生产区围墙同一平行线上，用饲料车直接将饲料送入料库。

3. 隔离区

隔离区是主要用来治疗、隔离和处理病猪的场所。为防止疫病

传播和蔓延，该区应在生产区的下风向，并在地势最低处，而且应远离生产区。焚尸炉和粪污处理地设在最下风处。隔离猪舍应尽可能与外界隔绝。该区四周应有自然的或人工的隔离屏障，设单独的道路与出入口。

（二）猪舍间距

猪舍间距影响猪舍的通风、采光、卫生、防火。猪舍密集，间距过小，场区的空气环境容易恶化，微粒、有害气体和微生物含量过高，增加病原含量和传播机会，容易引起猪群发病。为了保持场区和猪舍环境良好，猪舍之间应保持适宜的距离。适宜间距为猪舍高度的3～5倍。

（三）猪舍朝向

猪舍朝向的选择与通风换气、防暑降温、防寒保暖以及猪舍采光等环境效果有关。朝向选择应考虑当地的主导风向、地理位置、采光和通风排污等情况。猪舍朝南，即猪舍的纵轴方向为东西向，对我国大部分地区的开放舍来说是较为适宜的。这样的朝向，在冬季可以充分利用太阳辐射的温热效应和射入舍内的阳光防寒保温；夏季辐射面积较少，阳光不易直射舍内，有利于猪舍防暑降温。

（四）道路

猪场的道路要直、短，路面硬化。猪场应设置清洁道和污染道，清洁道供饲养管理人员、清洁的设备用具、饲料和健康洁净猪进入等使用，污染道供清粪、污浊的设备用具、病死和淘汰猪使用。清洁道和污染道不交叉。

（五）贮粪场

猪场应设置粪尿处理区。粪场需靠近道路，有利于粪便的清理和运输。贮粪场（池）设置注意：贮粪场应设在生产区和猪舍的下风处，与猪舍之间保持有一定的卫生间距（距猪舍30～50米），并应便于将粪便污水运往农田或进行其他处理；贮粪池的深度以不受地下水浸渍为宜，底部应较结实；贮粪场和贮粪池要进行防渗处理，以防粪液渗漏流失污染水源和土壤；贮粪场底部应有坡度，使粪水可流向一侧或集液井，以便取用；贮粪池的大小应根据每天猪场猪只排粪量多少及贮藏时间长短而定。

（六）绿化

绿化不仅有利于场区和猪舍温热环境的维持和空气洁净，而且可以美化环境，因此猪场建设必须注重绿化，搞好道路绿化、猪舍之间的绿化和场区周围以及各小区之间的隔离林带，搞好场区北面防风林带和南面、西面的遮阳林带等。

（七）隔离卫生设施

为做好母猪场的卫生防疫工作，保证母猪健康，必须有完善的隔离卫生设施。

1. 场界与场内各区间的防护设施

母猪场要有明确的场界，猪场四周要设围墙，可能的话还要设防疫沟。场界的墙要求是较高（不低于 2.5 米）的实心墙，避免人员和野生动物随意进入场区；场内的各区间（如生活区或管理区、生产区和隔离区以及生产区内不同类型猪所在区域）要设置较低的隔离墙或致密的灌木林带，防止饲养管理人员或猪乱窜。场区门口或猪舍出入口处要设供进出车辆及人员使用的消毒设施。

2. 场内的排水设施

母猪场内最好设置两套排水系统，即雨水系统和污水系统。雨水系统设置在道路两旁或猪舍周围，使雨水能够直接通畅地排出场外；污水系统可以设置在污染道一侧，与猪舍内的污水沟相通，设置成暗沟，将污水排到贮粪池内经过无害化处理达标后排放。

3. 卫生间

为减少人员之间的交叉活动、保证环境的卫生和为饲养员创造比较好的生活条件，可在每个小区或者每栋猪舍设卫生间。可以在每栋猪舍工作间的一角建一个 1.5 米×2 米的冲水厕所，用隔断墙隔开。

4. 清洗消毒设施

（1）进入人员的清洗消毒设施　对本场人员和外来人员进行

清洗消毒。一般在猪场入口处设有人员脚踏消毒池，外来人员和本场人员在进入场区前都应经过消毒池对鞋进行消毒；在生产区入口处设有消毒室（图 3-3），消毒室内设有更衣间、消毒池、淋浴室和紫外线消毒灯等，本场工作人员及外来人员在进入生产区时，都应经过淋浴、更换专门的工作服和鞋、通过消毒池、接受紫外线灯照射等过程方可进入生产区，紫外线灯照射的时间要达到 15～20 分钟。

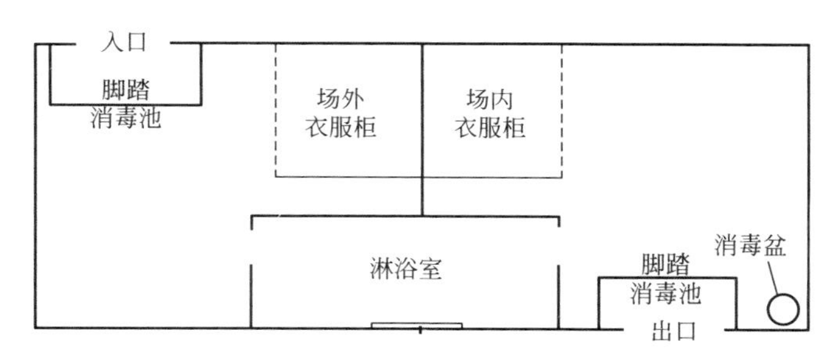

图 3-3 猪场生产区入口处的人员消毒室示意图

（2）车辆的清洗消毒设施 猪场的入口处设置车辆清洗消毒设施，主要包括车轮清洗消毒池（图 3-4）和车身冲洗喷淋机。

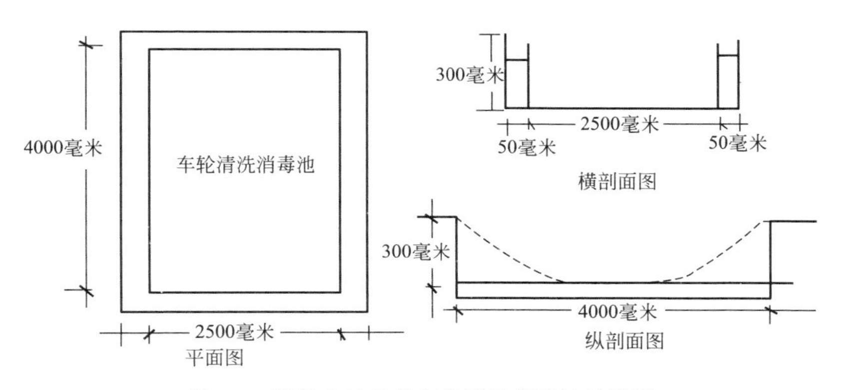

图 3-4 猪场入口处的车轮清洗消毒池示意图

第二节　母猪场猪舍设计和设备配备

一、猪舍设计

（一）猪舍类型

1. 按屋顶形式分类

按屋顶形式分类，猪舍有单坡式猪舍、双坡式猪舍、平顶式猪舍等。单坡式猪舍一般跨度小，结构简单，造价低，光照和通风好，适合小规模猪场。双坡式猪舍一般跨度大，双列式猪舍和多列式猪舍常用该形式，其保温效果好，但投资较多。

2. 按墙的结构和有无窗户分类

按墙的结构和有无窗户分类，猪舍有开放式猪舍、半开放式猪舍和封闭式猪舍。开放式猪舍是三面有墙一面无墙，通风透光好，不保温，造价低。半开放式猪舍是三面有墙一面半截墙，保温稍优于开放式猪舍。封闭式猪舍是四面有墙，又可分有窗和无窗两种。

3. 按猪栏排列分类

按猪栏排列分类，猪舍有单列式猪舍、双列式猪舍和多列式猪舍。

（1）单列式猪舍　见图 3-5。

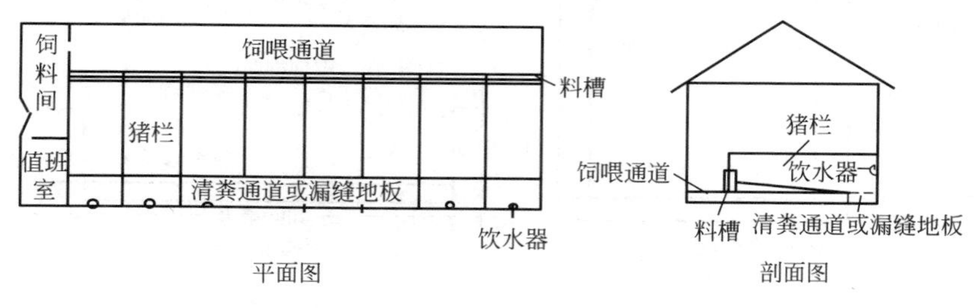

图 3-5　单列式猪舍平面图和剖面图

（2）双列式猪舍 见图 3-6。

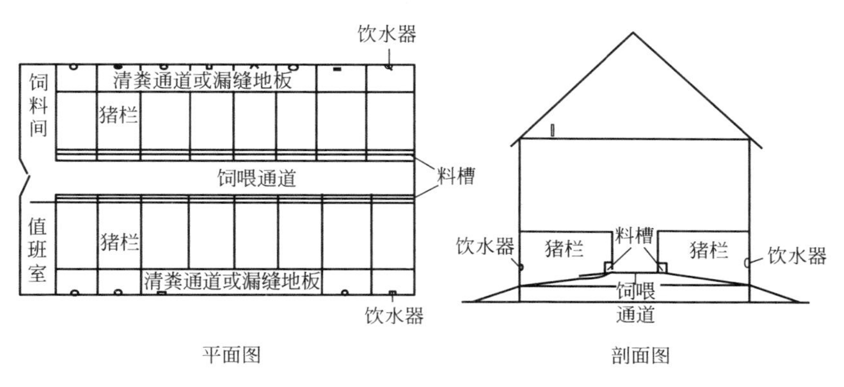

图 3-6 双列式猪舍平面图和剖面图

（3）多列式猪舍 见图 3-7。

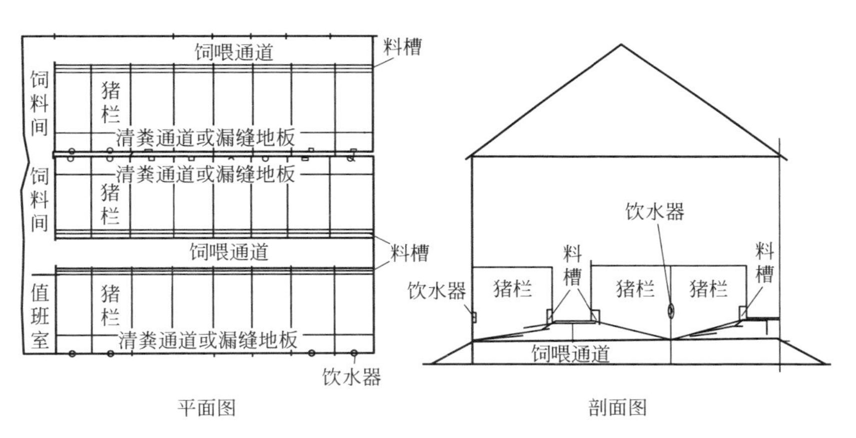

图 3-7 多列式猪舍平面图和剖面图

（二）猪舍的建筑

1. 空怀母猪舍

空怀母猪舍应靠近种公猪舍，设在种公猪舍的下风向，使母猪的气味不干扰公猪，公猪的气味可以刺激母猪发情。栏圈布置多为双列式，面积一般为 7～9 平方米，一般每栏饲养空怀母猪 4～8

头，使其相互刺激促进发情。猪圈地面坡度25%，地表不要太光滑，以防母猪跌倒。也有用单圈饲养的，一圈一头。舍温要求15～20℃，风速0.2米/秒。也可将种公猪舍和空怀母猪舍合为一栋，中间设置配种间隔开。空怀母猪舍建筑剖面图和平面图见图3-8。

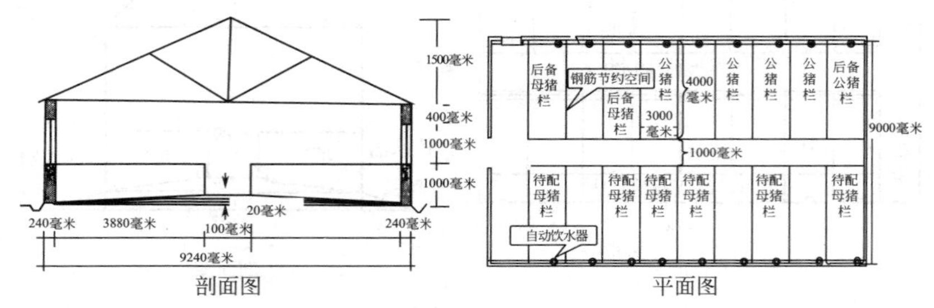

图3-8　空怀母猪舍建筑剖面图和平面图

2.妊娠母猪舍

妊娠母猪分为小群和单体栏两种饲养方式，各有利弊。小群饲养可以增加妊娠母猪的活动量，降低难产的比例，延长利用年限，但看膘情饲喂难度大，相互咬架有造成流产的危险；单体栏饲养可以使妊娠母猪的膘情适度，但活动量小，肢蹄不健壮，难产的比例较高。群养舍为中间留走廊的双列式猪舍，每栏的面积为10平方米，一栏3～4头；单体栏双列式和多列式均可。配种后的前4周母猪易流产，最好使用单体栏饲养。单体栏饲养的妊娠母猪舍建筑剖面图和平面图见图3-9。

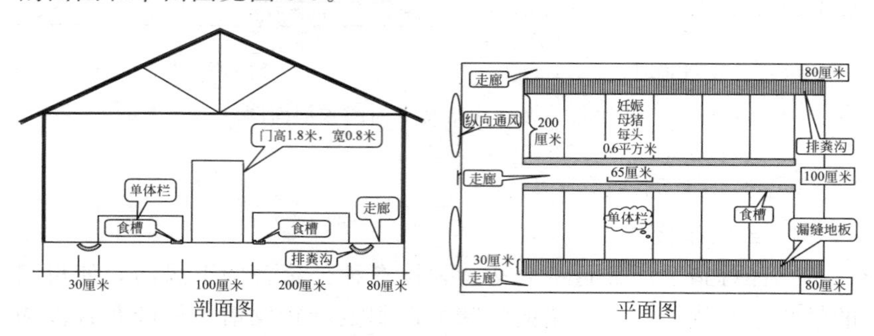

图3-9　单体栏饲养的妊娠母猪舍建筑剖面图和平面图

3. 分娩哺乳舍

舍内设有分娩栏，布置多为双列式或三列式。舍内温度要求15～20℃，风速为0.2米/秒。

（1）地面分娩栏 采用单体栏，中间部分是母猪限位架，两侧是仔猪采食、饮水、取暖等活动的地方。母猪限位架的前方是前门，前门上设有料槽和饮水器，供母猪采食、饮水，限位架后方有后门，供母猪进入及清粪操作。可在栏位后部设漏缝地板，以排除栏内的粪便和污物。

（2）网上分娩栏 主要由分娩栏、仔猪围栏、钢筋编织的漏缝地板网、保温箱、支腿等组成。钢筋编织的漏缝地板网通过支腿架在粪沟上面，母猪分娩栏再安架到漏缝地板网上，粪便很快就通过漏缝地板网掉入粪沟，防止了粪尿污染，保持了网面上的干燥，大大减少了仔猪下痢等疾病的发生，从而提高仔猪的成活率、生长速度和饲料利用率。分娩哺乳舍建筑剖面图和平面图见图3-10。

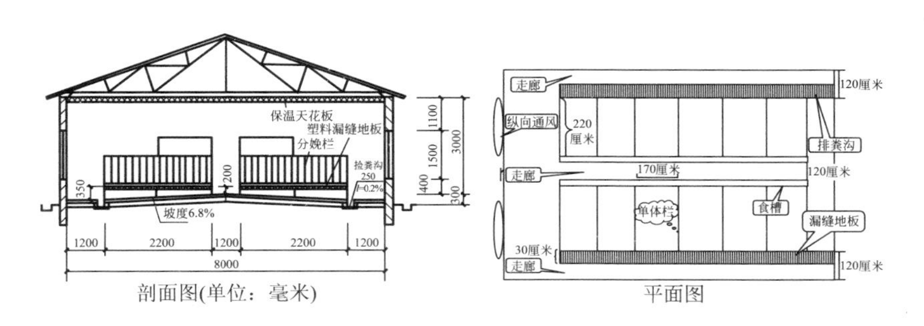

图3-10 分娩哺乳舍建筑剖面图和平面图

4. 仔猪保育舍

舍内温度要求26～30℃，风速为0.2米/秒。可采用网上保育栏，1～2窝一栏网上饲养，用自动落料食槽使仔猪自由采食。网上培育减少了仔猪疾病的发生，有利于仔猪健康，提高了仔猪成活率。仔猪保育栏主要由钢筋编织的漏缝地板网、围栏、自动落料食槽、连接卡等组成。猪栏由支腿支撑架设在粪沟上面。猪栏的布置多为双列式或多列式，底网有全漏缝和半漏缝两种。仔猪保育舍建筑剖面图和平面图见图 3-11。

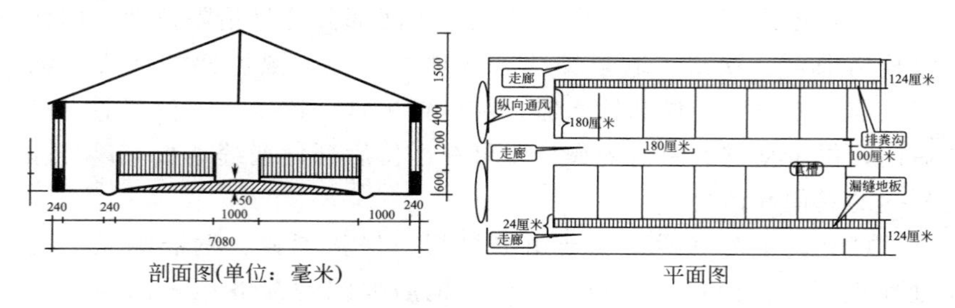

图 3-11　仔猪保育舍建筑剖面图和平面图

二、猪场设备

选择与猪场饲养规模和工艺相适应的先进且经济的设备是提高生产水平和经济效益的重要措施。母猪场的主要设备有猪栏、通风设备、降温和升温设备、供水设备、饲喂设备、消毒设备、清粪设备、运输设备和卫生防疫设备等。

（一）猪栏

母猪猪栏的基本参数见表 3-2。

表 3-2　母猪猪栏的基本参数

猪栏类别	每头猪占用面积/米^2	栏高/毫米
配种栏	6.0～8.0	1200
母猪单体栏	1.2～1.4	1000
母猪小群栏	1.8～2.5	1000
分娩栏	3.3～4.18	母猪 1000;仔猪 555～600

（二）通风设备

1. 自然通风

自然通风指不借助任何动力使猪舍内外的空气进行流通。建造

猪舍时，应把猪场（舍）建在地势开阔、无风障、空气流通较好的地方；猪舍之间的距离不要太小，一般为猪舍屋檐高度的3～5倍；猪舍要有足够大的进风口和排风口，以利于形成穿堂风；猪舍应有天窗和地窗，有利于增加通风量。在炎热的夏季，可利用昼夜温差进行自然通风，夜深后将所有通风口开启，直至第二天上午气温上升时再关闭所有通风口，停止自然通风。自然通风依靠门窗及进出气口的开启来完成。为增加通风量，可在屋顶安装不锈钢换气扇（图3-12）。

图3-12　母猪舍的自然通风及换气扇

2. 机械通风

机械通风是以风机（图3-13）为动力迫使空气流动的通风方式。机械通风是封闭式猪舍环境调节控制的重要措施之一。在炎热季节利用风机强行把猪舍内污浊的空气排出舍外，使舍内形成负压区，舍外新鲜空气在内外压差的作用下通过进气口进入猪舍。现代通风设备是可调式墙体卷帘及配套湿帘抽风机。卷帘的优点在于它可以代替房舍墙体，节约成本，而且既可保暖又可取得良好的通风效果。

图3-13　猪场常用的风机

（三）降温和升温设备

1. 降温设备

（1）风机降温　当舍内温度不是很高时，采用水蒸发式冷风机或湿帘通风系统（图 3-14），降温效果良好。

图 3-14　湿帘通风系统端墙上安装的湿帘

（2）喷雾降温　用自来水经水泵加压，通过过滤器进入喷水管道后从喷雾器中喷出（图 3-15），或利用冰雾盘（图 3-16），在舍内空间蒸发吸热，降低舍内温度。

图 3-15　母猪舍喷雾系统

图 3-16　冰雾盘喷雾

2. 升温设备

（1）整体供热　猪舍用热和生活用热都由中心锅炉提供，各类猪舍的温差靠散热片的多少来调节（图 3-17）。国内许多养猪场都采用热风炉供热（图 3-18），可保持较高的舍内温度，升温迅速，便于管理。

（2）分散局部供热　可采用红外线灯供热，主要用于分娩舍仔猪箱内保温（图 3-19）。红外线灯供热简单、方便、灵活。也可采用电热板供热（图 3-20）。

图 3-17　锅炉供热

图 3-18　热风炉供热

图 3-19　红外线灯供热

图 3-20　电热板的铺设

（四）供水设备

猪场应该安装自动饮水系统，包括供水管道、过滤器、减压阀（或补水箱）和自动饮水器等部分。自动饮水系统可四季日夜供水，且清洁卫生。

猪舍供水方式有定时供水和自动饮水两种。定时供水就是在饲喂前后在食槽中放水，食槽兼水槽。这种供水方式的缺点是不便于实现自动化，耗水量大，而且还容易造成水质污染、传播疾病等。自动饮水就是在猪舍内安装自动饮水器，使猪随时能喝到干净、卫生的水，有利于饲养管理和防疫。自动饮水器的种类有鸭嘴式、乳头式和杯式等，在养猪生产中鸭嘴式自动饮水器和杯式自动饮水器应用较广泛，见图 3-21。

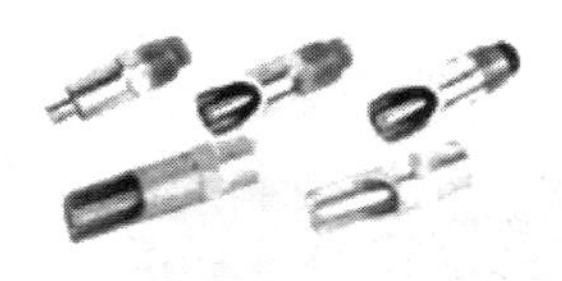

鸭嘴式自动饮水器

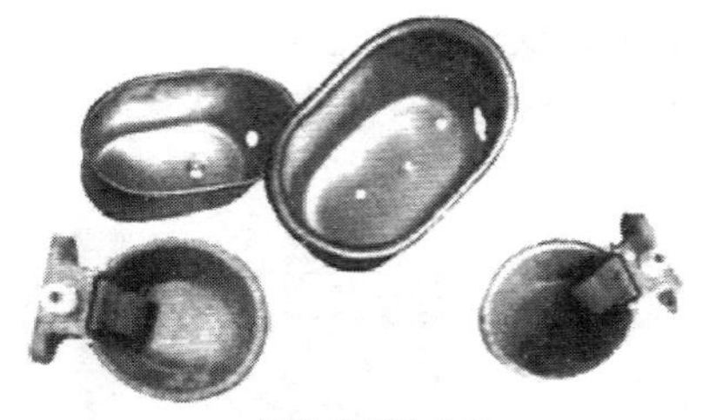

杯式自动饮水器

图 3-21　自动饮水器

自动饮水器的安装要求符合猪的生长需要，以利于不同阶段的猪只饮水，并达到节水的良好效果。自动饮水器安装高度和水流速度的建议标准见表 3-3。

表 3-3　自动饮水器安装高度和水流速度的建议标准

猪的类别	供水杯安装高度/毫米	乳头式饮水器水平安装高度/毫米	水流速度/(升/分)
哺乳仔猪	50～70	150	0.3
妊娠母猪	300～400	900	1.5～2.0
哺乳母猪	300～400	900～950	2.0

注：规模养猪场常用鸭嘴式自动饮水器。安装时一般应使其与地面呈 45°～75°倾角。

（五）饲喂设备

母猪场采用的食槽主要是限量食槽。小群饲养的母猪限量食槽一般用水泥、铸铁制成，仔猪限量食槽多用水泥、不锈钢、铸铁或工程塑料制成，造价低廉，坚固耐用。猪场常用的限量食槽见图 3-22，其中水泥食槽的主要尺寸参数见表 3-4。

普通限量食槽(水泥)

母猪食槽(铸铁)

仔猪食物(铸铁，不锈钢，工程塑料)

图 3-22　猪场常用的限量食槽

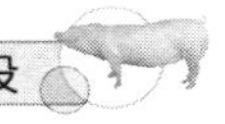

表 3-4 水泥食槽的主要尺寸参数

猪的类别	宽/毫米	高/毫米	底厚/毫米
仔猪	200	100～120	40
母猪	400	200～220	60

每头猪所需的食槽长度大约等于猪肩部宽度，不足时会造成饲喂时争食，太长时不但造成饲槽浪费，个别猪还会踏入槽内吃食，弄脏饲料，所以对长料槽，其料槽中间需有钢筋或水泥分成小格，便于饲喂。每头猪采食所需要的食槽长度见表 3-5。

表 3-5 每头猪采食所需要的食槽长度

猪的类别	体重/千克	每头猪所需食槽长度/厘米
仔猪	15 以下	18
母猪	100 以下	33
	100 以上	50

（六）消毒设备

猪场常用的清洗消毒设施有高压冲洗机、喷雾器和火焰消毒器等，见图 3-23。其中高压冲洗机使用最多、最广泛。

简易压力式消毒喷壶

背负式电动消毒喷雾器

高压电动消毒喷雾器

图 3-23 猪场常用的消毒设备

（七）清粪设备

粪污处理关系到猪场和周边的环境，也关系到猪群的健康和生产性能的发挥。

1.水冲粪

粪尿污水混合进入漏缝地板下的粪沟，每天数次从沟端的水喷头放水冲洗。粪水顺粪沟流入粪便主干沟，进入地下贮粪池或用泵抽吸到地面贮粪池。水泥地面猪圈，每天用清水冲洗可使猪圈内干净，但是水资源浪费严重。

2.干清粪

干清粪工艺的主要方法是：粪便一经产生便分流，干粪由机械或人工收集、清扫、运走，尿及冲洗水则从下水道流出，分别进行处理。干清粪工艺分为人工清粪和机械清粪两种。

第四章 母猪的饲养管理

母猪是商品猪生产的基础，只有养好母猪，才能获得数量多、品质好的商品仔猪，才能保证育肥猪快速生长和提高饲料转化率。

第一节 后备母猪的饲养管理

后备母猪指生后 2 月龄到配种前的母猪。为使养猪生产保持持续的高水平，一般规模猪场每年基础母猪的淘汰率为 25%～35%。考虑后备母猪初选后的淘汰和死亡等因素，必须选留出占种猪群 30%～40%的后备母猪来补充淘汰的母猪，以保持以高繁殖力母猪为主的猪群结构。由于后备母猪在种猪群中占的比例较高，其繁殖性能的高低对整个种猪群都会产生较大的影响。所以，必须加强后备母猪的饲养管理。

一、后备母猪生长发育的特点

（一）体组织生长发育的规律性

后备母猪骨骼、肌肉和脂肪的增长，有其各自的规律，即增长的速度是不同的。骨骼最先生长发育，也最先停止生长发育；肌肉其次；脂肪在早期沉积很少，随年龄的增长，沉积速度加快，直至成年。从生后 2～3 月龄开始到活重 30～40 千克是骨骼强烈生长时期，同时肌纤维也开始增长，当活重达到 30～40 千克以后，脂肪开始大量沉积。脂肪的增长随体重的增加而加快，而猪在不同的体重阶段，肌肉的增长是相对均衡的，从小猪到大猪基本变动范围在58%～64%，肌肉保持较高生长速度的时间较长。

（二）后备母猪生长发育的阶段性

后备母猪的生长发育具有阶段性。如大型品种猪，6～8月龄生长发育较快，以后逐渐减慢。2～4月龄时的生长发育对后期的生长发育影响很大。如果前期生长发育受阻，后期生长发育就会受到严重影响，很难发育正常。因此，养好断奶后头2个月的仔猪，是培育后备母猪的关键。如果地方品种4月龄体重能达到20～25千克，培育品种4月龄体重达到或超过35～40千克，引进品种4月龄体重达到75～85千克，以后的发育就会正常。2～4月龄阶段发育不好，以后就很难正常发育。这一阶段应充分调动一切营养与管理方面的手段，提高增重速度，不应该加以限制。

二、后备母猪的选择

（一）后备母猪选择标准

一是要肢蹄健壮，前后腿骨骼结构合理；二是要体形匀称，脊背平直，符合本品种体形特征；三是要有效乳头6对以上，最好选择7对且乳头发育完整、分布均匀、功能完好的母猪；四是要外阴部发育良好，性情温驯。

（二）后备母猪选择程序

一是在仔猪50～60日龄时，凡符合品种特征、发育良好、乳头多（6对以上）且排列整齐的高产母猪（产仔数一般在12头以上，断奶活仔数一般在10头以上，产仔数比较均匀的无死胎的母猪）后代，均可留种；二是在4月龄育成母猪中，淘汰有缺陷、发育不良或患病的后备母猪，留下健康的作种用；三是在7～8月龄选留体形匀称、脊背平直、腹部较大而不下垂、后躯较大、乳头和外阴部发育良好的母猪，淘汰不合格的后备母猪。

（三）后备母猪选留数量

一般规模猪场配种和产仔是严格按计划进行的，并且配种和产仔是用周来计算的，所以后备母猪的选留取决于基础母猪的淘汰率、基础母猪群体大小及受胎率、后备母猪发情率等因素。后备母猪的选留一般在配种前50天左右开始，假设猪场每周需要配种20头后备母猪，如果后备母猪发情率为80%，则所需配种的后备母猪为20÷80%=25头，所以要选留25头后备母猪。如果发情率较低则要选留更多的后备母猪。如果想扩大基础母猪群体则按扩大规模的大小进行后备母猪的选择，如果基础母猪淘汰率增加则选留后备母猪数量相应增加。

三、后备母猪的饲养

对于后备母猪的饲养要求是能正常生长发育，保持不肥不瘦的种用体况。适当的营养水平是后备母猪生长发育的基本保证，过高、过低都会造成不良影响。后备母猪正处于骨骼和肌肉生长迅速的时期，因此，饲粮中应特别注意蛋白质和矿物质中钙、磷的供给，切忌用大量的能量饲料喂猪，形成过于肥胖、四肢较弱的早熟型个体。绝不能将后备母猪等同于成年猪或育肥猪饲养。后备母猪在3～5月龄或体重35千克以前，精料比例可高些，青粗饲料宜少；当体重达到35千克以后，则应逐渐增加青粗饲料的喂量。特别是在5～6月龄以后，后备母猪就有大量沉积体脂肪的倾向，这时如不减少含能量高的精饲料、增加青粗饲料的比例，就会使后备母猪过肥，种用价值降低。青粗饲料既能给仔猪提供营养，又能使其消化器官得到应有的锻炼，提高其耐粗饲能力。所以，利用青绿多汁饲料和粗饲料，适当搭配精料是养好后备母猪的基本保证。

可以根据后备母猪的粪便状态判断青粗饲料喂量是否适当及有无过肥倾向。如果粪便比较粗大，则是青粗饲料喂量合适的表现，机体消化器官已得到充分发育，体内无过多的脂肪沉积，今后体格发育较长大；相反，如粪便细小，则说明青粗饲料喂得不够，或者猪过肥，将来体格发育较短小。

对青年母猪在配种前7～10天进行短期优饲，即在原饲料基础上适当增加精料喂量，可增加母猪的排卵数，从而提高产仔数。配种结束后则应恢复到原来的饲养水平，去掉增喂的精料。

后备母猪的饲喂方案见表4-1。

表4-1　后备母猪的饲喂方案

项目		2月龄	3月龄	4月龄	5月龄	6月龄	7月龄	8月龄
预计体重/千克	大型品种	20	30	45	60	80	100	130
	中型品种	15	25	35	50	65	80	100
干饲料日喂量占体重/%		5.0～4.5			4.0～3.5		3.5～3.0	
粗蛋白质/%		17～14			14～13			

四、后备母猪的管理

（一）后备母猪分群

后备母猪应该按性别、体重、强弱分群饲养，群内个体间体重相差在2～4千克以内，以免形成“落脚猪”。初期阶段，每栏可养4～6头；后期应减到每栏3～4头。可实行分栏饲养，合群运动。分群初期，日喂4次，以后改喂3次。保持圈舍干燥、清洁，切忌潮湿拥挤，防止拉稀和患皮肤病。饲养人员应做到态度温和，多接近后备母猪，使之性情温驯，有利于初产母猪人工接产。

（二）后备母猪的运动

后备母猪的运动是很重要的。运动可以锻炼体质，增强代谢机能，促进肌肉、骨骼的发育，并可防止过肥及肢蹄病。因此，有条件的猪场可每天给予后备母猪1～2小时的放牧运动，或让其在运动场自由运动，必要时可实行驱赶运动。

（三）定期称重或估测体重

后备母猪应定期进行个体称重，测量体长和胸围，及时掌握饲养管理的合适与否。逐头记录后备母猪的品种、出生日期和第一次配种日期。没有称重条件的也可通过测量体长和胸围来估测体重。

估测体重的公式为：猪的活重（千克）=胸围（厘米）×体长（厘米）/142（或156、162），猪营养良好的用142除，营养中等的用156除，营养不良的用162除，一般有5%左右的误差（体长测量：用卷尺把零点固定在两耳根连线中点，将卷尺紧贴皮肤，沿背线一直量到尾根为止，重复测2～3次。为了减少躯体移动造成的误差，可沿背线用手固定卷尺，分段测量。胸围测量：将卷尺沿右侧肩胛后缘垂直放下，绕猪胸围一周，即胸围长度，测量时卷尺不能拉得过松或过紧。生产上可运用估测法来估重，这样可节省因称后备母猪所花费的劳动力和称猪设备，只需两个人在猪圈内或笼架中用卷尺测量体长和胸围即可，这比用目测估重更接近实际体重，有一定的实用性。

（四）后备母猪的使用

后备母猪发育到一定月龄和体重时，便有了性功能和性行为，称为性成熟，此时母猪具有了繁殖能力。性成熟的月龄与品种、饲养管理水平和气候条件有关。后备母猪地方品种3～4月龄、体重30～40千克即可达到性成熟，而培育和引进的大型猪种要到生后5～6月龄、体重60～80千克才能达到性成熟，但这时，生殖器官和其他组织器官的发育尚未达到完全成熟。后备母猪开始配种使用的月龄，地方品种猪为6～8月龄、体重50～60千克，而培育和引进的大型猪种为8～9月龄、体重110～120千克。

何时给后备母猪配种是非常重要的。配种过早，其生殖器官仍然在发育，排卵数量少，产仔数少，仔猪初生体重小，母猪乳腺发育不完善，泌乳量少，造成仔猪成活率低；配种过晚，由于饲养时间长，体内会沉积大量脂肪，身体肥胖，会造成内分泌失调，使母猪发生繁殖障碍，如不易发情、产仔数少、分娩困难等。

那么，何时给后备母猪配种合适呢？在达到上述性成熟月龄和体重后的第三个发情期给后备母猪配种是比较理想的。

（五）日常观察

对转入待配猪舍的后备母猪，每日应定时观察母猪的发情情况。对久不发情的母猪，应采取诱导发情的措施，若仍无效，这样的母猪应及时淘汰；对发情正常的母猪，做好发情记录和制订配种计划，在第一、第二或第三个发情期时，应做好适时配种工作。

配种员必须具备“细心、耐心、精心”的工作态度，这是提高头胎母猪受孕率的重要一环。据观察，一般在早晨和上午后备母猪发情征状较容易被发现，母猪常呈不安或静立反应，外阴稍肿，翻开阴门见到少量黏液，阴门呈浅粉红色。初产母猪的阴门肿胀程度和肿胀消退后的皱褶没有经产母猪明显，后备母猪发情持续时间为2～3天。

（六）后备母猪诱情

晚熟大型品种的后备母猪诱情日龄应达到140日龄、体重达95千克以上，而150日龄、体重100千克以上最佳。诱情方法：一是采取混圈和移动，即将后备母猪赶出来活动后再赶回原来的圈舍或者将后备母猪与其他后备母猪进行混圈；二是将后备母猪与发情的母猪混圈，接受发情母猪的爬跨；三是增加日照时间，保证每天日照时间达8～10小时，最多不能超过12小时；四是用成熟的性欲较高的公猪与后备母猪进行每天1～2次头对头的身体接触，接触时间为15分钟，间隔8～10小时再接触，接触前公猪要先喂饱，同时确保母猪圈内地板不能太滑和潮湿，料槽和饮水器不会引起公、母猪受伤。如果同圈内的母猪数量较多，那么和公猪接触的时间需要更长一些，接触时要防止发生交配。选用10月龄以上、体重不是太大的公猪诱情最佳。

（七）后备母猪催情补饲

对于后备母猪，可以采取催情补饲的方法来增加排卵数和窝产仔数，即后备母猪达到初情并准备进行配种前半个月左右，开始采用自由采食增加采食量，至配种当天结束。催情补饲的方法采用得当一般可以增加窝产仔数1头，但如果补饲不当特别是补饲时间过长，在妊娠初期还进行补饲则会导致死胚的产生，减少窝产仔数。所以催情补饲一定要掌握好补饲时间，否则会适得其反。

（八）后备母猪配种

后备母猪的第1次配种一般不用人工授精，因为后备母猪的子宫颈较狭窄，输精管不易插入子宫颈，输入的精液容易倒流，因此，后备母猪采用人工授精受胎率低、产仔数少，所以后备母猪的第1次配种最好采取本交方式，间隔8～12小时后再用另一头公猪进行复配，这样可以完成自然的交配反射，有利于增加排卵数和窝产仔数。后备母猪的第1次配种要选择体重与后备母猪体重相近的成熟种公猪，保证第1次配种成功。

（九）后备母猪防疫与保健

后备母猪生长发育过程中必须进行必需的疫苗注射和体内外寄生虫的清除，确保后备母猪不把疾病带给下一代。在配种前20天要将所需接种的疫苗和所需进行的保健全部做完，确保后备母猪顺利投入生产。在妊娠期间除必须注射的疫苗外，一般不进行免疫和用药。后备母猪所需接种疫苗为国家强制免疫的猪蓝耳病疫苗、猪瘟疫苗、口蹄疫疫苗，另接种影响母猪繁殖性能的猪细小病毒病疫苗、乙型脑炎疫苗、伪狂犬病疫苗等，其他视当地疫情情况有针对性地接种疫苗。在保健方面应选用有效抗生素和驱虫药。

第二节 母猪配种期的饲养管理

母猪配种期是指后备母猪配种前第10天左右和经产母猪从仔猪断奶至发情配种时这一段时间。这一时期母猪饲养的主要目的是促使母猪早发情、多排卵。养好母猪的标志是：保持不肥不瘦、七八成膘的繁殖体况。

一、母猪的发情期与发情周期

母猪的发情期一般1～5天，平均3～4天；发情周期为15～25天，平均为21天。母猪的年龄和品种不同，发情期的长短也有差异。青年母猪一般发情期稍长，老龄母猪发情期稍短。瘦肉型猪如长白猪、汉普夏猪等，发情期较长，可达 5～7 天，脂肪型地方猪种发情期短。此外，母猪发情期和发期周期的长短，又往往与饲养条件有关。母猪的发情期与发情周期模式图见图 4-1。

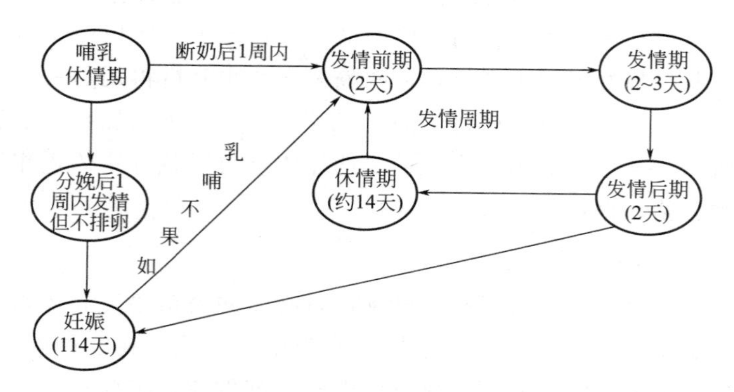

图 4-1　母猪的发情期与发情周期模式图

二、母猪的排卵潜力

母猪发一次情可排卵 16～18 个，多的可达 35 个以上，母猪所排的卵并非都能受精，大约只有 85%～95%的卵子能正常受精，有 5%～15%的卵子不能受精，另外，卵子从受精伊始直到形成胎儿，或者直到胎儿出生，还要死亡 35%～40%。受精卵死亡的原因有两个：一是卵子在受精后的第 10～13 天，在子宫壁着床的过程中，部分受精卵未能顺利着床发育而死亡；二是已着床的受精卵，发育到 60～70 天时，由于着床的子宫位置不同，获得母体的营养不均衡，营养竞争失利者先死亡，到胎儿出生时，又可能死亡 1～2 头，结果真正活着的仔猪数只占受精卵数量的 60%左右。

三、母猪配种的适宜时期

为了掌握母猪的准确配种时间，一定要了解母猪发情与排卵的关系，也应了解母猪发情与排卵的关系。实践证明，母猪一般在发情后 24～56 小时内排卵，卵子排出后能存活 12～24 小时，但保持

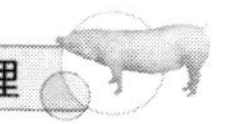

受精活力的时间仅为8～12小时，精子在母体内能存活15～20小时，到达受精部位即输卵管的上1/3处需2～3小时，按此推算，配种最适宜的时间大约在发情后24～36小时之内。从母猪发情的外部表现看，当公猪爬跨时，阴门流出的黏液能拉成丝，情绪比较安定，用手按其背呆立不动，此时正是配种的好时机。为了多产仔，可在第1次配种后，间隔8～12小时再复配一次，对提高受精率有良好的效果，大约可多生1～2头小猪。对于杂种母猪（杂交一代），在进行三元杂交时，可以将其作为母本猪来用。这种母猪一般发情明显，而且发情期较短，应在发情后12～24小时内配种。另外，经产母猪应提前配种，青年母猪初次发情时应稍晚点配种，即所谓的“老配早、小配晚、不老不小配中间”。有的猪种（如北京黑猪），初配期发情不明显，稍不注意就会失配，故应注意观察。在农村公、母猪往往来自同窝，相互配种会造成近亲繁殖，产生怪胎，仔猪生活力不强，容易死亡，应尽力避免这种情况发生。

空怀母猪生产力好坏，主要看其是否能按时正常发情与配种后配准率及受胎率高低。

四、配种期母猪的饲养

（一）饲料营养

按照配种期母猪的营养需要，制定科学的配方，应用优质的原料，满足母猪对各方面营养的需要。配种前期限制饲喂量，后期适量增加饲喂量，维持中等膘情。一般要求配种期母猪饲料中粗蛋白质含量达14%以上；维生素A、维生素D、维生素B_{12}等都不可缺少，在配制饲料时，可添加猪用复合维生素，保证有充足的维生素来满足母猪的需要；母猪饲料中应适当添加钙、磷等微量元素。如有青绿饲料资源，可给空怀母猪适当加大喂量，特别是喂豆科青绿饲料对母猪发情排卵有独特功效。母猪配种后立即饲喂妊娠母猪料。

（二）饲喂方法

泌乳后期母猪，膘情较差、过度消瘦的，特别是那些泌乳力高的个体失重较多；乳腺炎发生机会不大的，断奶前后可少减料或不减料，干乳后适当增加营养，使其尽快恢复体况，及时发情配种；断奶前膘情相当好，泌乳期间食欲好，带仔头数少或泌乳力差，泌乳期间掉膘少的，这类母猪断奶前后都要少喂配合饲料，多喂青粗饲料，加强运动，使其恢复到适度膘情，及时发情配种。“空怀母猪七八成膘，容易怀胎产仔高”，膘情反映了母猪的体况，膘情不同，体况不同，母猪的发情率和受胎率也不同。结合母猪体况评分图（图 4-2）和母猪体况评分表（表 4-2）可以判断母猪的体况和膘情。

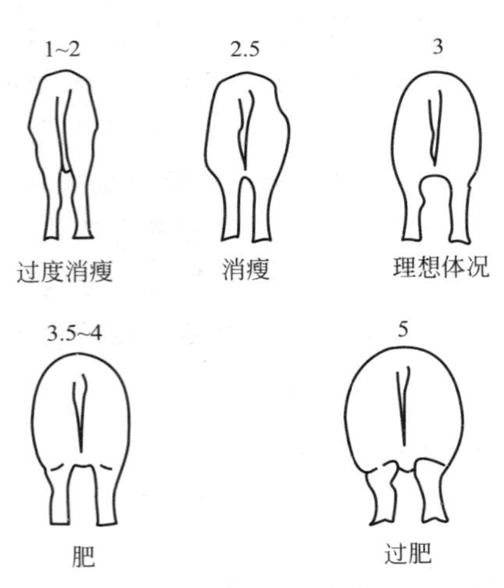

图 4-2　母猪体况评分图

表 4-2　母猪体况评分表

分值	体况	P2 点脂肪厚度/毫米	髋骨突起的感觉	体形
5	明显肥胖	＞25	用手触摸不到	圆形
4	肥	21	用手触摸不到	近乎圆形
3.5	略肥	19～20	用手触摸不明显	长筒形
3	正常	18	用手能摸到	长筒形
2.5	略瘦	16～17	手摸明显，可观察到突起	狭长形
1～2	瘦	＜15	能明显观察到	骨骼明显突出

配种前为促进发情排卵，要求适时提高饲料喂量，这对提高配

种受胎率和产仔数大有好处，尤其是对头胎母猪更为重要。对产仔多、泌乳量高或哺乳后体况差的经产母猪，配种前采用“短期优饲”办法，即在维持需要的基础上提高50%～100%，饲喂量达3.0～3.5千克/天，可促使排卵；对后备母猪，在准备配种前10～14天增加饲喂量，可促使其发情、多排卵，饲喂量可达2.5～3.0千克/天，但具体应根据母猪的体况增减，配种后应逐步减少饲喂量。断奶到再配种期间，给予适宜的日粮水平，可促使母猪尽快发情，释放足够的卵子，受精并成功地着床。初产青年母猪产后不易再发情，这主要是其体况较差造成的。因此，要为体况差的青年母猪提供充足的饲料，以缩短配种时间，提高受胎率。配种后，立即减少饲喂量到维持水平。对于正常体况的空怀母猪每天的饲喂量为1.8千克。在炎热的季节，母猪的受胎率常常会下降。一些研究表明，在日粮中添加一些维生素，可以提高受胎率。

五、配种期母猪的管理

（一）保持适宜的环境条件

配种期母猪的饲养方式有单栏饲养和小群饲养。单栏饲养便于管理，但母猪缺乏运动，影响体质（图4-3、图4-4）。小群饲养管理复杂，但母猪可以充分运动，体质健壮（图4-5、图4-6）。小群饲养猪舍要有充足的阳光，应有一定面积的运动场，以增强母猪生命力。为促进空怀母猪的发情，应使其常与公猪见面。

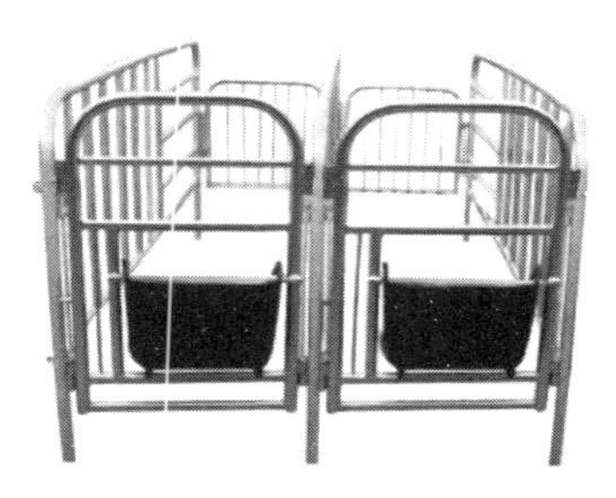

图4-3 单栏饲养母猪的饲养栏

图4-4 配种母猪的单栏饲养

图 4-5　传统的小群饲养
（水泥地面）

图 4-6　现代化的小群饲养
（漏缝地板）

要及时清理猪栏、走道和配种间的污染物，保持舍内清洁卫生和猪体卫生；根据舍内温度和空气状况，控制舍内的通风换气。保持舍内空气流通、采光良好、温湿度适宜。

（二）查情

准确有效判断母猪发情是一项重要的日常工作，也是一项重要的技术工作，一般在早上 8:30 和下午 4:30 进行。对所有断奶的母猪、复配的母猪、后备母猪进行查情，并做出标记，以利于配种。

（三）配种管理

配种期内，应加强母猪发情的观察和试情工作，定期称重和检查公猪精液品质，做好配种记录并妥善保存。

（四）不发情母猪的处理

对无生殖道疾病、断奶后两周不发情的母猪应采取以下措施：减料 50%或一天不给料，仅给少量水，使之有紧迫感，一般 3～5 天可再发情；或注射催情药物，如前列腺素（PG）或其类似物、促卵泡激素（FSH）、促黄体素（LH）、孕马血清（PMSG）、绒毛膜促性腺激素（HCG）等。

（五）合理淘汰母猪

根据母猪的生产性能和胎次进行合理的淘汰，以提高母猪群的繁殖能力。如下母猪应该淘汰：一是返情两次以上的母猪，这类母猪受孕率很低，应在第三次返情时淘汰；二是腿病造成无法配种的

母猪，视情况治疗后淘汰；三是体况过肥或过瘦，进行饲喂和运动调整2周以上仍不能配上种的母猪；四是连续两胎产仔数在5头以下的母猪；五是产后无乳的母猪；六是6胎以上体况不好或繁殖性能下降的母猪；七是断奶后产道有不明原因的炎症，且1周内不能痊愈的母猪。

第三节　母猪妊娠期的饲养管理

母猪妊娠期从卵子受精开始至分娩结束，平均114天（111～117天）。胎儿的生长发育完全依靠母体，对妊娠母猪良好的饲养管理，可使母猪在妊娠期间体重适量增加，保证胎儿良好的生长发育，最大限度地减少胚胎的死亡，能生产出头数多、初生体重大、生命力强的仔猪，母猪产后有健康的体况和良好的泌乳性能，从而提高养猪生产水平。

一、妊娠诊断

母猪配种后，尽早进行妊娠诊断，这对于保胎、减少空怀、提高母猪繁殖力是十分必要的。经过妊娠检查，确定已怀孕时，就要按妊娠母猪对待，加强饲养管理；如确定未怀孕，可及时找出原因，采用适当方法加以补配。

（一）观察法

观察法是一种常用而简易的妊娠诊断方法。母猪配种后，经一个发情周期（1～23天）未发现母猪出现发情表现，且有食欲旺盛、性情温驯、动作稳重嗜睡、皮毛发亮、尾巴下垂、阴户收缩等外部表现，可以认为是已经妊娠。但这种方法并不十分准确。因为配种后不再发情的母猪不一定都妊娠，如有的母猪发情周期不正常，有的母猪卵子受精后胚胎在发育中早期死亡被吸收而造成不发情。

（二）直肠检查法

一般是指体形较大的经产母猪，通过直肠用手触摸子宫动脉，如果有明显波动则认为妊娠，一般妊娠后30天可以检出。但由于该方法只适用于体形较大的母猪，有一定的局限性，所以使用不多。

（三）激素测定法

测定母猪血浆中孕酮或胎膜中硫酸雌酮的浓度来判断母猪是否妊娠，一般血样可在配种后19～23天采集测定，如果测定的值较低则说明没有妊娠；如果明显偏高，则说明已经妊娠。

（四）诱导发情检查法

取健康公猪精液1～2毫升，用3～4倍冷开水稀释，用注射器注入母猪鼻孔少量，或用小喷雾器向母猪鼻孔喷雾，未孕母猪一般4～6小时即可发情，12小时即达发情高潮，孕母猪则无反应。但采用此法的时间必须准确，尤其不能过早。

（五）超声波测定法

可利用超声波感应效果测定动物胎儿心跳数，从而进行早期妊娠诊断。试验证明，配种后20～29天诊断的准确率约为80%，40天以后的准确率为100%。其方法是将探触器贴在猪腹部（右侧倒数第二个乳头）体表，发射超声波（图4-7、图4-8），根据胎儿心脏跳动感应信号或脐带多普勒信号音来判断母猪是否妊娠。

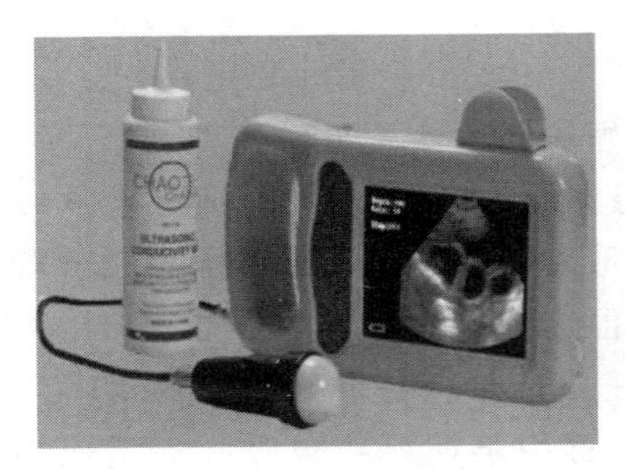
图4-7　B超测定仪

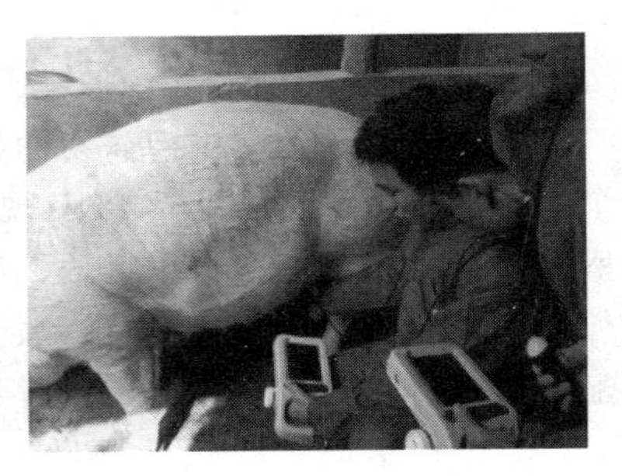
图4-8　将探触器贴在猪腹部

上述方法准确率一般为80%～95%。此外，还有阴道剖解法、玫瑰花环实验等方法。

二、妊娠母猪的生理特点

（一）代谢旺盛

母猪在妊娠期间，由于孕激素的大量分泌，机体的代谢活动加强，在整个妊娠期代谢率增加10%～15%，后期可高达30%～40%。机体新陈代谢机能旺盛，则对饲料的利用率提高，蛋白质的合成作用增强。有试验证明，妊娠母猪和空怀母猪饲喂同一种饲料，喂量相同的情况下，妊娠母猪不仅可以生产一窝仔猪，还可以增加体重。

（二）体重增加

妊娠增重是动物的一种适应性反应，母猪不仅自身增重，胎儿、胎盘和子宫也增重。在妊娠期间，胎儿的生长有一定的规律：妊娠开始至60～70天是前期阶段，此时主要形成胚胎的组织器官，胎儿本身绝对增重不大，而母猪自身增重较多；妊娠70天至妊娠结束为后期阶段，此阶段胎儿增重加快，初生仔猪重量的70%～80%是在妊娠后期完成的，并且胎盘、子宫及其内容物也在不断增长。同时，乳腺细胞也是在妊娠的最后阶段形成的。

母猪妊娠期有适度的增重比例，如初产母猪体重的增加量为配种时体重的30%～40%，而经产母猪则为20%～30%。另外，母猪妊娠期增重比例与配种时的体重和膘情有关。

根据妊娠母猪的生理特点可以看出，其对饲料的消化吸收能力很强，如果青饲料、青贮料、糟渣类等饲料丰富，可结合妊娠期母猪的营养标准适当搭配精料，配合成青粗饲料型饲粮，饲喂妊娠母猪可节省精料，降低饲养成本。

三、妊娠母猪的饲养

（一）营养特点

妊娠初期胎儿发育较慢，营养需要不多，但在配种后21天左右，必须加强妊娠母猪的护理并要注意饲料的全价性，否则就会引起胚胎的早期死亡。因为卵子受精后，受精卵沿着输卵管向子宫移动，附植在子宫黏膜上，并在周围形成胎盘，这个过程需时2～4周。受精卵在子宫壁附植初期还未形成胎盘前，由于没有保护物，对外界条件的刺激很敏感，这时如果喂给母猪发霉变质或有毒的饲料，胚胎易中毒死亡。如果母猪日粮中营养不全面，缺乏矿物质、维生素等，也会引起部分胚胎发育中途停止而死亡。由此可见，加强母猪妊娠初期的饲养，是保证胎儿正常发育的第一个关键时期。

妊娠后期，尤其是妊娠后的最后1个月，胎儿的发育很快，日粮中精料的比例应逐渐增加，以保证胎儿对营养的需要，同时也可让母猪体积蓄一定的养分，以供产后泌乳的需要。因此，加强妊娠后期的饲养，是保证胎儿正常发育的第二个关键时期，所以，妊娠母猪的饲养要“抓两头”。

（二）妊娠母猪的饲养方式

根据妊娠母猪的营养需要、胎儿发育规律以及母猪的体况，可采取以下不同的饲养方式：

1.“抓两头带中间”的饲养方式

对断奶后膘情差的经产母猪，从配种前几天开始至妊娠初期阶段加强营养，前后共约1个月加喂适量精料，特别是富含蛋白质的饲料。通过加强饲养，使其迅速恢复繁殖体况，待体况恢复后再回到以青粗饲料为主的饲养。妊娠80天后，由于胎儿增重速度加快，应再次提高营养水平，增加精料量，既能保证胎儿对营养的需求，又能使母猪为产后泌乳贮备一定量的营养。

2.“步步登高”的饲养方式

对处于生长发育阶段的初产母猪和生产任务重的哺乳期间配种的母猪，整个妊娠期的营养水平及精料使用量，按胎儿体重的增长，随妊娠期的增进而逐步提高。

3.“前粗后精”的饲养方式

对配种前膘况好的经产母猪可以采取这种饲养方式，即在妊娠前期胎儿发育慢、膘情又好的母猪可适当降低营养水平，日粮组成以青粗饲料为主，相应减少精料喂量；到妊娠后期胎儿发育加快，

所需营养增多，此时再按标准饲养，以满足胎儿迅速生长的需要。

4.“低妊娠，高泌乳”的饲养方式

近年来，我国在母猪营养需要和生理特点研究的基础上，探索出了“低妊娠，高泌乳”的饲养方式，即对妊娠母猪采取限量饲养，使妊娠期母猪的增重控制在20千克左右，而哺乳期则实行充分饲养。该饲养方式既符合妊娠母猪的生理特点，又可以最大限度地减少饲料消耗，提高饲养效果。因为过去认为在妊娠期母猪体内的营养贮备有利于哺乳期泌乳，现在则认为妊娠期在母猪体内贮备营养供给产后泌乳，会造成营养的二次转化，要多消耗能量，不如哺乳期充分饲养经济，同时，由于妊娠期母猪代谢机能旺盛，如果营养水平过高，母猪增重过多，体内会有大量脂肪沉积，使母猪过于肥胖，这不仅造成饲料的浪费，还会造成难产，产后易出现食欲不振、仔猪生后体弱、泌乳量不高等不良后果。资料表明，“高妊娠，高泌乳”的饲养方式比“低妊娠，高泌乳”的饲养方式，养分损失要高出1/4以上。所以，近年来国内外普遍推行对妊娠母猪采取限量饲养，哺乳母猪则实行充分饲养的方法。

（三）妊娠母猪的饲喂方法

体形大的母猪妊娠前期平均每天饲喂配合饲料2千克，体形小的喂1.5千克，青绿多汁饲料每天约喂3～4千克，体形大的母猪妊娠后期每天饲喂配合饲料3～3.5千克，体形小的喂2千克，青绿多汁饲料每天约喂2千克。为了受精卵在子宫顺利着床，应在母猪妊娠的最初半个月加强饲养，每天多喂0.5千克饲料，这叫胎儿初生支持饲料，或叫坐胎支持饲料。

妊娠母猪应定时定量饲喂，以免过分肥胖，不利于胎儿生长和发育。另外，每天让母猪充分饮水，特别是炎热天气，母猪饮水量大增。

对妊娠前期的母猪，可以把谷类饲料和饼类饲料的配比稍降低15%左右，另把麸皮、优质草粉配比提高15%～20%。这样既能适应母猪妊娠前期的营养要求，又能提高饲料单位重量的体积，有利于增加母猪的饱感。

对妊娠后期的母猪，要将营养水平提高，每千克日粮应含有粗蛋白质15%～16%。根据地方饲料资源，力求饲料多样化。

在母猪妊娠后期和泌乳期添加脂肪，可用来提高仔猪的成活率。一般添加的动物脂肪或植物油占日粮的3%～5%。泌乳期间仔猪的死亡率很高，其中被母猪挤压死亡的占多数。被挤压的仔猪常患有低血糖症，身体瘦弱，不能躲避母猪而被压死。在母猪妊娠后期和泌乳期，日粮中添加脂肪能增加产乳量和乳中的脂肪含量，因而能增加哺乳仔猪的能量供应。能量供应的增加能减少仔猪断奶前的死亡率。而且，母猪日粮中能量供应的增加可减少泌乳期间母猪的体重损失。但应注意，脂肪添加要达到一定量，母猪分娩前至少应饲喂1千克脂肪才有一定的效果。日粮中脂肪的添加水平至少应为10%，至少应在分娩前5天添加。

四、妊娠母猪的管理

妊娠母猪管理的好坏直接影响胚胎存活率和产仔数。因此，在生产上须注意以下几方面的管理工作：

（一）避免机械损伤

妊娠母猪在妊娠后期宜单圈饲养，防止相互咬架、挤压造成死胎和流产。不可鞭打、追赶和惊吓妊娠母猪，以免造成机械性损伤，引起死胎和流产。

（二）注意环境卫生，预防疾病

凡是能引起母猪体温升高的疾病，如子宫炎、乳腺炎、乙型脑炎、流行性感冒等，都是造成胎儿死亡的重要原因。故要做好圈舍的清洁消毒和疾病预防工作，防止子宫感染和其他疾病的发生。

（三）保持适宜温度

夏季环境温度高，影响胚胎发育，容易引起流产和死胎，做好防暑降温工作尤其重要。降温措施一般有洒水、洗浴、搭凉棚、通风等。冬季要搞好防寒保温工作，防止母猪感冒发烧造成胚胎死亡或流产。

（四）做好妊娠母猪的驱虫、灭虱工作

蛔虫、猪虱最容易传染给仔猪，在母猪配种前应进行一次药物驱虫，并经常做好灭虱工作。

（五）防止突然更换饲料

妊娠后更换母猪料，产前10～15天将饲料更换成产后饲料。更换饲料切忌突然更换，一般要有5～7天的过渡期，以防止引起母猪便秘、腹泻，甚至流产。

（六）适当增加饲喂次数

母猪妊娠后期应适当增加饲喂次数，每次不能喂得过饱，以免增大腹部容积，压迫胎儿造成死亡。母猪产前减料是防止母猪乳腺炎和仔猪下痢的重要环节，必须引起足够重视。

（七）适当运动

对妊娠母猪要给予适当的运动。无运动场的猪舍，要将妊娠母猪赶到圈外运动。在产前5～7天应停止驱赶运动。

（八）防止化胎、死胎和流产

母猪每次发情期排出的卵子，大约有10%不能受精，有20%～30%的受精卵在胚胎发育过程中死亡，出生的活仔猪数只有排卵数的60%左右，为了防止化胎、死胎和流产，应采取以下措施：

1.合理饲养妊娠母猪

饲料营养要全面，尤其注意供给足量的维生素、矿物质和优质蛋白质。但不要把母猪饲养得过肥；不要喂发霉变质、有毒、有刺激性的饲料和冰冻饲料；冬季要饮温水；妊娠母猪的饲料不要急剧变化或经常变换，妊娠后期要增加饲喂次数，每次给料量不宜太多，避免胃肠内容物过多而挤压胎儿；产前要给母猪减料。

2.加强妊娠母猪管理

注意防止母猪互相拥挤、咬斗、跳沟、滑倒等，不要追赶和鞭打母猪，母猪妊娠后期一定要单圈饲养。

第四节　母猪分娩期的管理

一、分娩前的准备

（一）预产期的推算

猪的妊娠期是111～117天，平均114天。推算出每头妊娠母猪的预产期，是做好产前准备工作的重要步骤之一。

如果粗略地计算，一般在配种月份上加4，配种日上减6，就是产仔日期。例如配种日期是4月20日，4＋4＝8，20－6＝14，所以预产期是8月14日。但由于月份有大月、小月之分，所以精确日期应是8月12日。

（二）母猪临产征状

母猪妊娠期平均是114天，但实际产仔日期可能提早或延迟几天，临产前的母猪在生理和行为方面有很多变化，应注意观察这些征状，并要有专人照看，随时准备接产。产仔前两周左右，母猪的乳房由后向前逐渐膨大，乳房基部与腹部之间出现明显界限。随着分娩期的临近，乳房更加膨大向两侧外张，呈潮红色，乳头发硬。当前部乳头能挤出奶时，说明离分娩不超过1～2天，最后一对乳头能挤出奶时，几个小时之内就要分娩。产前3～5天母猪阴门松软膨胀、潮红，尾根两侧逐渐下陷；产前6～8小时母猪衔草做窝，这是分娩前的主要行为特征，引进的品种表现不明显。初产母猪比经产母猪做窝早。母猪起卧不安，不吃食，呼吸急促，排尿频繁，阴道流出黏液，就是临产的征状。

（三）接产的准备工作

在母猪分娩前10天，就应准备好产房。产房应当阳光充足，空气新鲜，温暖干燥（室温保持20℃以上，相对湿度在65％～75％以上）。在寒冷地区要堵塞缝隙、生火或用3％～5％石炭酸消毒地面，用生石灰乳粉刷圈墙。产前3～5天在产房铺上新的清洁

干草，把母猪赶进产房，让它习惯新的环境。用温水洗刷母猪，尤其是腹部，乳房和阴户周围更应保持清洁，清洗后用毛巾擦干。母猪多在夜间产仔。接产用具如护仔箱、毛巾、消毒药、耳号钳和称仔猪用的秤、手电筒和风灯等都要准备齐全，放在固定位置。

二、分娩征兆

在分娩前 3 周，母猪腹部急剧膨大而下垂，乳房亦迅速发育，从后至前依次逐渐膨胀；至产前 3 天，乳房潮红加深，两侧乳房膨胀而外张；产前 3 天左右，可以在中部两对乳头挤出少量清亮液体，产前 1 天，可以挤出 1～2 滴初乳；产前半天，可以从前部乳头挤出 1～2 滴初乳。如果能从后部乳头挤出 1～2 滴初乳，而能在中、前部挤出更多的初乳，则表示在 6 小时左右即将分娩。

分娩前 3～5 天，母猪外阴部开始发生变化，其阴唇逐渐柔软、肿胀增大、皱褶逐渐消失，阴户充血而发红，骨盆韧带松弛变软，有的母猪尾根两侧塌陷。临产前，子宫栓塞软化，从阴道流出。在行为上母猪表现出不安静，时起时卧，在圈内来回走动，但其行动谨慎缓慢，待到出现衔草做窝、起卧频繁、频频排尿等行为时，分娩即将在数小时内发生。

三、分娩过程

分娩过程分为 3 期，一般在第 1 期和第 2 期之间没有明显的界限。对于是否需要助产，重要的是应该掌握在正常分娩情况下第 1 期和第 2 期母猪的表现和两期各需的时间，以便确定是否发生难产。一般来说，在分娩未超过正常所需时间之前，不需采取助产措施，但在超过正常分娩所需时间之后，则需采取助产措施，帮助母猪将胎儿排出。

第 1 期，开口期。本期从子宫开始收缩起，至子宫颈完全张开。母猪喜在安静处时起时卧，稍有不安，尾根举起常做排尿状，衔草做窝。

在开口期母猪子宫开始出现阵缩，初期阵缩持续时间短、间歇时间长，一般间隔15分钟左右出现1次，每次持续约30秒。随着开口期的后移，阵缩的间歇期缩短、持续期延长，而且阵缩的力量加强，至最后间隔数分钟出现1次阵缩。子宫的收缩呈波浪式进行，开口期所需时间为3～4小时。

第2期，胎儿娩出期。本期从子宫颈完全张开至胎儿全部娩出。在本期母猪表现起卧不安，前蹄刨地，低声呻吟，呼吸、脉搏增快，最后侧卧，四肢伸直，强烈努责，迫使胎儿通过产道排出。

在胎儿娩出期，子宫继续收缩，力量比前期加强，次数增加，持续时间延长，间歇期缩短，同时腹壁发生收缩。阵缩和努责迫使胎儿从产道娩出。当第1个胎儿娩出后，阵缩和努责暂停，一般间隔5～10分钟后，阵缩和努责再次开始，迫使第2个胎儿娩出。如此反复，直至最后一个胎儿娩出为止。胎儿娩出期的时间为1～4小时。

第3期，胎衣排出期。本期从胎儿完全排出至胎衣完全排出。当母猪产仔完毕后，表现为安静，阵缩和努责停止。休息片刻之后，母猪开始闻嗅仔猪。不久阵缩和努责又起，但力量较前期减弱，间歇期延长。最后排出胎衣，母猪恢复安静。胎衣排出期的时间为0.5～1小时。

四、接产

（一）产前准备

结合母猪的预产期和临产征状综合预测产期，在产前3～5天做好准备工作。首先准备好产房，将待产母猪移入产房内待产。产房要求宽敞，清洁干燥，光线充足，冬暖夏凉，安静无噪声。产房内温度以22～25℃为宜，相对湿度在65%～75%。产房打扫干净后，用3%～5%石炭酸、2%～5%来苏儿或3%火碱水消毒，围墙用20%石灰乳粉刷。地面铺以垫草。在寒冷地区，冬季和早春做好防风保暖工作。产房内准备好接生时所需药品、器械及用品，如来苏儿、酒精、碘酊、剪刀、秤、耳号钳，以及灯、仔猪保姆箱（窝）、火炉等。母猪进入产房前，将其腹部、乳房及阴户附近的污

泥清洗干净，再用2%～5%来苏儿溶液消毒，然后清洗干净进入产房待产。产房内昼夜应有专人值班，防止意外事故发生。

（二）接产

初生仔猪的体重只占母猪体重的百分之一，一般情况下都不会难产，不论头先露还是臀先露都能顺利产出。母猪整个分娩过程约为2～5小时，个别长的可达十几个小时，一般每5～30分钟产一个仔猪。仔猪全部产出后约10～30分钟排出两串胎衣，分娩过程结束。

母猪一般是侧卧分娩，少数为伏卧或站立分娩。仔猪娩出时，正生和倒生均属正常，一般无须帮助，让其自然娩出。当仔猪娩出时，接产人员用一只手捉住仔猪肩部，另一只手迅速将仔猪口鼻腔内的黏液掏出，并用毛巾擦净，以免仔猪呼吸时黏液阻塞呼吸道或进入气管和肺，引起病变。然后再用毛巾将仔猪全身黏液擦净，在距离仔猪腹部4厘米处用手指掐断脐带，或用剪刀剪断，在脐带断端用5%碘酊消毒。如果断脐后流血较多，可以用手指捏住断端，直至不流血为止，或用线结扎断端，之后称重，打耳号，把仔猪放到护仔箱里，以免在母猪继续分娩的过程中被踩伤或压死。当做完上述处理后，将新生仔猪放入保姆窝内。每产一仔，重复上述处理，直至产仔结束。在产仔结束时，母猪体力耗损很大，这时可以用麦麸、米糠等粉状饲料用温热水调制成稀薄粥状料（内加少许食盐）喂给母猪，帮助母猪恢复体力。

有的仔猪生后不呼吸，但心脏仍在跳动，这种情况叫作"假死"。假死仔猪经过及时抢救是能成活的。抢救方法是先将仔猪口、鼻的黏液掏出、擦净，然后将仔猪朝下倒提，继续使黏液流出，并用手连续拍打仔猪胸部，直到发出叫声；也可以将仔猪四肢朝上，一手托肩部，一手托臀部，一伸一屈反复压迫和舒张胸部，进行人工呼吸，直到小猪发出叫声为止。

母猪分娩时间较长，可以在分娩间歇中把仔猪放入护仔箱里吃奶，保证仔猪在生后1小时内吃到初乳。仔猪吮奶的刺激不但不会妨碍母猪分娩，而且有利于子宫收缩。

猪是两侧子宫角妊娠的动物，产出全部仔猪之后，先后有两串胎衣排出。接产员应检查一下胎衣是否全部排出，如果在胎衣的最后端形成堵头，或胎衣上的脐带数与产仔头数一致，表示胎衣已经排尽。将胎衣和脏的垫草一起清除，防止母猪吞食胎衣形成恶癖。

（三）假死仔猪的处理

假死仔猪指新生仔猪中已停止呼吸但仍有心跳的个体。对假死仔猪施以急救措施，可以恢复其生命，减少损失。可以采取以下急救措施：一是用手捉住假死猪两后肢，将其倒提起来，用手掌拍打假死猪后背，直至恢复呼吸；二是用酒精刺激假死猪鼻部或针刺其人中穴，或向假死仔猪鼻端吹气等，促使呼吸恢复；三是人工呼吸，接产人员左、右手分别托住假死仔猪肩部和臀部，将其腹部朝上，然后两手向腹中心方向回折，并迅速复位，反复进行，手指同时按压胸肋，一般经过几个来回，可以听到仔猪猛然发出声音，表示肺脏开始呼吸，再徐徐重做，直至呼吸正常为止；四是在紧急情况时，可以注射尼可刹米或用0.1%肾上腺素1毫升，直接注入假死仔猪心脏急救。

（四）仔猪称重、编号和登记

在新生仔猪第1次哺乳之前称量仔猪初生重，全窝仔猪初生重的总和为初生窝重。将称得的初生重、初生窝重以及仔猪个体特征等进行登记。

种猪场在仔猪出生后要给每头猪进行编号，通常与称重同时进行。常见的编号方法有耳缺法、刺号法和耳标法。全国种猪遗传评估方案规定的编号系统由15位字母和数字构成，编号原则为：前2位用英文字母表示品种，DD表示杜洛克猪，LL表示长白猪，YY表示大约克夏猪，HH表示汉普夏猪，二元杂交母猪用父系＋母系的第一个字母表示，例如长大杂交母猪用LY表示；第3～6位用英文字母表示场号；第7位表示分场号，用1，2，3，……，A，B，C，……表示；第8～9位用数字表示个体出生时的年度；第

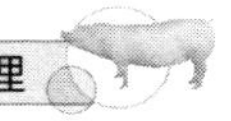

10～13位用数字表示场内窝号；第14～15位用数字表示窝内个体号。耳缺号样图见图4-9。

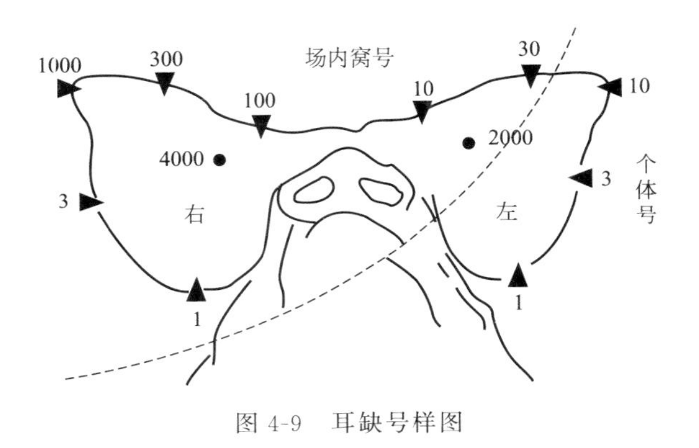

图4-9　耳缺号样图

五、母猪分娩前后的饲养

（一）分娩前的饲养

体况良好的母猪，在产前5～7天应逐步减少饲喂量20%～30%，到产前2～3天进一步减少饲喂量30%～50%，避免产后最初几天泌乳量过多或乳汁过浓引起仔猪下痢或母猪发生乳腺炎；体况一般的母猪不减料；体况较瘦弱的母猪可适当增加优质蛋白质饲料，以利母猪产后泌乳。临产前母猪的日粮中可适量增加麦麸等轻泻性饲料，可调制成粥料饲喂，并保证供给饮水，以防猪便秘导致难产。产前2～3天不宜将母猪喂得过饱。

（二）分娩当天的饲养

母猪在分娩当天因失水过多，身体虚弱疲乏，此时可补喂2～3次麦麸盐水汤，每次麦麸250克，食盐25克，水2千克左右。

（三）分娩后的饲养

在分娩后2～3天内，由于母猪身体虚弱，消化机能差，不可多喂精料，可喂些稀拌料（如稀麸皮料），并保证清洁饮水的供应，以后逐渐加料，经5～7天后按哺乳母猪标准饲喂。

六、母猪产后的护理

母猪在分娩过程中和产后的一段时间内，机体的消耗很大，抵抗力降低，而且生殖器官需经2～8天才能恢复正常，在3～8天阴道内排出恶露，容易因饲养管理不当招致疾病。产后对母猪精心护理，可使母猪尽快恢复正常。在母猪分娩结束时，结合第1次哺乳，对母猪乳房进行清洗，保持母猪乳房和乳头的清洁卫生，减少仔猪吃奶时的污染；清洗母猪后躯和外阴，尤其是尾根和外阴周围应清洗干净；圈内勤打扫，做到清洁卫生，舍内通风良好，冷暖适宜，安静无干扰；要防止贼风侵袭，避免母猪感冒引起缺奶造成仔猪死亡。在饲养和日粮结构上，应给予适当照顾，逐步过渡到哺乳期的饲养。产后2～3天不让母猪到户外活动，产后第4天无风时可让母猪到户外活动。让母猪充分休息，尽快恢复体力。母猪产后可能出现一些病理现象，如胎衣不下、子宫或阴道脱出、产道感染、缺乳少乳、瘫痪、乳腺炎等。因此，在产后头几天的日常管理中，应注意观察母猪状况，一旦出现异常，应立即采取相应措施加以解决。

第五节　哺乳母猪的饲养管理

饲养哺乳母猪的主要任务是：一方面始终保持母猪的旺盛食欲，提高泌乳量，这是仔猪增重的基础；另一方面还要控制母猪泌乳期的减重，以便在断奶后能正常发情、排卵，并延长其利用年限。为此，需要掌握母猪的泌乳行为和泌乳规律、影响母猪泌乳量和乳成分的因素、哺乳母猪对营养需要的特点等，以便进行科学的饲养和管理。

一、母猪的泌乳行为和影响母猪泌乳量的因素

（一）母猪的泌乳行为

猪是多胎动物，母猪一般有乳头6对以上，沿腹线两侧纵向排

列。乳腺以分泌管的形式通向乳头，中前部的乳头绝大多数有2～3个分泌管，而后部乳头绝大多数只有1个分泌管，有些猪最后一对乳头的分泌管发育不全或没有分泌管。由于每个乳头内分泌管数目不同，各个乳头的泌乳量不完全一致。猪的乳腺在机能上都完全独立，与相邻部分并无联系。所以，母猪不能像奶牛那样随时挤出乳。仔猪哺乳，只有当母猪放奶时才能吃到乳。仔猪用鼻吻摩擦和拱撞母猪乳房，刺激乳头的感受器，这一刺激信号通过神经传递给丘脑，再由丘脑转向神经纤维到达垂体后叶，引起释放促乳素、促肾上腺皮质激素和排乳激素——催产素和加压素，这两种激素经血液送至乳房，刺激腺泡和细小导管周围的肌上皮收缩，使腺泡乳流入导管系统，接着大导管和乳池的平滑肌强烈收缩，乳房内压迅速上升，乳头括约肌开放，于是乳汁排出体外。可见，排乳的过程是神经系统、内分泌系统共同参与作用的结果。要促进母猪排乳，提高泌乳量，不仅需要物质基础的保证，同时也要创造有利于排乳反射的条件，如环境安静等。

母猪的泌乳行为在一定程度上反映着母猪的泌乳性能。泌乳行为通常以泌乳次数、泌乳间隔时间、仔猪拱乳时间、放乳持续时间等表示。测定方法通常是：母猪分娩后，每隔5天观察记录一昼夜，至泌乳期结束。

1. 泌乳次数与泌乳间隔时间

母猪平均每天泌乳20～26次，每次间隔1小时左右，一般泌乳前期次数较多，随产后日龄增加泌乳次数减少。有人认为由于夜间安静，所以泌乳次数较白天多。

2. 仔猪拱乳时间与放乳持续时间

母猪每次放乳时，先躺倒侧卧，同时发出“哼哼”声，仔猪开始寻找属于自己的乳头，用鼻嘴拱撞乳房，一般拱乳时间70～80秒，然后有一段短暂的安静时间，大约几秒到十多秒，此时仔猪紧含乳头，一动不动，紧接着母猪开始放乳，仔猪的嘴巴高频率吮乳。实际放乳持续时间为10～20秒。当母猪准备放乳时，若有外界干扰，如陌生人进舍、大声喧哗等，则仔猪拱乳时间大大延长，甚至母猪不放乳。因此，哺乳母猪舍保持安静的环境有利于提高母猪泌乳量。随着泌乳期的延长，母猪的泌乳次数逐渐减少。

3. 泌乳量及乳的组成

母猪的泌乳量依品种、窝仔数、母猪胎龄、泌乳阶段、饲料营养等因素而变动。每个胎次泌乳量不同，通常以第三胎最高，以后则逐渐下降。以较高营养水平饲养的长白猪为例：60 天泌乳期内泌乳量约 600 千克，在此期间，产后 1～10 天平均日泌乳量为 8.5 千克，11～20 天为 12.5 千克，21～30 天为 14.5 千克（泌乳高峰期），31～40 天为 12.5 千克，41～50 天为 8 千克，51～60 天为 5 千克。

猪乳依据化学成分的不同，分为初乳和常乳，分娩后头 3 天内的乳称为初乳，以后的为常乳。初乳中干物质、蛋白质含量较常乳高，而乳脂、乳糖等含量较常乳低。初乳中含有许多母源抗体，对增加仔猪的抵抗力很有好处，另外，初乳中含有镁，能促进仔猪排出胎粪和刺激消化道活动。因此，仔猪出生后必须吃初乳，不吃初乳的仔猪难以养活。母猪乳汁成分随品种、日粮、胎次、母猪体况等因素有很大差异。初乳与常乳的比较见表 4-3。

表 4-3 初乳与常乳的比较

类别	水分	总蛋白质	脂肪	乳糖	免疫球蛋白/（毫克/毫升血液）			
					G	A	H	白蛋白
猪初乳/%	73.5	19.3	4.0	2.2	64.2 *	15.6 *	6.7 *	13.8 *
猪常乳/%	81.1	5.8	7.3	4.3	3.5 * *	5.5 * *	2.3 * *	4.9 * *

注：* 表示分娩后 12 小时平均值；* * 表示分娩后 72 小时平均值。免疫球蛋白项目的数据仅供参考，因为其含量受各种因素影响而变化幅度很大。这些数据旨在说明初乳中免疫球蛋白的含量大大高于常乳中的含量，且其含量迅速降低。

（二）影响母猪泌乳量的因素及提高措施

1. 影响因素

（1）品种　品种是影响母猪泌乳量的首要因素。不同品种母猪的泌乳量差异很大，瘦肉型母猪中，长白猪泌乳量最高。一般来说，大型母猪泌乳力较强，体重大而膘情好的母猪泌乳力也相对要

好些，但母猪过于肥胖、体内代谢失调，也会造成泌乳量降低。就同一品种来看，个体间也有较大差异。在生产中可根据经验进行观察：泌乳性能好的母猪所带的仔猪，生后 3 天左右开始上膘，仔猪活泼健壮，被毛光亮紧贴皮肤；母猪乳房膨大，乳头下垂，仔猪吃奶时，拱奶时间短，母猪放奶时间长；哺乳期掉膘快的母猪多为泌乳量高的母猪。而仔猪哺乳时时常咬架、母猪乳头有咬伤的是低泌乳量的表现。

（2）胎次　母猪胎次不同，泌乳量也不同。初产母猪的泌乳量常常低于经产母猪，原因是初产母猪尚未达到体成熟，特别是乳腺等各组织还处在进一步发育过程中，又缺乏哺乳的习惯。因此，泌乳量会受到影响。从第 2 胎开始，泌乳量上升，第 5 胎时达到高峰，第 6～7 胎后泌乳量逐渐下降。

后备母猪如果过早配种，第 1 胎的泌乳量往往不高，而适当年龄配种，第 1 胎的泌乳量可能与以后差别不大。老年母猪泌乳量多数显著下降，其主要原因是母猪新陈代谢功能减退，营养转化能力差，不仅导致仔猪初生重低，而且泌乳量减少，造成仔猪生长缓慢。因此，不断更新母猪群，适龄母猪及时配种，是提高母猪泌乳量的有效措施。

（3）带仔头数　带仔头数多的母猪泌乳量高。原因是母猪有固定乳头哺乳的习惯，母猪放乳必须经过仔猪拱乳头的刺激引起垂体后叶分泌催产素，而没有仔猪吃乳的乳头分娩后不久即萎缩。因此，带仔多，母猪的泌乳量也高。生产中，调整母猪产后的带仔数，使其有效乳头全部带满，可提高母猪的泌乳潜力。

（4）不同乳头位置　乳头的位置不同，泌乳量也不相同。一般靠近胸部的前几对乳头的乳腺和乳导管数比后面的多，因此泌乳量也多。仔猪初生后有固定乳头吃乳的习性，可通过人工方法将初生重小、体弱的仔猪放在前面乳头吃乳，使体弱仔猪吃到较多的乳，以加快生长，使同窝仔猪发育均匀。

（5）营养水平　泌乳母猪的营养水平和饲料品质也是影响泌乳量的主要因素。合成乳汁的各种营养物质都来自饲料。要想使母猪分泌充足的乳汁，除要考虑母猪的维持需要外，还应根据仔猪的多少综合考虑母猪的营养需要。尤其要注意蛋白质饲料、能量饲料和青绿饲料的质和量。只有满足母猪的营养需要，其泌乳性能才能充分发挥。营养水平对母猪的泌乳量起决定作用。保证足够的能量和蛋白质的摄入，特别是赖氨酸的摄入，可促进母猪泌乳潜力的发挥。

此外，妊娠期的营养水平和饲喂量也直接影响母猪的泌乳量。妊娠期营养不当，造成母猪过肥或过瘦，都会降低母猪的泌乳量。因此，妊娠期合理的饲养，控制母猪的合理增重，使母猪有正常的膘情，也是保证母猪产后正常泌乳的基础。

（6）饮水　猪乳虽然比牛乳浓，但水分含量仍然占80%左右，哺乳母猪仅每天从乳中分泌的水分就可达5～8千克，因此，需要大量的水分供应才能满足母猪泌乳的需要。

（7）季节　分娩季节的不同会造成母猪泌乳量的较大差异。春、秋两季，气候适宜，母猪食欲旺盛，泌乳量高，是适宜母猪分娩的季节。反之，夏季高温出现热应激时，母猪的泌乳量下降，下降程度与母猪的采食量有关，采食量越少，下降程度越大。尽管采用增加饲粮营养浓度的方法可缓解部分采食量减少所导致的泌乳量下降，但效果有限。冬季气候寒冷，母猪消耗热能过多，也会影响泌乳量。

（8）管理　如前所述，母猪泌乳需要安静的环境。因此，猪舍内保持清洁干燥、安静舒适、空气新鲜、阳光充足的环境条件能增加泌乳量。而环境潮湿阴暗、粗暴对待母猪、减少饲喂次数和时间、喧闹和惊扰都能使泌乳量下降。当然，因管理不善造成母猪感冒、乳腺炎和高热等疾病，也会降低泌乳量。

2.提高母猪泌乳量的措施

（1）选择优良的品种　母猪选择产仔数多、泌乳力高、母性好、乳头数量多且大小均匀、排列整齐，无缺陷的品种或杂交组合较好。

（2）增加带仔头数　母猪需要经过仔猪拱乳头刺激引起垂体前

叶分泌催乳素后才会放乳，因而带仔数多，或适当调整母猪产后带仔头数（如将产仔较少的母猪的仔猪进行寄养等），可充分利用母猪，提高泌乳量。

（3）保护乳房，适当进行人工按摩　保护母猪的乳房和乳头，避免被擦伤、咬伤、冻伤，防止细菌感染，对母猪乳房进行人工按摩，可促进母猪乳房血液循环，增加母猪的泌乳量。

（4）加强饲养，提供优质饲料，保证母猪的营养需要

① 提供高质量的配合饲料或混合饲料　提供高质量的配合饲料或混合饲料，满足母猪对能量、蛋白质、维生素和矿物质等营养素的需求。

② 适当增喂青绿多汁饲料　青绿多汁饲料适口性好，水分含量高，在母猪饲料中适当添加一些高质量的青绿多汁饲料，可提高泌乳量。但在饲喂时一定要选用新鲜的，并且喂量要由少到多，逐渐增加。

③ 供给充足饮水　由于猪乳中水分的含量占80%左右，因此要保证母猪有充足的饮水。若饮水不足，会影响母猪的泌乳量，使乳汁过浓，含脂量相对增加，影响仔猪的消化与吸收，从而影响仔猪的生长发育。

（5）保持良好的饲养环境　猪舍应保持温湿度适中、干燥、卫生、通风，及时清除舍内排泄物，做好夏天的防暑降温和冬天的防寒保暖工作。减少噪声，避免母猪和仔猪发生应激反应。定期对猪舍及器具进行消毒。

（6）预防为主　对于疾病，要坚持以预防为主，做好母猪接产的消毒工作，以防母猪产后患乳腺炎、子宫炎等疾病。对已发生疾病的母猪及时进行治疗。

二、哺乳母猪的饲养

母乳是仔猪生后3周内的主要营养来源，是仔猪生长的物质基础。养好哺乳母猪，保证其有充足的乳汁，才能使仔猪健康成长，提高哺乳仔猪断奶窝重，并保证母猪有良好的体况，仔猪断奶后母

猪能及时发情、配种，顺利进入下一个繁殖周期。母猪哺乳期失重属于正常现象，一般泌乳力越高的母猪失重越多，但失重多少和哺乳期营养水平和母猪采食量有很大关系。母猪在整个哺乳期的泌乳量为250～400千克，每泌乳1千克需消化能8.37兆焦，以每天泌乳6千克计，仅泌乳每天就需消化能50.22兆焦，泌乳的高能量消耗，必然导致母猪在哺乳期体重下降。在正常情况下，哺乳期减少的体重，一般为产后体重的25%左右。哺乳期第1个月减少的体重约占全期减少体重的60%，而第2个月约占40%，这和母猪前期产奶多、后期产奶少的泌乳规律是一致的。如果哺乳期体重下降幅度太大，则会影响断奶后的正常发情配种和下一胎的产仔成绩。因此，无论是从保护母猪的正常体况考虑，还是从提高仔猪的断奶窝重考虑，都必须加强哺乳母猪的饲养。

（一）营养需要

哺乳母猪的营养需要由其本身的维持需要和泌乳需要两部分组成。

（1）能量需要　体重120～150千克、哺育10头仔猪的哺乳母猪，一般每天需要14～15兆卡消化能，每日需喂混合饲粮5千克左右；体重120千克以下的哺乳母猪，每日喂不超过5千克混合饲粮；体重150～180千克的哺乳母猪，每日喂不少于5千克混合饲粮。

（2）蛋白质需要　每头哺乳母猪每天需要粗蛋白质700克左右，如果每天吃5千克混合饲粮，那么每千克饲粮中需含粗蛋白质140克。

（3）矿物质需要　每千克饲粮中含钙0.9%，含磷0.7%。

（二）饲料

为了充分满足哺乳母猪的营养需要，必须使每千克配合饲料中含14%～16%的可消化粗蛋白质，每千克饲料中要有0.5%的赖氨酸和0.4%的蛋氨酸+胱氨酸。满足瘦肉型母猪维生素和微量元素的需要，最好的办法是在饲料中增添含有这些养分的添加剂。如果

青绿多汁饲料资源（如甘薯、苜蓿、野草、野菜、南瓜、西葫芦及其他青饲料等）丰富，应充分利用这些资源为哺乳母猪补充维生素和一些微量元素，这样就可不用添加剂。哺乳母猪的饲料要严防发霉变质，以免母猪发生中毒或导致仔猪死亡。

（三）哺乳母猪饲养

1. 产后第 1～4 天逐渐加料

一般母猪分娩当天不喂料，分娩后第 1 天上午喂 0.5 千克，第 2 天上午 1.0 千克，下午 1.0～1.5 千克（如果需要），第 3 天上午 1.5 千克，下午 1.5 千克（如果需要），第 4 天同前一天。总之应根据母猪的消化情况逐渐加料，切不可加料过急，以防母猪食欲不振，影响消化。

2. 产后第 5 天起充分饲喂

从产后第 5 天起，母猪恢复正常喂料量，直到仔猪断奶。应给予充分饲养，母猪能吃多少饲料就喂多少，不限制采食量，而且要尽可能地提高母猪的采食量，这是由于泌乳需要大量的营养，因此哺乳阶段也是母猪一生中饲料采食量最高的阶段。哺乳母猪的饲料需要量一般按其体重的 1% 计算维持需要量，每带 1 头仔猪需 0.5 千克饲料。例如，分娩后体重 200 千克的母猪带仔 12 头，其饲料需要量为：$200\times1\%+12\times0.5=8$ 千克。而实际上母猪的自由采食量只有 5 千克左右，因此，泌乳母猪一定要充分饲喂，尽最大可能提高母猪的采食量。提高母猪泌乳期间采食量的方法如下：

（1）采用“低妊娠，高泌乳”的饲养方式（确保母猪妊娠期间不要过度饲喂）　研究表明，母猪泌乳期间的采食量和妊娠期间的采食量呈负相关。妊娠全期日采食量愈多，妊娠期增重愈多；泌乳期采食量愈少，母猪失重愈多。妊娠期间的采食最增加，泌乳期间的采食量则下降，因此，妊娠期间的采食量应严格控制，以保证泌乳期间母猪有旺盛的食欲。

（2）日粮蛋白质水平影响泌乳期间的采食量　母猪泌乳期间日粮蛋白质水平越低，则日粮采食量越少，体重损失越多；日粮蛋白质水平越高，则仔猪断奶重也越大。泌乳期间低蛋白质日粮还会延长断奶至发情间隔，并导致妊娠率下降。提高饲料的蛋白质水平，能提高母猪采食量，尤其是饲喂初产母猪时这种现象更显著。因此，为了提高泌乳期母猪的采食量，建议日粮粗蛋白质水平至少为15%。

（3）增加饲喂次数　以日喂3～4次为宜（其中最好晚上10时喂1餐）。在一定程度上，饲喂次数越多，可能的采食量越大。如母猪1天饲喂2次的采食量比饲喂1次时多。随泌乳量的上升，母猪对营养的需要量日渐增加，对泌乳母猪应增加饲喂次数。

（4）建议采用湿拌料或颗粒料　母猪采食湿拌料时，其采食量比采食干粉料时大约增加10%。对大多数生产者而言，采用湿料饲喂系统是不切实际的，但在分娩栏喂料器上安装一个饮水器，有助于增加母猪的采食量。

（5）要供应充足的清洁饮水　因饮水不足或饮水不清洁而减少饮水量都会影响母猪的采食量和泌乳量，况且，母猪饮水不足还会造成乳汁过浓，含脂量相对增加，影响仔猪的消化与吸收，导致仔猪腹泻。因此，对哺乳母猪应特别注意足量清洁饮水的供应。一般认为母猪每天的需水量为12～40千克。当然，对母猪最好能做到自由饮水，并经常检查饮水器是否正常。否则，则应注意饮水的经常更换，保证水的新鲜和清洁，水槽每天清洗1～2次。

3. 增加饲粮营养浓度

当母猪采食量达不到饲养标准中的建议喂量时，就要增加饲粮的营养浓度，以保证母猪每日摄入足够的能量和蛋白质（赖氨酸）。建议哺乳母猪日摄入赖氨酸不低于48克，消化能不低于65兆焦。对于体形大、带仔数在12头以上的高产哺乳母猪，建议采用高能量、高蛋白质饲粮，如消化能14.2兆焦/千克，粗蛋白质18%，赖氨酸1.0%，以最大限度地满足其泌乳和繁殖需求。母猪饲喂高蛋白质饲料，其仔猪的断奶窝重比饲喂低蛋白质饲料者提高10%以上。母猪在泌乳期间通常体重会下降，但给予高蛋白质饲料的母猪失重程度会比饲喂低蛋白质的母猪小。事实上，泌乳期间母猪日粮的粗蛋白质含量如果保证到17%，可以避免泌乳母猪失重太多，防

止繁殖性能变差，以及可提供更多的乳汁。

在高温条件下，可以在哺乳母猪饲料中加入脂肪（动物油、植物油均可），也可采用膨化处理的全脂大豆达到加脂肪的目的，以提高饲料的消化能浓度。这样即使母猪的饲料采食量下降，也可维持其正常的能量摄取。

4.不喂发霉变质饲料

青绿多汁饲料，如牛皮菜、饲用甜菜、木瓜、南瓜等，含有一种叫酚氧化酶的有机物质，它能参与泌乳活动，并起增强泌乳能力的作用。一定要注意的是，青绿多汁饲料一定要新鲜，越新鲜，则营养越丰富；若堆积时间长，青绿多汁饲料易发热变黄，不仅适口性变差，而且对促进泌乳作用不大，腐败霉烂的饲料还会引起母猪中毒死亡。此外，注意青绿多汁饲料与混合精料的合理搭配，在青绿饲料多时，可适当减少精饲料喂量。

5.做好两个关键时期的饲养

保证母猪充足的泌乳量，必须做好两个关键时期的饲养：一是母猪妊娠后期的饲养。妊娠后期胎儿发育很快，母猪的乳腺也同时发育。如果营养不足，母猪乳腺发育不好，产仔后泌乳量就少。因此妊娠后期要加强营养，使母猪乳腺得到充分发育，为产仔后的泌乳打下基础。二是母猪产后的饲养。母猪产后 20 天左右达到泌乳高峰，以后泌乳量逐渐下降。从产后第 5 天恢复正常喂量起，到产后 30 天以内，应给以充分饲养，母猪能吃多少精料就给多少精料，不限制其采食量，使它的泌乳能力得到充分发挥，仔猪才能增重快、健康、整齐。猪乳中的蛋白质、钙、磷和维生素，都是从饲料中得到的。饲料中的蛋白质不但数量要够，而且品质要好。钙和磷不足能引起泌乳期母猪瘫痪和跛行。饲料中维生素丰富，通过乳汁供给仔猪的维生素也多，能促使仔猪健康发育。

三、哺乳母猪的管理

哺乳母猪的正确管理，对保证母仔健康、提高泌乳量极为重要，应做好如下管理工作：

（一）保持适宜的环境

哺乳母猪舍一定要保持清洁干燥和通风良好，冬季要注重防寒保暖。母猪舍肮脏潮湿常是引起母、仔患病的原因，特别是舍内空气湿度过高，常会使仔猪患病和影响增重，应引起足够重视。

（二）注意运动，多晒太阳

让猪合理运动和多晒太阳是保证母仔健康、促进乳汁分泌的重要条件。产后3～4天开始让母猪带领仔猪到运动场内活动。

（三）保护好哺乳母猪的乳房和乳头

仔猪吸吮对母猪乳房乳头的发育有很大影响。特别是头胎母猪一定要注意让所有乳头都能被均匀利用，以免未被利用的乳房发育不好，影响以后的泌乳量。当新生仔猪数少于母猪乳头数时，应训练仔猪吃2个乳头的乳，以防剩余的乳房萎缩。经常检查母猪乳房，如发现乳房因仔猪争乳头而被咬伤或被母猪后蹄踏伤，应及时治疗，冬天还要防止乳头被冻伤。腹部下垂的母猪，在躺卧时常会把下面一排乳头压住，造成仔猪吃不上奶，可用稻草捆成长60厘米左右的草把，垫在母猪腹下，使下面的乳头露出来，便于仔猪吮乳。腹部过分下垂的母猪，乳头经常拖在地上，应注意地面的平整；并经常保持地面清洁。注意观察母猪膘况和仔猪生长发育情况。如果仔猪生长健壮，被毛有光泽，个体之间发育均匀，母猪体重虽逐渐减轻但不过瘦，说明饲养管理合适。如果母猪过肥或过瘦，仔猪瘦弱、生长不良，说明饲养管理存在问题，应及时查明原因，采取补救措施。

（四）注意单栏饲养的防暑降温

在夏季，当舍温升至33℃以上时，可于下午2～3时给母猪身体喷水1次。但当空气湿度过大时，采用喷水降温一定要配合良好的通风。对泌乳母猪可设计特制滴水降温装置。据报道，采用滴水降温的母猪日采食量比未采用滴水降温的母猪多0.95千克，整个泌乳期母猪少失重13.7千克。

四、生产实践中存在的问题

（一）母猪缺乳或无乳

在哺乳期内，有个别母猪在产后缺乳或无乳，导致仔猪发育不良或饿死。如遇到这种情况，应查明原因，及时采取相应措施加以解决。

1. 原因

（1）对妊娠母猪的饲养管理不当　尤其是妊娠后期营养水平低，能量和蛋白质不足，母猪消瘦，乳房发育不良；母猪的营养不全面，能量水平高而蛋白质水平低，体内沉积了过多的脂肪，母猪虽然很肥，但泌乳很少。

（2）母猪年老或配种过早　年老的母猪体弱，消化机能减退，饲料利用率低，自身营养不良；小母猪过早配种，身体还在快速地生长，需要很多营养，这时配种，易造成营养不足，生长受阻，乳腺发育不良，泌乳量低。

（3）其他　母猪产后高烧造成缺奶或无奶，发生乳腺炎或子宫炎都影响泌乳，使泌乳量下降。

2. 措施

针对上述原因，应采取以下解决方法：一是加强妊娠后期的营养，尤其要考虑能量与蛋白质的比例；二是对分娩后瘦弱缺奶或无奶的母猪，要增加营养，多喂些虾、鱼等动物性饲料，也可以将胎衣煮给母猪吃，喂给优质青绿饲料等；三是对过肥无奶的母猪，要减少能量饲料，适当增加青饲料，同时还要增加运动；四是在调整营养的基础上，给母猪喂催奶药；五是要及时淘汰老龄母种猪，第七胎以后的母猪，繁殖机能下降，泌乳量低，要及时用青年母猪更新；六是母猪患病要及时治疗。

3. 催乳方法

【方法 1】先将母猪与仔猪暂时分开，每头母猪肌内注射20 万～30 万单位催产素，用药 10 分钟后让仔猪自行吃乳，一般1～2 次后即可达到催乳效果。

【方法 2】 在煮熟的豆浆中加入适量的荤油，连喂 2～3 天。

【方法 3】 花生仁 500 克、鸡蛋 4 枚加水煮熟，分 2 次喂给，一般 1 天后即可见效。

【方法 4】 海带 250 克泡涨后切碎，加入荤油 100 克，每天早、晚各 1 次，连喂 2～3 天。

【方法 5】 白酒 200 克，红糖 200 克，鸡蛋 6 枚。先将鸡蛋打碎，加入糖后搅匀，然后倒入白酒，再加少量精料搅拌，一次性喂给哺乳母猪，一般 5 小时左右产乳量大增。

【方法 6】 将各种健康家畜的鲜胎衣（母猪自己的也可以）用清水洗净，煮熟剁碎，加入适量的饲料和少许盐，分 3～5 次喂完。

【方法 7】 将活泥鳅或鲫鱼 1500 克加生姜、大蒜适量及通草 5 千克拌料，连喂 3～5 天，催乳效果很好。

【方法 8】 用王不留行 35 克、通草 20 克、穿山甲 20 克、白术 30 克、白芍 20 克、黄芪 30 克、当归 20 克、党参 30 克，水煎加红糖喂服。

（二）母猪拒绝哺乳仔猪

拒乳指母猪产后拒绝哺乳仔猪。拒乳有下列几种情况：一是母猪缺乳或少乳，仔猪总缠着母猪吮吸乳头，使母猪不安，或乳头发痛而拒绝哺乳。此种情况需要提高母猪饲料营养水平，加充足的催乳饲料，母猪乳汁分泌量增加，拒乳现象逐渐消失。二是母猪患乳腺炎或乳头擦伤，或因个别仔猪犬齿太长、太尖，泌乳时乳房疼痛而拒乳。此种情况需请兽医及时治疗。三是初产母猪没有哺乳经验而不哺乳，对仔猪吸吮刺激总是处于兴奋和紧张状态而拒绝哺乳。生产上可采取醉酒法，用 2～4 两白酒拌适量饲料一次喂给哺乳母猪，然后把仔猪捉去吃奶，或者肌内注射盐酸氯丙嗪（冬眠灵），每千克体重 2～4 毫克，使母猪睡觉，也可在母猪倒卧时，用手轻轻抚摸母猪腹部和乳房，然后再让仔猪吸乳。经这次哺乳，母猪习惯后，就不会再拒绝哺乳。

（三）母猪吃小猪

生产中有个别母猪吃小猪的现象，这是因为母猪吃过死小猪、

胎衣或温水中的生骨肉（初生小猪的味道与其相似）；母猪产仔后，异常口渴又得不到及时的饮水，别窝小猪串入此圈，母猪闻出味不对，先将小猪咬伤、咬死，然后吃掉；或者由于母猪缺乳，造成仔猪争乳而咬伤乳头，母猪因剧痛而咬仔猪，有时咬伤、咬死后吃掉。消除母猪吃小猪的办法是：供给母猪充足营养，适当增加饼类饲料，多喂青绿多汁饲料，每天喂骨粉和食盐，母猪产仔后，及时处理掉胎衣和死小猪，不喂有生骨肉的温水，让母猪产前、产后饮足水，不使仔猪串圈等。

第五章 提高母猪生产力的措施

第一节　母猪的发情与排卵

一、母猪的发情和发情周期

（一）发情

发情是指母猪在一定时间内，外部体态发生一系列变化，同时体内部的生殖器官也发生一系列生理变化，卵巢排出成熟卵子的综合过程。如果母猪只有外部体态的变化，而卵巢中没有成熟的卵子排出，就叫假发情。母猪在发情期内除内生殖器官发生一系列变化外，其身体外部征候也很明显，主要表现出行为和体态的变化：不爱吃食，鸣叫不安，爬墙拆圈，拱门，爬跨其他猪等；外阴部红肿，红肿时间最长 10 天，最短 4～5 天，平均 7 天左右；用力按压腰部和臀部时母猪静止不动，两耳直立，尾向上举，有接受公猪爬跨的表现。我国地方猪种发情征候最为明显，从国外引进的猪种发情征候不太明显，二者杂交的母猪处于中间状态。对于发情征候不明显的母猪，要细致观察。为了防止漏配，最好的办法是用公猪试情。

（二）发情周期

青年母猪初情期后每隔一定时间重复出现 1 次发情，一般把从上次发情开始到下次发情开始的间隔时间称为发情周期。母猪全年

发情，不受季节限制，发情周期一般为18～23天，平均21天。在发情周期中，母猪的生殖器官发生一系列有规律的形态和生理变化，母猪精神状态与性欲也发生相应的变化。根据这些变化，可将发情周期分为4个阶段，即发情前期、发情期、发情后期和间情期。

1. 发情前期

此时卵巢中上一个发情周期所产生的黄体逐渐萎缩，新的卵泡开始生长。生殖道轻微充血肿胀，上皮增生，腺体活动增强。母猪对周围环境开始敏感，表现不安，但尚无性欲表现，不接受公猪爬跨。

2. 发情期

母猪的发情期一般为2～4天，此时的卵泡迅速发育，并在发情末期排卵。表现为子宫充血，肌层活动加强，腺体分泌活动增加，阴门充血肿胀，并有黏液从阴门流出。母猪兴奋不安，性欲表现充分，寻找公猪，接受公猪爬跨并允许交配，若用手按压腰部，母猪呆立不动。

3. 发情后期

此时卵泡破裂，排卵后开始形成黄体。子宫颈管道逐渐收缩闭合，腺体分泌活动渐减，黏液分泌量少而黏稠，子宫内膜增厚，腺体逐渐发育。母猪性欲减退，逐渐转入安静状态，不让公猪接近。

4. 间情期（休情期）

此时卵巢中的黄体已发育完全。间情期前期子宫内膜增厚，腺体增长，分泌活动增加。如果受孕，则继续发育；如果未受孕，间情期后期子宫内膜回缩，腺体变小，分泌活动停止。母猪的性欲表现完全消失，精神状态恢复正常。持续一定时间后，进入下一发情周期的发情前期。

二、母猪发情异常

（一）安静发情

安静发情又称隐性发情，是指母猪在一个发情期内，卵泡能正常发育并排卵，但无发情征状或发情征状不明显而失去配种机会。这种异常发情，在瘦肉型母猪中多见，日常管理中要加强观察，或借助公猪试情进行鉴定。

（二）孕后发情

孕后发情指母猪在妊娠后相当于一个发情周期的时间内又发情，这种发情的征状不规则，也不排卵，又称假发情。假发情的母猪一般不接受交配，如果强行配种，可造成早期流产。假发情在青年母猪中表现得较多。

（三）累配不孕发情

累配不孕发情指母猪多次配种后多次返情。引起返情的原因主要是母猪患生殖道疾病，一般多见于子宫内膜炎。这种发情除有正常发情的表现外，常常阴道口流出的黏液中带有脓性分泌物。

（四）长时间发情不退

长时间发情不退指母猪外阴部长时间红肿不消退，阴道黏液少，又不接受公猪交配。这种情况大都由于母猪饲喂霉变饲料所引起。

三、母猪不发情的原因及处理

（一）遗传因素

对于母猪的繁殖性能，遗传因素起决定作用，缺乏科学的选种标准，会使不具备种用价值的母猪当后备母猪留作种用，造成后备母猪乏情；使一些遗传缺陷得以遗传，造成母猪不发情和繁殖障碍。如母猪雌雄同体，即从外表看是母猪，肛门下面有阴蒂、阴唇和阴门，但腹腔内无卵巢却有睾丸。另外，其他生理疾患可造成母猪不发情，如阴道管道形成不完全，子宫颈闭锁或子宫发育不全等。在实际生产中，上述生殖器官缺陷一般难于发现。一旦发现因繁殖障碍不发情的母猪，必须淘汰作为育肥猪出售。

（二）营养因素

除猪的遗传疾患外，营养不良也可造成母猪不发情。母猪过瘦

或长期缺乏某些营养，如能量、蛋白质、维生素和无机盐等摄取不足，使某些内分泌异常，导致不发情；如果营养过剩，造成母猪过度肥胖，卵巢脂肪化，也会影响发情和产生生理繁殖障碍。为了防止母猪营养不良或营养过剩，应该合理地饲养以保持母猪正常的体况；霉变饲料含玉米霉菌毒素，尤其是玉米赤霉烯酮，此种毒素分子结构与雌激素相似，母猪摄入含有这种毒素的饲料后，其正常的内分泌功能被打乱，导致发情不正常或排卵受抑制。

（三）品种

国外引进的瘦肉型猪种，不发情的比例较高。对于不发情的母猪，应先注射促卵泡激素、绒毛膜促性腺激素，注射后还不发情者应予以淘汰。

（四）疾病和病理

引起母猪不发情的疾病，一是病原性的，如狂犬病、乙型脑炎、细小病毒病、慢性猪瘟、衣原体病、蓝耳病及霉菌毒素中毒等；二是病理性的，如子宫炎、阴道炎、部分黄体化及非黄体化的卵泡囊肿等。

（五）季节因素

影响母猪发情的季节主要是夏季。夏季温度较高、湿度较大，容易发生热应激。在热应激下，某些母猪卵巢功能减退（可能是热应激改变了猪内分泌功能的正常状态）。有资料认为，猪受到持续性热应激后，会间接地影响卵巢功能，严重时会诱发卵巢囊肿。南方地区常表现在6～9月份，这4个月份母猪发情较差，3～4月份的高湿对后备母猪发情也有较大影响。

（六）环境因素

圈舍潮湿、通风不良、光线暗淡、饲养密度大、卫生条件差等，母猪生活在恶劣的环境中，可能引起不发情。

（七）缺乏公猪刺激

后备母猪接触公猪的时间晚，缺乏性刺激。

四、母猪的排卵

（一）排卵过程

排卵是指卵子从卵巢中的卵泡内排出后，进入漏斗状的输卵管伞中，借助输卵管伞部纤毛上皮摆动所造成的液流，把卵子吸入输卵管，再借助输卵管管壁肌肉的收缩和输卵管壁纤毛上皮的摆动，使卵子朝着子宫方向前进的过程。

（二）母猪排卵的一般规律

1. 排卵时间

母猪排卵一般发生在发情开始后的24～48小时，排卵高峰在发情后的36小时左右。排卵持续时间一般为10～15小时。卵子在输卵管中约需运行50小时，在输卵管中保持受精能力的时间为8～10小时。

猪是多胎动物，每次发情都要排出许多卵子。为了提高养猪的经济效益，减少公猪负担，掌握母猪的排卵规律，适时配种，提高母猪受胎率，增加产仔数，母猪排卵的一般规律是养猪生产的重要课题。

2. 青年母猪的发情期与排卵的关系

一般认为母猪初情期后，第二个发情期比第一个发情期增加1～2个卵子，第三个发情期又比第二个发情期平均增加1.0～1.5个卵子。所以，青年母猪第三个发情期后再配种，对提高产仔数有利。

3. 营养与排卵的关系

足量的FSH和一定强度的LH脉冲刺激，以及卵巢对内分泌变化的敏感性是卵巢上的卵泡能够生长发育直至排卵的内在因素，而哺乳期能量平衡、断奶应激以及周围环境则是影响卵巢功能和母猪发情排卵的主要外部因素。哺乳期营养摄入不足可导致断奶后血液中的促卵泡生成素（FSH）浓度降低和促黄体生成素（LH）的脉冲次数减少，影响母猪发情和排卵的同时，也降低了妊娠早期胚

胎存活的能力。促性腺激素释放激素（GnRH）具有促进垂体释放LH和FSH的作用，营养不良则可削弱GnRH的释放，从而使GnRH的量不足以支持卵泡的生长发育和排卵的发生。据试验，在卵泡发育阶段增加青年母猪的进食量，结果提高了母猪的排卵数和LH的脉冲次数。限制采食可抑制卵泡的发育、降低卵子的受精能力和减少排卵数量，最终可能会减少下一胎的窝产仔数。卵巢功能的恢复需要胰岛素和胰岛素样生长因子（IGF-1）的刺激，而能量正平衡有助于胰岛素和IGF-1的分泌，因此推断，初产母猪哺乳期营养摄入不足和能量负平衡是发情失败的主要原因。

（三）促进母猪发情排卵的措施

1. 满足营养需求

母猪实际繁殖能力与潜在繁殖能力之间相差很大，应加强配种准备期的饲料营养和管理，以提供量多质优的卵子，为高产奠定可靠的基础。

（1）短期优饲和调整膘情　对空怀母猪配种前的短期优饲，有促进母猪发情排卵和容易受胎的良好作用。方法为：配种前的一周或半个月左右，适当调整膘情，保持母猪合理的种用体况，常言道"空怀母猪八成膘，容易怀胎产仔高"，即保持母猪7～8成膘情为好。对于正常体况的母猪每天饲喂2.0～2.2千克全价配合饲料；对体况较差的母猪提供充足的哺乳母猪料；对于过于肥胖的母猪，在断奶前后少量饲喂配合饲料，多喂青粗饲料，让其尽快恢复到适度膘情，达到较早发情排卵和接受交配的目的。

（2）多喂青绿多汁饲料　每天每头饲喂5～7千克的青绿多汁饲料或补喂25克的骨粉，以满足母猪对钙、磷、维生素、矿物质、微量元素的需要。

（3）在断奶母猪日粮中添加抗生素　抗生素可以治疗断奶后空怀母猪的子宫炎、阴道炎等泌尿生殖系统疾病，从断奶到再配种，饲喂高水平的抗生素，可使母猪的产仔率提高9%，且每窝可以增加0.2头小猪。如每吨饲料1000克土霉素原粉或80%支原净120克+阿莫西林300克+金霉素400克，搅拌均匀，连续饲喂7～10

天。但在妊娠母猪的日粮中抗生素的作用不大。

2. 合理管理

（1）加强母猪管理　要保持猪舍的干燥、清洁和温湿度适宜。一般温度保持在12～15℃对母猪的发情是有利的。新鲜的空气、良好的运动和光照对促进母猪的发情与排卵也大有好处。建议母猪每天光照时间应保持在10个小时，不宜多也不宜少。另外群饲空怀母猪可促进发情，特别是群内出现发情母猪后，由于爬跨和外激素的刺激，可以诱导其他空怀母猪发情，同时便于管理人员发现发情母猪，也便于用试情公猪试情。

（2）加强新生仔猪管理

① 控制哺乳时间　7日龄开始训练仔猪开食，到18～25日龄，仔猪已能采食一定量饲料时，即可控制仔猪的哺乳时间，每隔6～8小时1次，这样处理3～5天，母猪就可以提前发情。

② 仔猪并窝　养猪场在集中时间产仔时，可把部分产仔的母猪所产的仔猪全部寄养给其他母猪哺育，这样即能很快使母猪发情配种。

③ 仔猪早期断奶　通常母猪断奶后5～7天即可发情配种，在适当时间提前断奶，母猪可提前发情配种。但哺乳期过短会有一个更严重的后果，即对受胎率和产仔数有影响，少于10天的哺乳期可引起低的受胎率和产仔数，产仔数减少1～2头。因此，根据每头母猪每年断奶仔猪数、母猪耗料量和仔猪生长速度来比较，集约化猪场在3～5周龄给仔猪断奶较为合适。

3. 促使母猪发情

（1）母猪催情　把不发情的空怀母猪合并到有发情母猪的圈内饲养，通过爬跨等刺激，促进空怀母猪发情排卵。

（2）公猪催情　对于不发情的母猪，使用试情公猪追逐或爬跨，每日2～3次，每次10～20分钟；或把公、母猪关在同一个圈内，使母猪得到异性刺激，引起内分泌激素的变化而发情。

（3）按摩乳房　按摩乳房也能刺激母猪发情排卵。

（4）药物催情　遇母猪患有生殖道疾病时，应及时诊断治疗。

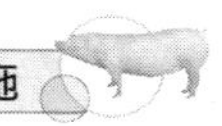

① 激素催情　给不发情母猪按每10千克体重注射绒毛膜促性腺激素（HCG）100国际单位或孕马血清（PMSG）1毫升（每头肌内注射800～1000国际单位）有促进母猪发情排卵的效果。

② 中药催情　淫羊藿、益母草、丹参各150克，香附130克，菟丝子、当归各100克，枳壳75克，共研末混匀，以每千克体重3克的量拌入饲料饲喂乏情母猪，每天1次，连用3天；或淫羊藿、阳起石40克，当归、黄蓖、肉桂、山药、熟地各30克，干燥后研末，混入饲料一次喂食，如不发情可再用药1次。

（四）影响母猪断奶至配种间隔的因素

尽量缩短断奶到配种的间隔时间是提高母猪繁殖效率和猪场效益的关键。这就必须关注影响间隔时间的诸多因素，并努力给出应对策略。

1. 营养

泌乳期能量摄入不足是影响母猪断奶至发情间隔的一个重要营养因素。资料显示，当初产母猪泌乳期日摄入粗蛋白质630克、日进食消化能低于52兆焦时，母猪断奶后发情延迟。初产母猪因体重小，泌乳期采食量少，如果采用低蛋白质水平的日粮，母猪将消耗体贮蛋白质来维持产乳，时间稍长，乳蛋白生产不足，也会直接影响到促性腺激素释放激素的分泌。这样的母猪要在断奶后饲养些时间，待营养状况逐渐好转后才能正常发情，因此延长了断奶到配种的间隔。所以，泌乳期蛋白质日进食不足是影响断奶至配种间隔的更重要的因素。许多研究表明，母猪日进食粗蛋白质在700克以上，则可提高断奶后7～8天内正常发情的比例。能量和蛋白质摄取量的不足可以从断奶时的母猪体重上体现出来，而泌乳期采食量少、饲料营养浓度低或配种时体重偏小是断奶时母猪体重小的主要原因。

2. 泌乳期

泌乳期的长短对断奶后母猪发情有一定影响。泌乳期缩短，则间隔天数稍有延长的趋势，其主要原因可能是卵巢尚未复原。

3. 季节

炎热的夏季造成母猪繁殖力下降，其中一个很重要的原因是热应激抑制了一些生殖激素的分泌和释放，阻碍了母猪断奶后的正常发情。夏季长时间的光照也可能对发情活动和生殖产生抑制作用。高温高湿的夏季极不利于母猪的正常发情，而低温低湿的冬季有利于母猪的顺利发情。

4. 品种和胎次

不同的猪种在断奶至配种的间隔天数上会有一些差异，即使是同一品种的不同品系也可能会有差异。在3～6月份产仔、哺乳的长白猪两个品系的初产母猪，从断奶至配种的间隔天数差异显著。一般来说，瘦肉率高的品种断奶至配种的间隔天数要多一些，杂种母猪要比纯种母猪少一些。

在同一品种内，胎次间断奶至配种间隔天数的差异也是明显的。断奶至配种的间隔天数在第1胎和第2胎较长，特别是第1胎长达20天左右；第3胎以后断奶至配种的间隔天数趋于平稳，不同胎次间差异较小。

五、控制母猪繁殖障碍

猪是不受季节限制能全年繁殖且繁殖力极高的动物，但总还是有10%～20%的母猪因各种繁殖障碍影响其正常的繁殖，这在瘦肉型猪种中更为突出。

（一）不发情

不发情的表现有两种，分别为青年母猪初情期迟缓和经产母猪断奶后不发情。其发生的原因和适宜采取的措施有同有异。

1. 卵巢发育和功能障碍

（1）卵巢发育不全　多见于长期患病或群内特别弱小而发育不良的青年母猪，也少见于采食迅猛、培育期生长过快的青年母猪，这些母猪通常完全没有发情或仅有微弱发情。剖检可见卵巢小（3～4克甚至以下）、没有弹性，表面光滑，只见到未发育的卵泡而找不到黄体，证明其曾经发情、排卵过。

针对上述起因，必须采取相应措施，如改善饲养条件、调整栏舍以平衡强弱过于悬殊的猪群，积极治疗已患的疾病，调整饲料营养水平、增加饲喂次数，给瘦弱猪以短期优饲等。

（2）卵巢静止　在发育正常的青年母猪和经产母猪中都可能见到，其卵巢的大小、弹性基本正常，可以看到未成熟的小卵泡及退行的黄体，这种情况的母猪也表现为不发情或发情极其微弱。

对于以上两种情况，都可以肌内注射孕马血清促性腺激素（PMSG）750～1000国际单位，2～3天后再肌内注射HCG 400～500国际单位，只要母猪体况已恢复正常，一般都能成功地诱导发情。如果再给予充分的异性刺激，即每天2次、每次不少于20分钟的多头公猪与其持续接触，效果将会更好。如果采取的几种措施均未奏效，则有卵巢萎缩、炎症、畸形存在的可能，应考虑淘汰。

（3）卵巢囊肿　母猪的卵巢囊肿病并不少见。患病猪的卵巢可出现多个大囊肿、多个小囊肿和单个囊肿等囊肿类型，不同类型其表现和生理效应也有差异。多数多个大囊肿有黄体组织并能产生足够的孕酮抑制发情；多个小囊肿通常能产生雌激素，母猪表现为不规则的发情或"慕雄狂"，因为囊肿的卵巢不能排卵而不会受孕；单个囊肿很少会影响母猪的发情和繁殖，有些妊娠母猪也会有1～2个囊肿。卵巢囊肿要由直肠检查和临床症状结合起来进行诊断。卵巢囊肿可一次肌内注射促黄体释放激素（LHRH）100～300微克，连续使用2～4次会有比较好的治疗效果。

（4）持久黄体　持久黄体存在于断奶后长期不发情的母猪和配种后仍为空胎且无再发情征状的母猪中，其卵巢大小正常或略大，存在多个大小不等的黄体，由于有孕激素的分泌而不发情。以氯前列烯醇0.1～0.2毫克/头的剂量肌内注射促使黄体退化效果极佳。

2. 异常发情

瘦肉型猪种的母猪发情征状不明显，较难发现和正确判定适配期，安静发情时有出现，尤其是青年母猪。短促发情与安静发情类似，只是程度上的差别。长发情和断续发情在青年母猪中也有表现。营养失衡和内分泌失调可能是这种异常发情的主要原因，对此应加强饲养和注意观察，勤用公猪试情协助及时发现发情母猪并准确判断适配时期，以尽量减少漏配的损失。

（二）不受胎

精子和卵子要在其尚具活力时相遇方可能受精，如果精液在采集、稀释、保存、输精的过程中有任何一个环节因没有按照规范操作而造成有效精子数不足及精子损伤、活力下降、死亡，或者公猪因病、环境温度高、使用过度或长期不使用等造成精液品质下降，配种时间未掌握好，都容易导致不受胎。除此之外，属于母猪方面的因素还有以下几个方面：

1. 下丘脑、脑垂体、卵巢异常

因下丘脑、脑垂体、卵巢任一部分的异常，促黄体生成素（LH）分泌不足，发生排卵障碍，此时母猪虽有发情表现而不排卵，更不会受胎。注射外源激素，如 LH、HCG（绒毛膜促性腺激素）会有一些效果。

2. 输卵管炎症、水肿

输卵管炎症、水肿会造成输卵管阻塞，引起精子、卵子无法通过障碍相遇而不能正常受精，一般因卵巢炎症下行、子宫内膜炎、子宫蓄脓症上行而造成。有时子宫炎症虽痊愈，但仍屡配不孕，因此，此病很难准确诊断，治疗困难而预后不良。

3. 阴道炎、子宫颈炎、子宫内膜炎、子宫蓄脓症

由配种时不洁（公猪阴茎炎症、公猪包皮积液、输精器具消毒不严）、分娩时胎衣未排尽、有死胎或霉胎、产期护理不当、清洁卫生工作极差等引起感染，易导致阴道炎、子宫颈炎、子宫内膜炎、子宫蓄脓症的发生。通过治疗并确认已经痊愈，且有一定的巩固期后才能恢复配种，否则非但继续配不上种，还有可能加重病情和治愈的难度。

4. 生殖器官异常

母猪生殖器官异常极少发生，通常卵巢正常但子宫角发育不全或子宫角与子宫体不连通、子宫颈闭锁是造成发情不受胎的主要

原因。

（三）假孕造成的长期空怀

1. 疾病、生殖道感染、高温、斗殴

某些疾病、生殖道感染、高温、斗殴等造成的机械损伤会引起妊娠中期胚胎死亡，此时胚胎的骨骼已经形成，死亡后引起干尸化，长期滞留于子宫之中仍然能维持妊娠状态。虽说母猪腹部不再膨大，但乳房还会有不同程度的发育，到妊娠足月时甚至会有一些临产征状，却不产仔。然后乳房逐渐萎缩，也不发情，似乎一切从未发生过一样。妊娠晚期胚胎死亡的一般会在预产期过后数天排出死胎。

2. 霉变饲料

发霉的玉米含有赤霉烯酮，当浓度超过10毫克/千克时，会引起母猪乏情，同时造成乳房发育而误以为怀孕。因此要十分注意玉米的质量及其赤霉烯酮的水平。

3. 肥胖

当母猪摄入过量的能量饲料或未哺育时体形过于肥胖，在子宫周围积贮过量脂肪，会阻碍胚胎发育乃至使其死亡，但母猪又不再发情。因为肥胖时很难从腹部是否膨大来判断妊娠与否，这时就要以超声检查等多种手段进行确诊，然后注射前列腺素配以HCG或FSH（促卵泡生成素）+促黄体生成素释放激素类似物（LHRHa），促使黄体退化并诱导母猪发情排卵。

4. 黄体维持时间长

当黄体维持时间超过正常的黄体萎缩时间时，也会发生假孕。

（四）流产

胎儿尚未足月但已成形，以死胎的形式早于预产期10天以上排出的现象称为流产。在相当正常的猪场里都会有1%～2%的母猪流产，这类流产事先无任何征兆，流产后母猪大多无不良反应，无须特别关注。但是流产的比率增高就必须高度重视、认真分析。造成流产的原因主要有：一是细菌、病毒感染，如猪瘟、猪细小病毒病、猪流行性乙型脑炎、布氏杆菌病、猪繁殖与呼吸综合征（蓝耳病）、猪伪狂犬病、猪衣原体病、猪弓形虫病、猪钩端螺旋体病等；二是误投药物、霉变饲料中毒或嗅食有毒植物引起子宫充血和子宫收缩；三是粗暴驱赶、拥挤、咬架、滑跌、受惊、着凉等；四是神经内分泌失调，可能会引起习惯性流产。

第二节　母猪的发情及发情鉴定

一、母猪的发情

（一）母猪发情的调节

母猪发情周期得以循环是下丘脑-垂体-卵巢轴所分泌的激素之间互相作用的结果。在发情季节，下丘脑的某些神经纤维分泌促性腺激素释放激素（GnRH），沿着垂体门脉循环系统到脑下垂体前叶调节促性腺激素的分泌，垂体前叶分泌 FSH（促卵泡生成素）进入血液运输到卵巢，刺激卵泡发育，同时 LH（促黄体生成素）也由垂体前叶分泌到血液中，与 FSH 协同作用，促进卵泡进一步生长并分泌雌激素。雌激素又与 FSH 发生协同作用，从而使卵泡颗粒细胞的 FSH 和 LH 受体增加，于是加大了卵巢对于这两种激素的结合性，因而加速了卵泡的生长，并增加了雌激素的分泌量。这些雌激素就由血液循环到中枢神经系统，引起母猪发情。在这里，只有在少量孕酮的作用下，中枢神经系统才能接受雌激素的刺激，母猪才会出现发情的外部表现和交配欲，否则卵泡即使发育也无发情的外部表现。初情期第 1 次排卵但不伴随发情表现就是这个原因。由此可见，母猪的发情受雌激素和孕酮调节，当孕酮达最低量的 24 小时后母猪即发情。

雌激素通过正、负反馈的作用来调节下丘脑和垂体分泌促性腺激素释放激素和促性腺激素。正反馈作用于下丘脑前区的视交叉，刺激促性腺激素于排卵前释放；负反馈作用于下丘脑的弓形核、腹中核和正中隆起，以阻止促性腺激素释放激素（GnRH）持续释

放。当雌激素大量分泌时，一方面通过负反馈作用，抑制垂体前叶分泌 FSH；另一方面又通过正反馈作用，促进垂体前叶分泌 LH，LH 在排卵前浓度达到最高峰，故又称排卵前 LH 峰。由于 LH 的作用，引起卵泡的成熟破裂而排卵。垂体前叶分泌 LH 是呈脉冲式的，脉冲频率和振幅的变化情况与发情周期有密切关系。在卵泡期，孕酮含量骤降，LH 的释放脉冲频率增加，因而使 LH 不断增加以至于排卵前出现 LH 峰，引起卵泡破裂排卵。在黄体期，由于孕酮含量增加，对垂体前叶起负反馈作用，LH 脉冲频率就减少，当黄体退化时，LH 脉冲频率又显著增加，这是由于黄体退化、孕酮减少和雌激素不断增加的混合影响。因此，发情周期中 LH 分泌的调节显然是受雌激素和孕酮复杂的互相作用的结果。

排卵后，LH 分泌量不多，但可促进卵泡的颗粒层细胞转变为分泌孕酮的黄体细胞而形成黄体。同时当雌激素分泌量高时，它会降低下丘脑促乳素抑制激素（PIH）的释放量，使促乳素的分泌量增加，与 LH 一起协同促进和维持黄体分泌孕酮。当孕酮达到一定量时，通过对下丘脑和垂体的负反馈作用，抑制垂体前叶分泌 FSH，使卵泡停止发育，母猪就不再发情。这就是母猪受孕后不发情的原因。当母猪发情配种未孕、未配种、流产、断乳后经过一定时期，子宫内膜产生 $PGF_{2\alpha}$，使黄体逐渐萎缩至完全退化，孕酮分泌量逐渐降低直至全无，垂体不再受孕酮的抑制而大量分泌 FSH，刺激卵泡继续发育，母猪又再发情，出现发情征兆。

（二）初情期

初情期是指青年母猪初次发情和排卵的时期，是性成熟的初级阶段，也是具有繁殖能力的开始。此时母猪生殖器官同身体一起仍在继续生长发育。这个时期的最大特点是母猪的下丘脑-垂体-性腺轴的正、负反馈机制基本建立。接近初情期时，卵泡生长加剧，卵泡的内膜细胞大量合成并分泌雌激素。通过正反馈作用，引起下丘脑分泌 GnRH 并作用于垂体，使垂体前叶分泌大量的促黄体生成素（LH），形成排卵所需要的 LH 峰。同时，雌激素与孕酮协同作用，使母猪表现出发情行为。有的母猪第 1 次发情，特别是引入的外国品种，易出现安静发情，即只排卵而没有发情征状。这可能是由于初次发情，卵巢中没有黄体的存在，因而没有孕酮的分泌，不能使中枢神经系统适应雌激素的刺激而引起发情。

母猪的初情期一般为 5～8 月龄，平均为 7 月龄。我国的地方猪种可以早到 3 月龄（如太湖猪）。母猪在初情期时已具备了繁殖力，但此时母猪的下丘脑-垂体-性腺轴还不稳定，身体尚处在发育和生长的阶段，体重一般为成年体重的 60%～70%，此时配种易造成仔数少、初生体重小、存活率低、母猪负担过重等不良影响，因此不应配种，以免影响以后的繁殖性能。

（三）排卵

1. 排卵的机理

母猪排卵时，首先降低卵泡内压，在排卵前 1～2 小时，卵泡膜在酶的作用下，引起靠近卵泡顶部细胞层的溶解，同时使卵泡膜上的平滑肌活性降低，卵泡膜被软化松弛，这样卵泡液排出并同时排出卵子，部分液体留在卵泡腔中。这整个过程都是由于雌激素对下丘脑产生正反馈作用，引起 GnRH 释放增加，刺激垂体前叶释放 LH，使 LH 达到高峰，LH、FSH 与卵泡膜上的受体结合而引起的。

2. 排卵时间

母猪排卵一般在 LH 峰出现后 40～42 小时，由于母猪是多胎动物，在一个发情期中多次排卵，排卵最多时是在母猪接受公猪交配后 30～36 小时，从外阴唇红肿算起，在发情 38～40 小时之后。

3. 排卵数

母猪的排卵数有一定变化幅度，一般国外种猪的排卵数最少为 8 个，最多 21 个，平均 14 个。不同年龄母猪之间排卵数有差异，经产母猪平均为 16.8 个，初产母猪及二胎母猪平均为 12.7 个。我国地方猪初产的排卵数平均为 15.52 个，经产 22.62 个，排卵数最

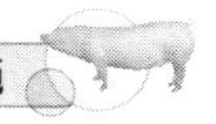

多的是二花脸猪，平均为初产 20.0 个，经产 28.0 个。

二、发情鉴定

1. 母猪发情征状

（1）神经症状　母猪发情时对外周环境敏感，东张西望，一有动静马上抬头，竖耳静听。平时吃饱后爱睡觉的母猪，发情后常在圈内来回走动，或常站在圈门口。常常发出“哼哼”声，食欲不振，急躁不安，耳朵直立，咬圈栏杆，咬临栏母猪，愿意接近公猪或爬跨其他母猪。

（2）外阴部变化　母猪发情初期阴门潮红肿胀，后备母猪肿胀程度明显，经产母猪肿胀程度不明显。阴道逐渐流出稀薄、白色的黏液，经产母猪表现明显。阴道黏膜颜色由浅红变深红再变浅红。

（3）接受公猪爬跨　母猪发情中期，接受公猪爬跨。

（4）压背反射　配种员用手按压母猪背腰部，发情母猪经常两后腿叉开，呆立不动，尾巴上翘，大白母猪耳尖向后背，长白母猪耳根轻微上翘，杜洛克母猪耳朵轻微向上翘。经产母猪的这些表现将持续 2～3 天，后备母猪的这些表现将持续 1～2 天。

2. 检查发情的方法

（1）外部观察法　母猪发情时极为敏感，有明显的神经症状。若阴唇松弛，闭合不严，中缝弯曲，阴唇颜色变深，黏液量较多，即可判断为发情。

（2）试情法

① 公猪试情法　把公猪赶到母猪圈内，如母猪拒绝公猪爬跨，证明母猪未发情；如主动接近公猪，接受公猪爬跨，证明母猪正在发情。

② 母猪试情法　把其他母猪或育肥猪赶到母猪舍内，如果母猪爬跨其他猪，说明正在发情；如果不爬跨其他猪或拒绝其他猪入圈，则没有发情。

③ 人工试情法　通常未发情母猪会躲避人的接近和用手或器械触摸其阴部。如果母猪不躲避人的接近，用手按压母猪后躯时，

表现静立不动并用力支撑，用手或器械接触其外阴部也不躲闪，说明母猪正在发情，应及时配种。

3. 检查发情的注意事项

一是检查母猪发情应在饲喂后半小时和天黑前；二是检查发情时应保证公猪与母猪鼻对鼻地接触，背部按压检查时，发情的母猪在 5 分钟内将做出反应，那些没有反应的母猪需要 12～24 小时后重新检查发情；三是如让成年公猪短时间接触发情母猪，会使母猪站立发情的征兆更明显；四是用那些可流出许多唾液的老公猪查情，如在栏内检查发情，一定要用木板等辅助，让公猪在几头母猪前运动，接触时间需要 5～10 分钟；五是当公猪接触母猪时，检查人员应在母猪栏后注意观察母猪的行为和表现，并现场记录；六是用压背的方法来确定站立发情，当对母猪实施压背时，争取让公猪面对面刺激母猪；七是当用压背的方法来确定站立发情时，应限定 3～4 头母猪为一组，如赶动母猪，最好有 5 分钟的时间让母猪安定下来；八是配种员所有工作时间的 1/3 应放在母猪发情鉴定上；九是每天进行两次发情鉴定，上、下午各一次，检查采用人工查情与公猪试情相结合的方法；十是仔细观察站立发情的征兆。

第三节　母猪的配种

一、配种的适宜时间

母猪交配时间是否适当，是决定能否受胎与产仔数多少的关键一环。要做到适时配种，首先要掌握母猪的发情排卵规律，并根据两性生殖细胞在母猪阴道内存活的时间加以全面考虑。受胎是精子和卵子在输卵管内结合成受精卵，以后受精卵在子宫内着床发育的过程。所以配种必须在最佳时间使精子和卵子结合，才能达到最佳的受胎效果。在养猪生产中，配种员须掌握每头猪的特性，适时对发情母猪配种。

影响配种最佳时间的因素：一是精子在母猪生殖器官内的受精能力。在自然交配后的 30 分钟内，部分精子可到达输卵管内；交配数小时后，大部分精子存在于子宫体、子宫角内；经 15.6 小时，大部分精子可在输卵管及子宫角的前端出现。精子在母猪生殖器官内最长存活时间是 42 小时，实际上精子受精力一般在交配后的 25～30 小时。二是卵子的受精力。卵子保持受精力的时间很短，一般为几小时，最长时间可达 15.5 小时。较确切的配种时间是在配种后，精子刚到达输卵管时排卵为最佳。但在生产中，这一时间较难掌握。配种时，可按以下规律进行：饲养员按压母猪背部，若开始出现静立反射，则在 12 小时以后及时配种；若母猪发情征状明显，轻轻按压母猪背部即出现静立反射，则已到发情盛期，须立即配种。配种次数应在 2 次以上，第 1 次配种后 8～12 小时再配种 1 次，以确保较好的受胎率。据报道，母猪在开始接受公猪爬跨后 25 小时以内配种，受胎率良好，特别是在 10～25.5 小时可达 100%。在以后的时间里配种效果较差。

为达到适时配种的目的，在生产实践中要认真观察母猪发情开始的时间，并做到因猪而异。每天应定时检查母猪是否发情，可采用观察法、双手压背法或公猪试情法进行检查。母猪发情时表现精神不安，鸣叫，外阴部充血红肿，食欲减退或废绝，阴门有浓稠样黏液分泌物流出，并出现静立反射，即母猪站立不动，接受公猪爬跨，用双手按压其背部仍静立不动。有此现象后再过半天，即可进行配种或输精。

一般老母猪发情时间短，配种时间要适当提前；小母猪发情时间长，配种时间可适当推迟；引入的培育品种小母猪发情时间短，应酌情确定配种时间。一般说“老配早，小配晚，不老不小配中间”，就生动反映了我国猪种发情排卵的规律。就猪种来说，培育品种早配，本地猪种晚配，杂种猪居中间。

我国群众根据母猪发情的外部表现，总结了“嘴啃木栏常排尿，乱跑乱叫不安定，见了公猪走不动”。母猪阴户红肿到开始消退和呆立不动时，正是介于排卵和刚排卵之间，这时配种是最合适的。本地猪一般发情明显，外国猪则不明显，但只要认真观察也不难发现。为了使发情不明显的母猪不致漏配，可利用试情公猪在配种情期内，每日早、午、晚进行三次试情。

断奶后的空怀母猪可饲养在大圈内，加强运动和公猪诱情。一般母猪断奶后3～7天，即开始发情并可配种，流产后第一次发情不予配种，生殖道有炎症的母猪治疗后配种，配种宜在早、晚进行，每个发情期应配2～3次，第一次配种用生产性能好、受胎率高的主配公猪，第二次配种可用稍次的公猪。一天两次检查母猪发情，本交以母猪有压背反射后半天进行第一次配种，间隔12～18小时后进行第二次配种，定期补充后备母猪到配种舍。配种后21天未发现发情者，可初步确认为妊娠，并将其转入妊娠舍饲养。

二、配种方式

按照母猪在一个发情期内的配种次数，配种方式有单次配、重复配、双重配和多次配。

（一）单次配

在一个发情期内，只用1头公猪（或精液）交配1次。这种方式应在有经验的饲养人员掌握下，抓住配种适期，可能获得较高的受胎率，并能减轻公猪的负担，提高公猪的利用率。其缺点是一旦适宜配种时间没掌握好，受胎率和产仔数都将会受到影响。

（二）重复配

在一个发情期内，用1头公猪（或精液）先后配种2次。即在第1次交配后，间隔8～24小时再用同1头公猪配第2次。这种方式比单次配种受胎率和产仔数都高。因为这种方式可使先后排出的卵子都能受精。在生产中，对经产母猪都是采取这种配种方式。

（三）双重配

在一个发情期内，用同一品种或不同品种的2头公猪（或精液），先后间隔10～15分钟各配1次。这种方式可提高受胎率、产仔数以及仔猪整齐度和健壮程度。商品肉猪场可采用这种方式，专门生产纯种猪的猪场不宜采用这种方式，以免造成血统混乱。

（四）多次配

在一个发情期内，用同1头公猪交配3次或3次以上。3次配适合于初配母猪或某些刚引入的国外品种。试验证明，在母猪的一个发情期内配种1～3次，产仔数随配种次数的增加而增加，配种4次产仔数开始下降，配种5次以上产仔数急剧下降，因为配种次数过多，会造成公、母猪过于劳累，从而影响性欲和精液品质（精液变稀、精子发育不成熟、精子活力差）。

总之，在生产中，初配母猪在一个发情期内配种3次，经产母猪配种2次，受胎率和产仔数较高。

三、配种方法

配种方法有本交（自然交配）和人工授精两种。

（一）本交

本交（图5-1）又可分为自由交配和人工辅助交配两种。自由交配的方法省事，但不能控制交配的次数，不能充分利用优秀公猪个体，同时很容易传播生殖道疾病，规模化养猪场较少使用。人工辅助交配是在人工辅助下，让公猪完成交配。人工辅助配种的交配

图5-1 本交

场所应选择离公、母猪圈较远，安静而平坦的地方。交配应在公、母猪饲喂前后2小时进行。配种时先把母猪赶入交配地点，用毛巾蘸0.1%高锰酸钾溶液，擦母猪臀部、肛门和阴户，然后赶入公猪。当公猪爬上母猪背部后，用毛巾蘸上述消毒液擦公猪的包皮周围和阴茎，然后把母猪的尾巴拉向一侧，使阴茎顺利插入母猪阴道中，必要时可用手握住公猪包皮引导阴茎插入母猪阴道。母猪配种后要立即赶回原圈休息，但不要驱赶过急，以防精液倒流。交配完毕，忌让公猪立即下水洗澡或卧在阴湿的地方。遇风雨天交配宜在室内进行，夏天宜在早、晚凉爽时进行。如果公、母猪体格大小相差较大，交配场地可选择一斜坡或使用配种架。

（二）人工授精

人工授精（AI）技术具有的优点有：一是提高优秀种公猪的利用率，加快猪种遗传改良的速度，提高商品猪质量；二是克服公、母猪因体格大小差异所造成的配种困难，提高配种妊娠率及分娩率；三是减少由于配种所带来的疾病传播；四是确保配种环节中的公猪精液质量，有利于母猪配种妊娠率的提高；五是克服时间和区域的差异，适时配种；六是减少种公猪的饲养数量，节省公猪饲养费用，提高经济效益。人工授精是目前规模化养猪场降低成本、提高效益的主要措施之一，在生产中逐渐得到普及应用。

1. 采精

（1）采精前的准备及采精次数

① 公猪的选择　采精用的公猪应为满7月龄、体重在110～120千克的健康的优秀公猪（经性能测定后再选更佳）。种公猪一般每7天采精1次；满12月龄后，每周采精次数可增加到2次；成年后每周采精2～3次。采精用的公猪一般使用2～3年后即淘汰，也可以根据猪种改良的实际需要，及时用更优秀的公猪进行更新。

② 所需器械　采精杯（保温杯亦可），用前应预热（可在40℃左右热水中预热）并保持温度在37℃，将消毒纱布或滤纸固定（橡皮筋）在杯口，并微向内凹；乳胶手套一副；假台猪一个。

③ 采精地点　采精地点要防止积水地滑。

④ 训练　采精用的公猪要先进行采精训练，使之适应假台猪采精，并要事先清理采精公猪的腹部及包皮部，除去脏物和剪掉包皮毛。

（2）采精方法　通常采用徒手采精法。此种方法不需要特殊设备，操作简便易行，采精员戴上消毒手套，蹲在假台猪左侧，等公猪爬上后，用0.1%高锰酸钾溶液将公猪包皮附近洗净消毒，当公猪阴茎伸出时，导入空拳掌心内，让其转动片刻，用手指由轻至紧握住阴茎龟头直至不让其转动，待阴茎充分勃起时，顺势向前牵引，手指有弹性、有节奏地调节压力，公猪即可射精（图5-2）；另一只手持带有过滤纱布的集精瓶收集精液，公猪第一次射精完成后，按原姿势稍等不动，即可进行第二或第三、第四次射精，直至完全射完为止，采集的精液应迅速放入30℃的保温瓶中。由于猪精子对低温十分敏感，特别是当新鲜精液在短时间内剧烈降温至10℃以下时，精子将产生不可逆的损伤，这种损伤称为冷休克。因此在冬季采精时应注意精液的保温，以避免精子受到冷休克的打击而不利于保存。集精瓶应该经过严格消毒、干燥，最好为棕色，以减少光线直接照射精液而使精子受损。由于公猪射精时总精子数不受爬跨时间、次数的影响，因此没有必要在采精前让公猪反复爬跨母猪或假台猪提高其性兴奋程度。

图5-2　采精方法

(3) 精液质量检查

① 精液的一般性状检查

a. 射精量　一次采精时公猪射出精液的数量为150～500毫升。若公猪射精过多或过少，应分析其原因。过少可能是由于采精次数过多，或公猪生殖机能衰退，或日常管理不当，或采精技术不熟练；过多则可能有水分混入，或是由于副性腺分泌过多，或混入尿液等。此外，精液中不应有毛发、尘土或其他污染物，含有凝固和成块物质（不同于胶状物质）的精液，表明生殖系统有炎症，这种精液不能使用。

b. 色泽　正常精液为淡白色或淡灰白色。如精液呈现淡绿色则是混有脓液，呈淡红色则是混有血液，呈黄色则是混有尿液，均不能使用。

c. 气味　一般正常精液无味或微带有腥味，带臭味或尿味的精液不正常，不能作输精用。

d. pH值　猪精液为弱碱性，pH值为7.5左右。可以用比色纸测定。

② 精子活率（活力）检查　精子活率是指在公猪精液中具有直线前进运动的精子在总数中所占的百分率。它与精子受精能力密切相关，是评定精液品质的重要指标。一般要求在每次采精后、精液稀释后、输精前均应进行精子活率检查。

悬滴检查法：在盖玻片上滴一滴精液，然后将盖玻片翻转覆盖在凹玻片的中间，制成悬滴标本。使用带有加热板的显微镜（或将显微镜置于37～38℃的保温箱中）检查，放大200～400倍观察精子呈直线运动的状况，按十级评分法评定。如视野中有10%的精子呈直线前进运动，评定为0.1级，有20%的精子呈直线前进运动，评定为0.2级，依此类推。活率不低于0.7级的精液才可进行稀释配制，若为冷冻精液，解冻后活率不低于0.3级才可进行稀释配制。

③ 精子密度检查　精子密度是指1毫升精液中精子的数量，这也是评定精液品质的一个重要指标，同时也是确定输精的依据。

估测是检查精子密度常用的一种方法，要与精子活率检查同时进行。用玻璃棒蘸取原精液一滴于载玻片上，加盖玻片做成压片，在显微镜下放大400～600倍检查，根据视野中精子分布情况分为密、中、稀三个等级（表5-1）。

表5-1　不同等级精子分布状态

等级	分布状态
密	整个视野中布满精子，精子之间的空隙小于一个精子长度，看不清各个精子的活动，每毫升精液含有精子约10亿个以上
中	视野中精子较多，能看见各个精子的活动，精子之间的间隙在1～2个精子长度，每毫升精液含有精子约2亿～10亿个
稀	视野中精子很稀少，精子之间的间隙在2个精子长度以上，每毫升精液含有精子约2亿个以下

在生产实践中，活率与密度结合评定。要求公猪精液达到“中”级密度，“稀”级密度活率在80%以上才可用于输精。

还可用类似血细胞计数法的方法测定精子密度，较费工时，可用于全面检查公猪精液品质。此外，还可用光学仪器，如分光光度计、光电比色计等测定，测定准确、迅速。

④ 精子形态学检查　主要检查精子畸形率，即畸形精子数占精子总数的百分率，要求畸形率不超过18%～20%，否则不能作输精用。畸形精子种类很多，如头部畸形，包括头部巨大、瘦小、细长、圆形、双头等；颈部畸形，如颈部膨大、纤细、曲折、不全、带有原生质滴、不鲜明、双颈等；中段畸形，包括弯曲、曲折、双体等；主段畸形，包括弯曲、螺旋形、回旋、短小、长大、双尾等。畸形精子产生的原因有：公猪利用过度，饲养管理不良，长期未配种，采精操作不当，睾丸和附睾疾病等。

（4）精液稀释和分装

① 稀释　精液采集后应尽快稀释，原精液贮存时间不超过30分钟；未经品质检查或检查不合格（活率0.7以下）的精液不能稀释。稀释液与精液要求等温稀释，两者温差不超过1℃，即稀释液

应加热至33～37℃，以精液温度为标准来调节稀释液的温度，绝不能反过来操作；稀释时，将稀释液沿盛精液的杯（瓶）壁缓慢加入精液中，然后轻轻摇动或用消毒玻璃棒搅拌，使之混合均匀。如作高倍稀释，应先进行低倍稀释［1∶(1～2)］，稍待片刻后再将余下的稀释液沿壁缓慢加入，以防造成“稀释打击”。稀释倍数的确定：活率≥0.7的精液，一般按每个输精剂量含40亿个总精子、输精量为80～90毫升确定稀释倍数，例如某头公猪一次采精量是200毫升，活率为0.8，密度为2亿个/毫升，要求每个输精剂量含40亿个精子、输精量为80毫升，则总精子数为200毫升×2亿个/毫升=400亿个，输精头份为400亿÷40亿=10份，加入稀释液的量为10份×80毫升/份－200毫升=600毫升；稀释后要求静置片刻再做精子活率检查，如果稀释前后活率一样，即可进行分装与保存，如果活率下降，说明稀释液的配制或稀释操作有问题，不宜使用，并应查明原因加以改进；不准随便更改各种稀释液配方的成分及其相互比例，也不准几种不同配方稀释液随意混合使用。稀释液的配方见表5-2。

表5-2　稀释液的配方

配方名称	配方组成
Kiev	葡萄糖6克，EDTA（乙二胺四乙酸）0.37克，二水柠檬酸钠0.37克，碳酸氢钠0.12克，蒸馏水100毫升
IVT	二水柠檬酸钠2克，无水碳酸氢钠0.21克，氯化钾0.04克，葡萄糖0.3克，氨苯磺胺0.3克，蒸馏水100毫升，混合后加热使充分溶解，冷却后通入CO_2约20分钟，使pH达6.5。此配方欧洲应用较广
奶粉-葡萄糖液（日本）	脱脂奶粉3克，葡萄糖9克，碳酸氢钠0.24克，α-氨基-对甲苯磺酰胺盐酸盐0.2克，磺胺甲基嘧啶钠0.4克，灭菌蒸馏水200毫升
我国常用配方	葡萄糖5～6克，柠檬酸钠0.3～0.5克，EDTA 0.1克，抗生素（目前常使用的有庆大霉素、林肯霉素、壮观霉素、新霉素、硫酸黏菌素等）10万单位，蒸馏水加至100毫升

② 分装　稀释后的精液应分装在30～40毫升（一个精量）的小瓶内保存。要装满瓶，瓶内不留空气，瓶口要封严。保存的环境温度为15℃左右（10～20℃）。通常有效保存时间为48小时左右，如原精液品质好，稀释得当可达72小时左右。按以上要求保存的精液可直接运输，在运输过程中要避免震荡，保持温度（10～20℃）。

③ 注意事项　一是分装后的精液如果要保存备用，则不可立即放入17℃左右的恒温冰箱内，应先留在冰箱外1小时左右，让其温度下降，以免因温度下降过快刺激精子，造成死精子等增多；二是从放入冰箱开始，每隔12小时要摇匀一次精液，因精子放置时间一长，会大部分沉淀，每次摇动时，动作要轻缓均匀，同时观察精液的色泽状况，并做好记录，发现异常及时处理；三是保存过程中，要切实注意冰箱内温度的变化（通过温度计的显示），以免因意想不到的原因造成电压不稳而导致温度升高或降低；四是远距离购买精液时，运输是关键环节，高温的夏天一定要在双层泡沫保温箱中放入冰块（17℃恒温），再放入精液进行运输，以防止天气过热而死精太多，严寒的季节则要采取保温措施，防止因寒冷使精子死亡。

2. 输精

（1）适时输精　保存的精液随着保存时间的延长，精子活力逐渐变弱，死精子数增多，母猪受胎率降低。适时输精的时间可以这样掌握：上午发现有呆立反应的母猪，下午输精一次，第二天下午再进行第二次输精；下午发现有呆立反应的母猪，第二天上午输精一次，第三天上午再进行第二次输精。最成功的输精应在母猪呆立反应开始后18～30小时进行。

（2）输精的准备　输精前，精液要进行显微镜检查，检查精子密度、活力及死精率等，死精率超过20%的精液不能使用。输精使用的输精管，要严格清洗、消毒并干燥，用前最好用精液冲一下。要清洗待输母猪的外阴部，并用一次性消毒纸巾擦拭，预防将病原微生物等带入母猪阴道。

（3）输精管的选择

① 一次性输精管　多具有海绵头结构，其后连一直径约 5 毫米的塑料细管，长度约 50 厘米。根据海绵头大小可将输精管分成两种：一种海绵头较小，适用于后备母猪输精；另一种海绵头较大，适用于经产母猪输精。海绵头一般用质地柔软的海绵制成，通过特制胶与塑料细管粘在一起，很适合在生产中使用。

选择海绵头输精管时，一应注意海绵头粘得牢不牢，不牢固的则容易脱落到母猪子宫内；二应注意海绵头内塑料细管的长度，一般以 0.5 厘米为好，若塑料细管在海绵头内偏长，则海绵头较硬，容易抽伤母猪阴道和子宫颈口黏膜，若偏短则海绵头太软而不易插入或难于输精。一次性的输精管使用方便，不用清洗，但成本较高，一般大型集约化猪场使用该种输精管。

② 多次性输精管　是用特制无毒橡胶制成的类似公猪阴茎的胶管，因其具有一定的弹性和韧度，适用于母猪的人工授精，又因其成本较低和可重复使用较受养殖者欢迎，但因头部无膨大部，输精时可出现倒流现象，并且每次使用后均应清洗、消毒、干燥等，如若保管不好还会变形，因此使用受到一定的限制（图 5-3）。

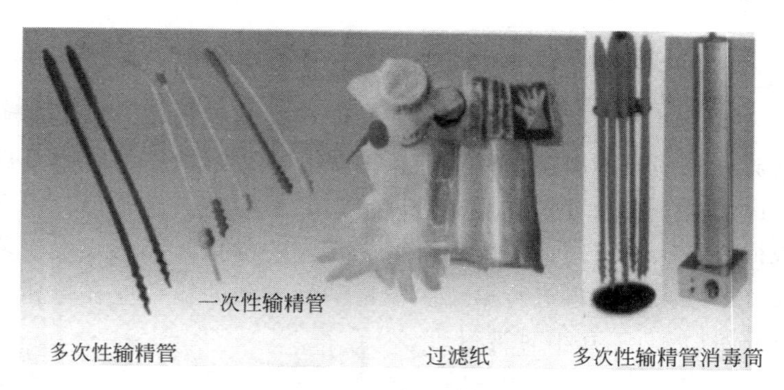

图 5-3　输精用具

（4）输精方法及步骤

第一步：输精时，先在输精管海绵头上涂些精液或消毒的液体石蜡，以利于输精管插入时的润滑，并赶一头试情公猪在母猪栏

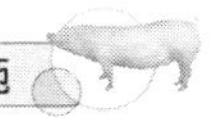

外，刺激母猪使其性欲提高，可促使精液吸入母猪的子宫内。

第二步：清洗并擦干母猪的外阴部后，将输精管沿着稍斜上方的角度慢慢插入阴道内，当插入25～30厘米时，会感到有些阻力，此时，输精管基本顶到了子宫颈口皱襞处，用手再将输精管左右旋转，稍一用力，输精管的海绵头就可进入子宫颈第2～3皱褶处，发情母猪受到此刺激，子宫颈口括约肌收缩，将输精管锁定，再回拉则感到有一定的阻力，此时可进行输精。

第三步：用瓶装精液输精时，当插入输精管后，用剪刀将精液瓶盖的顶端剪去，插到输精管尾部就可输精；用袋装精液输精时，只要将输精管尾部插入精液袋口即可。为了便于精液吸入母猪的子宫内，可在输精瓶底部开一个口，利用空气压力促使精液吸入（图5-4）。输精时输精人员同时要对母猪腹肋部进行按摩，实践证明，这种按摩更能增加母猪的性欲。输精人员倒骑在母猪背上，并进行按摩，操作方便，输精效果也很好。正常的输精时间应和自然交配一样，一般为3～10分钟，时间太短，不利于精液的吸入，太长则不利于工作的进行。为了防止精液倒流，输完精后不要急于拔出输精管将精液瓶（或袋）取下，应将输精管尾部挽个扣，这样既可防止空气的进入，又能防止精液倒流。每头母猪每次输精都应使用一条新的一次性输精管，防止子宫炎发生。经产母猪用一次性海绵头输精管，输精前检查海绵头是否松动；后备母猪用一次性螺旋头输精管。

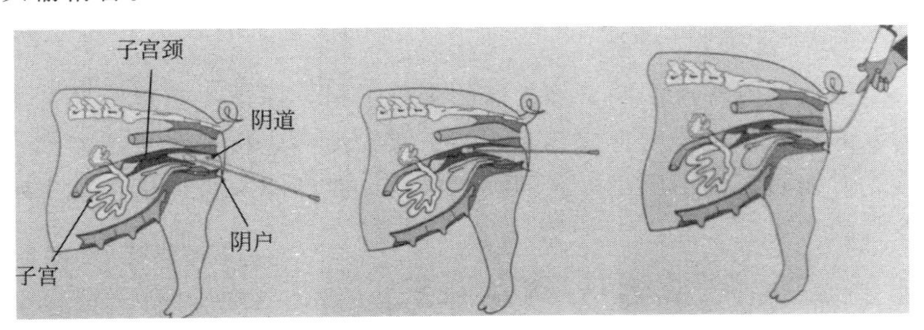

图5-4　母猪人工授精示意图

（5）输精时的问题处理　如果在插入输精管时母猪排尿，就应将这支输精管丢弃（多次性输精管应带回重新消毒处理）；如果在输精时精液倒流，应将精液袋放低，使生殖道内的精液流回精液袋中，再略微提高精液袋，使精液缓慢流入生殖道，同时注意压迫母猪的背部或对母猪的侧腹部及乳房进行按摩，以促进子宫收缩；如果以上方法仍然不能解决问题，精液继续倒流或不下，可前后移动输精管，或抽出输精管，重新插入锁定后，继续输精。

四、配种问题处理

母猪配种成功率的高低直接影响母猪的生产周期，生产中出现后备母猪和空怀母猪配不上种的问题，其原因除疾病、饲养不当等因素外，还有初配年龄小（大型品种后备母猪初情期和初配年龄比本地母猪晚，若小母猪初次发情就配种或过早配种，则不易配上，产仔少，母猪负担加重，影响今后的繁殖）、初配体重小（母猪适配月龄到了，但因饲养水平低造成体重未达到初配重量，往往配不上种）、精液质量差或输精操作不当等原因。应该分析具体原因，采取如下处理措施：

（一）合理选种

除符合品种外貌特征外，还要选择健康、有6对以上有效乳头且肚脐前有3对乳头的小母猪留种。此外，小母猪还应体长腹深、四肢强壮、外阴大小适中、后躯丰满。

（二）加强营养

按照饲养标准配制营养均衡的全价饲料，保证生殖系统发育所需要的营养，机体发育成熟时才能正常发情。应特别注意添加维生素、矿物质。使用质量可靠的预混料，一般都能满足种猪正常生殖发育的需要。

（三）改善环境条件，减少热应激

给予母猪宽松的生活环境，每栏以4～6头为宜。猪舍要保持通风、清洁干爽。气温达到30℃以上时，要采取降温措施，如水浴、

喷淋、风机调节、猪舍外周种植遮阴树木等，尽可能减少热应激对后备母猪的影响。采用水拌料湿喂，可提高后备母猪夏季采食量。

（四）加强饲养管理

后备母猪一般采用分段饲养：35～70千克阶段，供给中等营养水平的生长育肥猪饲料，并采取自由采食的方式饲喂，以便使机体储备更多的能量保证日后旺盛的泌乳和更长的繁殖寿命；70～100千克阶段，一般在70千克左右时开始限饲，供给自由采食时约80%的饲料量，以便控制体况；从体重100千克到第一次配种阶段（一般延续2～3周），尽可能使后备母猪采食更多的优质饲料，保证后备母猪发情明显和排更多的卵。对瘦弱的母猪应加强营养，短期优饲，使其尽快达到7～8成膘；对过肥母猪实行限饲，多运动少喂料，直到恢复种用体况。

（五）掌握配种适龄

瘦肉型后备母猪8月龄、体重达到110～120千克，第三次发情时配种较为适宜。

（六）疾病防治

按免疫程序接种疫苗（猪瘟疫苗、伪狂犬病疫苗、蓝耳病疫苗、细小病毒病疫苗等），做好几大疫病的防疫和检测工作，以防病毒性繁殖障碍疾病引起乏情，对繁殖障碍疾病阳性者，如蓝耳病（PRRS），建议淘汰；对于发情异常的母猪，要找出原因，对症处理，经处理无效的母猪要及早淘汰，避免更大的损失。

（七）诱导发情

大型品种的后备母猪6月龄后，要注意观察并做好发情记录；7月龄以后，仍没有观察到发情现象时，应尽快采取各种刺激办法，常用换栏（把后备母猪调换到另一个栏，改变环境，给予小量的环境应激刺激）、换料（改变喂料的种类、数量、饲喂方式，比如，原来喂单一饲料的应改喂全价配合料，原来喂后备料的改喂空怀母猪料；或者，突然减少、增加喂料量；自由采食的改分餐饲喂）、改变栏关头数（原来单栏饲养的要合群，适度的合群、打架有利于刺激发情)、公猪或发情母猪刺激(后备母猪6月龄后,每天赶成年公猪进入后备母猪栏内,让公猪追、爬10分钟,也可以让公猪在后备母猪栏的门前来回走动,用不同的公猪经常进行如此刺激,效果最好;把不发情的后备母猪与发情母猪合群,让发情母猪爬跨、追逐,也可很快刺激不发情母猪发情)等方法诱导发情。

(八)加强发情鉴定

母猪发情时兴奋不安、在栏内走动、咬栏,遇到公猪鼻对鼻或闻公猪会阴或拱其肋部,爱爬跨、竖耳、翘尾等。母猪阴户肿胀、阴道湿润、黏膜充血,逐步由浅红色变桃红色直到暗红色,阴道内黏液流出由多到少、由淡变浓,阴户肿胀微皱时应配种;出现"压背反射"(用手掌按压母猪背腰部或骑在母猪背上,母猪静立不动并向后坐、翘尾,神情"呆滞"),应马上配种。

(九)严把饲料质量关

严格把好饲料原料和成品料的进出质量关,不喂变质变味的饲料。

(十)激素催情

母猪不发情主要是生殖激素缺乏。可使用生殖激素催情:三合激素,每头肌内注射2～3毫升;氯前列烯醇,每头肌内注射0.1～0.2毫克;也可使用HCG,每头肌内注射1000单位。这些药物注射后母猪3～5天发情,出现静立反应后配种。

(十一)妥善保存精液

用于采集精液的保温杯要严格消毒,常温保存时间不宜过长,运输过程中避免震荡以保证精液的品质。

第四节 提高胚胎成活率

一、胚胎生长发育规律和阶段

(一)胚胎生长发育规律

猪的受精卵只有0.4毫克,初生仔猪重为1.2千克左右,整个

胚胎期的重量增加200多万倍，而生后期的增加只有几百倍，可见仔猪胚胎期的生长强度远远大于生后期。

进一步分析胚胎期的生长发育情况可以发现，胚胎期前1/3时期，胚胎重量的增加很缓慢，但胚胎的分化很强烈，而胚胎期的后2/3时期，胚胎重量的增加很迅速。所以加强母猪妊娠前、后两期的饲养管理是保证胚胎正常生长发育的关键。

（二）胚胎生长发育阶段

从受精卵到出生，发育是一个连续的过程。该过程大致分为3个阶段：附植前、胚期和胎期。

1. 附植前

妊娠的头两周，受精卵在进行细胞分裂的同时从输卵管移行到每个子宫角，在那里它们自由运动直到第12天。第12～18天，合子自动分开，定植于各自在子宫中的最后位置上，这个过程叫附植。猪胚胎死亡大部分发生在附植前这一阶段。

2. 胚期

妊娠的第3～5周为胚期。其特点是胎儿器官和身体各部分初步形成，胎衣形成，用来保护和滋养胚胎。大多数先天性畸形，如裂腭和锁肛，是在这个时期由于发育受阻而形成的。

3. 胎期

从第36天开始进入胎期。这时胎儿性别可以识别，骨骼开始形成，一直持续到出生。与死胚不同，该阶段死亡的胎儿很少被重新吸收，而是发生木乃伊化，出生时皮肤呈黑褐色或黑色，眼睛凹陷。

二、胚胎死亡高峰期

胚胎在妊娠早期死亡后被子宫吸收称为化胎。胚胎在妊娠中、后期死亡不能被母猪吸收而形成干尸，称为木乃伊。胚胎在分娩前死亡，分娩时随仔猪一起产出的称为死胎。母猪在妊娠过程中胎盘失去功能使妊娠中断，将胎儿排出体外称为流产。化胎、死胎、木乃伊和流产都是胚胎死亡。母猪每个发情期排出的卵大约有10%不能受精，有20％～30％的受精卵在胚胎发育过程中死亡，出生仔猪数只占排卵数的60％左右。受精卵的死亡有三个高峰时期：

1. 前期死亡

受精卵第9～13天的附植初期和第15～21天的器官形成期，容易受到各种不利因素的影响而死亡，如热应激、饲养管理不当等。这是胚胎死亡的第一个高峰期。要减少在第一个胚胎死亡高峰期的胚胎损失，在配种前和平时生产中，应注意观察每头母猪的健康情况，有病要及时治疗，不要把疾病带到妊娠期去。在炎热的夏季，猪运动场要搭上凉棚，防止烈日暴晒，避免热应激。如果没有条件搭凉棚，可以早、晚放妊娠母猪出来活动，避开烈日。对生产中的每个环节都要认真考虑，以防不测。

2. 中期死亡

妊娠第60～70天，胎儿生长发育加快，营养需求增加。由于对母猪管理不当、咬架、拥挤、追赶、鞭打等，通过神经刺激而干扰子宫血液循环，减少胎儿的营养供给，易增加胎儿死亡。

3. 后期死亡

妊娠后期至产前，胎盘停止生长，而胎儿迅速生长。由于胎盘机能不全，胎盘循环失常，影响营养物质通过胎盘向胎儿的供应，使营养不足的胚胎死亡。产前因受不良刺激、挤压、剧烈活动等，都可导致胎儿脐带血流中断而死亡。这是第三个胚胎死亡高峰期。为了保证胎儿的成活，对妊娠母猪要使用标准的全价饲料，不允许喂给发霉、腐败、冰冻、变质、含有毒素和刺激性饲料。未去毒的菜籽饼、棉籽饼和白酒糟尽量不用。饲料的变换不能过于频繁，更不能突然改变。

三、母猪胚胎死亡的主要原因及防治措施

（一）母猪胚胎死亡的主要原因

1. 母体营养

母猪在妊娠后期会摄取较少的营养，导致体内新陈代谢发生障碍，从而使其体质消瘦，无法供给体内胚胎发育所需要的营养，造

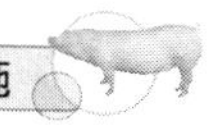

成胚胎死亡。特别是妊娠母猪长时间采食含有较低水平蛋白质、矿物质、维生素A以及维生素E的饲料，会导致胚胎在妊娠早期发育过程中容易被母体吸收，导致妊娠中断。妊娠母猪摄取过多的热量物质或者营养水平过高，也会导致胚胎存活数量减少。妊娠母猪要摄取足够的矿物质，否则会导致胚胎死亡率提高。妊娠母猪缺乏维生素，特别是缺乏维生素A和维生素E，会导致母体内的胚胎发育受到明显影响，从而使胚胎死亡率提高。妊娠母猪采食腐败、霉变的饲料时，会导致胚胎死亡。

2.环境因素

环境因素一般是指母体子宫内环境和母猪的饲养环境，其中子宫内环境主要是由子宫容积以及所分泌的激素等物质的数量和种类共同决定。对于同一头母猪，基本具有固定的子宫容积，但随着妊娠期的进展，胚胎会越来越强地依赖胎盘，且子宫空间的大小和血管供血量是主要的影响胚胎发育的因素，尽管子宫里面容纳的胚胎数量较多，但血管提供营养并没有增加。因此，在胚胎不断生长的过程中，会导致胎儿的发育受到限制，从而使部分胚胎和胎儿发生死亡。

3.疾病影响

妊娠母猪危害生殖的传染病、子宫疾患以及生殖器官畸形等，会对胚胎产生不同程度的直接或者间接影响，尤其是感染病原微生物，这是导致子宫发生感染和影响胚胎存活的主要因素。母猪自然交配或者人工授精过程中，如果公猪的包皮上存在污物、精液被细菌污染、器械没有经过彻底消毒等，都会导致子宫感染，从而影响胚胎的存活。目前，妊娠母猪由于疾病因素而导致胚胎死亡所占的比例不断提高，且具有越来越大的危害。据报道，如果母猪配种后子宫被病菌感染，会导致妊娠率下降5%～20%。

（二）母猪胚胎死亡的防治措施

1.加强饲养管理

如果妊娠母猪由于感染非传染性疾病而导致胚胎死亡，要根据病因对饲养管理进行调整，并及时抢救，减少胎儿死亡的概率，此时可进行引产。禁止近亲繁殖，如果母猪存在遗传缺陷则不可以作为种用。科学饲养母猪，使其保持种用体况，膘情维持在八成左右，同时饲喂全价配合饲料，确保满足胎儿所需的各种营养物质，不能饲喂发霉变质、含有毒性成分以及刺激性的饲料，最好适量饲喂青绿多汁饲料或者具有轻泻性的饲料，避免便秘发生。母猪处于围产期，要注意补充适量的钙制剂以及维生素 A、B 族维生素、维生素 E，并在产前注射 500 毫克右旋糖酐铁或葡萄糖铁（葡萄糖酸亚铁），或者在每千克日粮中添加硫酸铁 1 毫克，这样能够控制胎儿死亡率下降到 5%以内。避免应激，不能鞭打和追赶妊娠母猪，还要注意防止猪只之间发生挤压、碰撞等。注意保持母猪圈舍干燥、卫生、清洁。

2. 做好疫病预防

当妊娠母猪感染某些细菌和病毒引发疾病时，造成体温升高达到 40.0～41.0℃，且食欲不振或者彻底废绝等都能够导致胚胎发生死亡。因此，猪场要制定严格、合理的卫生防疫标准，避免母猪发生感染而患病。在配种前，母猪必须进行适当的免疫接种。母猪在饲养过程中要加强消毒，确保环境卫生良好。舍内的垃圾、杂物、粪便等要及时清除干净，防止病原微生物滋生，确保母猪配种后保持健康无病，促使胚胎成活率提高。

3. 药物治疗

如果母猪形成习惯性流产，可在妊娠 2 个月后，肌内注射 3～5 毫升黄体酮，每 10 天注射 1 次，连续使用 2 次。也可使用中药进行治疗，取酒续断（和尚头）、炒杜仲、山药各 40 克，全部研成细末，用开水进行冲调，待温度适宜后给病猪灌服，每天 1 剂，连续使用 3～4 天；取菟丝子、党参、炒白术、补骨脂各 30 克，桑寄生 35 克，加水煎煮后服用，每天 1 剂，连续使用 3 天。

妊娠母猪出现征兆性流产，即阴道少量流血，且伴有间歇性腹痛，可取 30 克溶化的阿胶，18 克艾叶，党参、当归各 30 克，加水煎煮后服用，每天 1 剂，连续使用 3 剂；或者取 10 克炙甘草，炒扁豆、焦杜仲、山萸肉各 18 克，山药、白术、党参、熟地各 30

克，加水煎煮后灌服，每天1剂，连续使用3剂。

胚胎死在母猪腹中，可取50克石膏、20克红花，加水煎煮后进行灌服，或者取100克益母草，30克车前子，250克仙人掌，注意仙人掌要剥皮后取肉，添加鲜小米水进行清洗，再将其捣碎取汁，充分混合后添加适量的酒，均匀混合后进行1次灌服，每天1次，连续使用3天。

第五节　采用繁殖新技术

一、同期发情

（一）同期发情的意义

1.便于有计划地组织生产

养猪生产集约化方式比例的增加，对常年均衡供应肉猪，最大限度地提高设备利用率、进行流水线式的分阶段生产管理和合理地安排劳动力，推行母猪的同期发情、集中配种有很大的实用价值。

2.提高母猪繁殖效率

同期发情技术不但可以应用于能正常周期性发情的母猪，而且使处于乏情状态的母猪，如卵巢静止的母猪、有持久黄体的母猪，经相关激素处理后恢复生殖功能，缩短繁殖周期而提高繁殖效率。

3.引种、研究的特殊需要

以人工授精的方法引种，因其费用少和安全性好而被越来越多地应用，在精液引进的同时需要对受体母猪实施同期发情，以保证可配母猪的数量和适时配种。

（二）同期发情的机理

母猪的发情周期，从卵巢的功能和形态变化方面可分为卵泡期和黄体期两个阶段。黄体退化，血液中孕酮水平显著下降，卵巢中的卵泡得以迅速生长发育、成熟并排卵，则为卵泡期，此时母猪有发情表现，会接受公猪的爬跨、交配；排卵后破裂的卵泡发育成黄体，黄体分泌孕酮抑制了卵泡的发育，此为黄体期，此时母猪行为安静。在未配种或不受精的情况下，黄体维持14～16天即退化，随即出现下一个卵泡期。受精后母猪的黄体将维持到正常产仔结束。在仍然哺乳的情况下，卵泡的发育受到抑制，一般不发情，断乳后卵泡迅速发育，母猪方表现出发情。

母猪发情的同期化就是采取人为的措施排除抑制卵泡发育的因子，使目标群体母猪的发情周期同步化，控制在相当短的时间范围内发情，以便集中配种，达到同期分娩的目的。

（三）同期发情的方法

1. 青年母猪的同期发情

（1）促性腺激素＋$PGF_{2\alpha}$法　未进入初情期的青年母猪，每4～6头为一群进行群养，根据经验预测青年母猪初次发情的时间，在预测的青年母猪初次发情前20～40天，每头母猪一次注射200国际单位的人绒毛膜促性腺激素（HCG）和400国际单位的孕马血清促性腺激素（PMSG）。一般在注射3～6天后母猪表现发情，但发情时间差异较大。如果从注射当天开始，每天让青年母猪与试情公猪直接接触，可增强激素的效果。单栏饲养的青年母猪同期发情处理效果不及群养母猪。第一次激素处理尽管能使绝大多数青年母猪在一定时间内发情，即使不表现发情，一般也会有排卵和黄体形成，但发情时间相差天数可达3～4天。要提高第二个发情期的同期发情率，应在第一次注射促性腺激素后18天注射前列腺素（$PGF_{2\alpha}$）及其类似物，如注射氯前列烯醇200～300微克，因为此时大多数母猪已经进入发情周期12天以上，这时前列腺素对黄体有溶解作用。通常在注射前列腺素（$PGF_{2\alpha}$）及其类似物后3天母猪表现发情，而且发情时间趋于一致。如果母猪此时体重已达到配种体重，就可以安排配种。用此法达到青年母猪同期发情目的的关键是掌握好青年母猪初情期的时间。如果注射过早，青年母猪在发情之后很长时间仍未达到初情年龄，则不再表现发情；如果注射太晚，青年母猪已经进入发情周期（即在初情期之后），则母猪不会

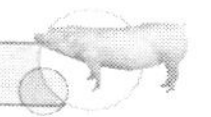

因为注射促性腺激素而发情，发情时间就不会趋于一致。

（2）孕激素法　初情期后的青年母猪可用孕酮处理14～18天，停药后，母猪群可同期发情。其原理是：孕酮有抑制卵泡成熟和母猪发情的作用，但并不影响黄体退化，所以当连续给母猪提供14天以上的孕酮后，大多数母猪的黄体已经退化，如果停止提供孕酮，孕酮对卵泡成熟的抑制作用被解除，母猪群会在3天后发情。与其他家畜相比，母猪需要较高水平的孕激素来抑制卵泡的生长和成熟。如用烯丙基去甲雄三烯醇酮，每天按15～20毫克的剂量饲喂母猪，18天后停药，可以有效地促进母猪群的同步发情，其每窝产仔猪数与正常情况下相同或略有提高。

2.经产母猪的同期发情

（1）同期断奶法　经产母猪发情同期化，最简单、最常用的方法是同期断奶。对于分娩21～35天的哺乳母猪，一般都会在断奶后4～7天内发情。对于分娩时间接近的哺乳母猪实施同期断奶，可达到断奶母猪发情同期化的目的。但单纯采用同期断奶，发情同期化程度较差。

（2）同期断奶和促性腺激素结合　在母猪断奶后24小时内注射促性腺激素，能有效提高断奶母猪的同期发情率。使用孕马血清促性腺激素（PMSG）诱导母猪发情应在断奶后24小时内进行，初产母猪的剂量是1000国际单位，经产母猪800国际单位；使用绒毛膜促性腺激素（HCG）或者促性腺激素释放激素（GnRH）及其类似物进行同步排卵处理时，哺乳期为4～5周的母猪应在PMSG注射后56～58小时进行，哺乳期为3～4周的母猪应在PMSG注射后72～78小时进行；输精应在同步排卵处理后24～26小时和42小时分两次进行。

二、分娩控制

分娩控制指在母猪妊娠末期的一定时间内，注射激素类制剂，诱发母猪在预定的时段内分娩，产下正常的仔猪。该方法已经为许多集约化猪场采用。

实现同步分娩，监护人员可以集中在一个短时期内做好接产和护理工作，以降低初生仔猪的死亡率和提高仔猪的生活力，有利于同期消毒、转群的“全进全出”饲养工艺的实施。但应用不当也会有死胎增加、初生仔猪生活力低、母猪泌乳能力下降和生殖功能恢复延迟等副作用。这些副作用和药剂处理的时间有关，越是接近正常的分娩期副作用就越小。

一般认为，母猪妊娠达 113 天，注射前列腺素可相对控制到分娩的时间，不同的猪场可能会有不同的结果，大体为由注射到实际分娩的时间间隔为 22 小时直到差不多 42 小时。现已观察到这与猪场的平均妊娠时间有一定的关联。在妊娠期最长的母猪群，由注射到分娩的时间间隔也长。

为较准确地控制分娩时间，可以在妊娠 112 天注射氯前列烯醇，次日再注射催产素 50 国际单位，数小时后即可分娩。一般用氯前列烯醇处理后平均 27.2 小时产仔，比不注射催产素约提前半天。

另一种方法是，在预产期前数日，先连续注射孕酮 100 毫克/头，第四天注射氯前列烯醇 200 微克/头，也能将分娩时间控制在较小的范围内。用氯前列烯醇处理后平均 25.4 小时产仔，更有利于控制在白天分娩。由于这种方法的实际分娩已接近自然产仔时间，在仔猪的生活力、母猪的乳房发育、泌乳功能和生殖功能恢复等方面不会造成不良影响。

三、产期病预防术

母猪产后阴道炎、子宫炎、乳腺炎等产期病的发病率较高。发病后轻者影响母猪食欲、泌乳和仔猪生长，重者引起全窝仔猪和母猪死亡。其预防办法除了做好圈舍及猪体清洁卫生工作外，在母猪产仔娩出胎衣后，还应根据其体重大小肌内注射青霉素 320 万～480 万单位、链霉素 3～4 克、复方氨基比林注射液 10～20 毫升。注射后如发现个别母猪仍有阴道流白、乳房发热、不食等症状，可间隔 12 小时后再注射 1 次。

四、仔猪下痢病预防术

仔猪下痢病发病率很高，它不仅影响仔猪增重，严重者还会引起死亡。下痢分黄痢、白痢和红痢 3 种，以白痢多见。为了预防仔猪下痢病的发生，给妊娠母猪产前接种仔猪大肠埃希氏菌病三价灭活菌苗或猪大肠杆菌病和猪魏氏梭菌病二联灭活菌苗，垂直传递抗体，对预防初生仔猪下痢效果十分显著。该菌苗安全、高效，可防止产生僵猪。

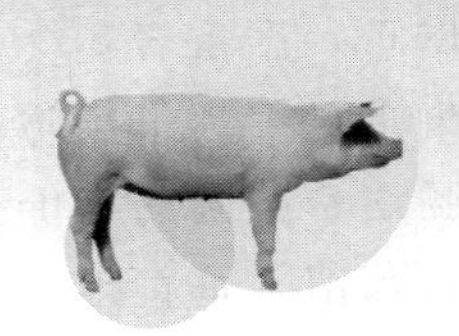

第六章 母猪的疾病防控

疾病是影响母猪高效养殖的主要因素，做好疾病的防治工作，不仅可以维持猪体健康，促进其生产潜力的充分发挥，而且能够提高产品质量，减少环境污染。

第一节 猪病综合防制

一、科学的饲养管理

科学的饲养管理可以增强猪群的抵抗力和适应力，从而提高猪体的抗病力。

（一）满足营养需要

猪体摄取的营养成分和含量不仅影响其生产性能，更会影响机体健康。要供给母猪全价平衡日粮，保证营养全面充足。选用优质饲料原料是保证供给猪群全价营养日粮、防止营养代谢病和霉菌毒素中毒发生的前提条件；按照猪群不同时期各个阶段的营养需要量，科学设计配方，合理地加工调制，保证日粮的全价性和平衡性；重视饲料的贮存，防止饲料腐败变质和污染。

（二）供给充足卫生的饮水

水是最廉价的营养素，也是最重要的营养素，水的供应情况和卫生状况对维护猪体健康有着重要作用，因此必须保证供给充足而

洁净卫生的饮水。

（三）保持适宜的环境条件

根据季节气候的差异，做好小气候环境的控制，适当调整饲养密度，加强通风，改善猪舍的空气环境。做好防暑降温、防寒保温、卫生清洁工作，使猪群生活在一个舒适、安静、干燥、卫生的环境中。

（四）实行标准化饲养

着重抓好母猪进产房前和分娩前的猪体消毒、初生仔猪吃好初乳、固定乳头和饮水开食的正确调教、断奶和保育期饲料的过渡等几个问题，减少应激，防止母猪 MMA 综合征、仔猪断奶综合征等病的发生。

（五）减少应激发生

捕捉、转群、断尾、免疫接种、运输、饲料转换、无规律的供水供料等生产管理因素，以及饲料营养不平衡或营养缺乏、温度过高或过低、湿度过大或过小、不适宜的光照、突然的声响等环境因素，都可引起应激。在生产中应加强饲养管理和改善环境条件，避免或减轻应激因素对猪群的不良影响，也可以在应激发生的前后 2 天内在饲料或饮水中加入维生素 C、维生素 E 和电解多维以及镇静剂等。

二、加强隔离卫生

（一）科学选址和合理布局

按照要求选择场址和规划布局（见第三章第一节内容）。

（二）严格引种

到洁净的种猪场引种，引入后要进行为期 8 周的隔离观察饲养，确认未携带有传染病后方可入场。

（三）加强隔离

1. 猪场大门口消毒

猪场大门口必须设立宽于门口、长于大型载货汽车车轮一周半的水泥结构的消毒池，并装有喷洒消毒设施。人员进场时应经过消毒人员通道，严禁闲人进场，外来人员来访必须在值班室登记，把好防疫第一关。

2. 设置围墙或防疫沟

生产区最好有围墙或防疫沟，并且在围墙外种植荆棘类植物，形成防疫林带，只留人员入口、饲料入口和出猪舍，减少与外界的直接联系。

3. 场区内隔离消毒

生活管理区和生产区之间的人员入口和饲料入口应以消毒池隔开，人员必须在更衣室沐浴、更衣、换鞋，经严格消毒后方可进入生产区，生产区的每栋猪舍门口必须设立消毒脚盆，生产人员经过脚盆再次消毒工作鞋后进入猪舍，生产人员不得互相串舍，各猪舍用具不得混用。

4. 外来车辆消毒

外来车辆必须在场外经严格冲洗消毒后才能进入生活管理区和靠近装猪台，严禁任何车辆和外人进入生产区。

5. 加强装猪台的卫生管理

装猪台平常应关闭，严防外人和动物进入；禁止外人（特别是猪贩）上装猪台，卖猪时饲养人员不准接触运猪车；任何猪只一经赶至装猪台，不得再返回原猪舍；装猪后对装猪台进行严格消毒。

6. 种猪场应设种猪选购室

选购室最好和生产区保持一定的距离，介于生活管理区和生产区之间，以隔墙（留密封玻璃观察窗）或栅栏隔开，外来人员进入种猪选购室之前必须先更衣换鞋、消毒，在选购室挑选种猪。

7. 注意饲料的污染

饲料应由本场生产区外的饲料车运到饲料周转仓库，再由生产区内的车辆转运到每栋猪舍，严禁将饲料直接运入生产区内。生产区内的任何物品、工具（包括车辆），除特殊情况外不得离开生产区，任何物品进入生产区必须经过严格消毒，特别是饲料袋应先熏蒸消毒后才能装料进入生产区。有条件的猪场最好使用饲料塔，以

避免已污染的饲料袋引入疫病。场内生活管理区严禁饲养畜禽。尽量避免猫、狗、禽鸟等进入生产区。生产区内肉食品要由场内供给，严禁从场外带入偶蹄兽的肉类及其制品。

8.禁止与其他养殖场接触

全场工作人员禁止兼任其他畜牧场的饲养、技术和屠宰贩卖工作。保证生产区与外界环境有良好的隔离状态，全面预防外界病原侵入猪场内。休假返场的生产人员必须在生活管理区隔离2天后，方可进入生产区工作，猪场后勤人员应尽量避免进入生产区。

9.采用“全进全出”的饲养制度

“全进全出”的饲养制度是有效防止疾病传播的措施之一。“全进全出”使得猪场能够做到净场和充分的消毒，切断了疾病传播的途径，从而避免患病猪只或病原携带者将病原传染给日龄较小的猪群。

（四）卫生管理

1.保持猪舍和猪舍周围环境卫生

及时清理猪舍的污物、污水和垃圾，定期打扫猪舍和设备用具的灰尘，每天进行适量的通风，保持猪舍清洁卫生；不在猪舍周围和道路上堆放废弃物和垃圾。

2.保持饲料和饮水卫生

饲料不霉变，不被病原污染，饲喂用具勤清洗、消毒；饮用水符合卫生标准，水质良好，饮水用具要清洁，饮水系统要定期消毒。

3.废弃物要无害化处理

猪场的主要废弃物有粪便和病死猪，粪便堆放要远离猪舍，最好设置专门的储粪场，病死猪不要随意出售或乱扔乱放，应按要求进行无害化处理，防止传播疾病。

（1）粪便处理

①用作肥料　猪场粪污最经济的利用途径是作肥料还田。粪肥还田可改良土壤，提高作物产量，生产无公害绿色食品，促进农业良性循环和农牧结合。猪粪用作肥料时，有的将鲜粪作基肥直接施入土壤，也可将猪粪发酵、腐熟后再施用。一般来说，为防止鲜

粪中的微生物、寄生虫等对土壤造成污染，以及为提高肥效，粪便应经发酵或高温腐熟处理后再使用，这样安全性更高（图 6-1）。

图 6-1　猪粪的堆积发酵

粪便腐熟过程也就是好气性微生物分解粪便中有机物的过程，分解过程中释放大量热能，使粪堆的温度升高，一般可达 60～65℃，可杀死其中的病原微生物和寄生虫卵等，有机物则大多分解成腐殖质，有一部分分解成无机盐类。腐熟堆肥必须创造适宜条件，堆肥时要有适当的空气，如粪堆上插秸秆或设通气孔保持良好的通气条件，以保证好气性微生物繁殖。为加快发酵速度，也可在堆底铺设送风管，头 20 天经常强制送风；同时应保持 60%左右的含水量，水分过少会影响微生物繁殖，水分过多又易造成厌氧条件，不利于有氧发酵；另外，须保持肥料适宜的碳氮比（26～35）∶1，碳比例过大，分解过程缓慢，碳比例过小则使过剩的氮转变成氨而丧失掉。鲜猪粪的碳氮比约为 12∶1，碳的比例不足，可加入秸秆、杂草等来调节碳氮比。自然堆肥效率较低，占地面积大，目前已有各种堆肥设备（如发酵塔、发酵池等）用于猪场粪污处理，效率高、占地少、效果好。

② 生产沼气　固态或液态粪污都可生产沼气。沼气是厌气微生物（主要是甲烷细菌）分解粪污中含碳有机物而产生的一种混合气体，其中甲烷约占 60%～75%，二氧化碳占 25%～40%，还有

少量氧气、氢气、一氧化碳、硫化氢等气体。沼气可用于照明、作燃料或发电等。沼气池在厌氧发酵过程中可杀死病原微生物和寄生虫，发酵粪便产气后的沼渣还可再用作肥料。目前，在我国推广面积较大的是常温发酵，因此，大部分地区存在低温季节产气少甚至不产气的问题，此外，用沼液、沼渣施肥，施用和运输不便，并且因只进行沼气发酵一级处理，往往不能做到无害化，有机物降解不完全，常导致二次污染。如果用产生的沼气加温，进行中温发酵，或采用高效厌氧消化池，可提高产气效率、缩短发酵时间，对沼液用生物塘进行二次处理，可进一步降低有机物含量，减少二次污染（图 6-2）。

图 6-2　猪场粪污沼气处理

③ 生产动物蛋白　可以利用猪粪作为培养基生产蝇蛆、蚯蚓等动物蛋白饲料。

（2）污水处理　猪场必须专设排水设施，以便及时排除雨、雪水及生产污水。全场排水网分主干和支干，主干主要是配合道路网设置的路旁排水沟，将全场地面径流或污水汇集到几条主干道内排出；支干主要是各运动场的排水沟，设于运动场边缘，利用场地倾斜度，使水流入沟中排走。排水沟的宽度和深度可根据地势和排水量而定，沟底、沟壁应夯实，暗沟可用水管或砖砌，如暗沟过长（超过 200 米），应增设沉淀井，以免污物淤塞，影响排水。但应注意，沉淀井距供水水源应在 200 米以上，以免造成污染。大型猪场污水排放量很大，在没有较大面积的农田或鱼塘消纳时，为避免造成环境污染，应利用物理、化学、生物学的方法进行综合处理，达到无害化，然后再用于灌溉或排入鱼塘。

污水处理可采用两级或三级处理。两级处理包括预处理（一级处理）和好氧生物处理（二级处理）。一级处理是用沉淀分离等物理方法将污水中悬浮物和可沉降颗粒分离出去，常采用沉淀池、固液分离机等设备，再用厌氧处理降解部分有机物，杀灭部分病原微生物；二级处理是用生物学方法，让好氧生物进一步分解污水中的胶体和溶解的有机物，并杀灭病原微生物，常用方法有生物滤池、活性污泥、生物转盘等。牧场污水一般经两级处理即达到排放或利用要求，当处理后要排入卫生要求较高的水体时，则须进行三级处理。

（3）病死猪的处理　病死猪必须及时地进行无害化处理，坚决不能图一己私利而出售。处理方法有如下几方面：

① 焚烧法　焚烧也是一种较完善的方法，但不能利用产品，且成本高。对一些危害人、畜健康极为严重的传染病病畜的尸体，仍有必要采用此法。焚烧时，先在地上挖一“十”字形沟（沟长约2.6米，宽0.75～1.0米，深0.5～0.7米），在沟的底部放木柴和干草作引火用，于十字沟交叉处铺上横木，其上放置畜尸，畜尸四周用木柴围上，然后洒上煤油焚烧，直至尸体烧成黑炭为止（图6-3）；或用专门的焚烧炉焚烧。

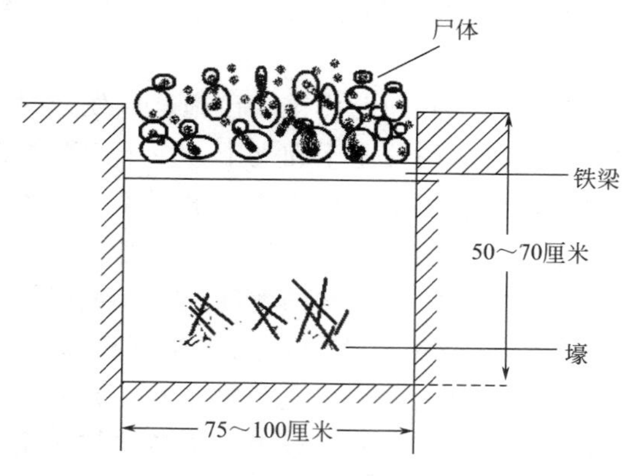

图6-3　尸体或粪便焚烧的壕沟

② 发酵烘干处理法（图 6-4） 此法是将猪的尸体放入特制的机械内，加入发酵菌种，给以一定温度（90℃以上）和发酵时间（24 小时），绞碎烘干，最后制成肉骨粉或有机肥。此法是一种较好的资源化处理途径。

图 6-4 发酵烘干处理法

③ 土埋法 此法是利用土壤的自净作用达到无害化处理的目的。此法虽简单但不理想，因其无害化过程缓慢，某些病原微生物能长期生存，从而污染土壤和地下水，并会造成二次污染，所以不是最彻底的无害化处理方法。采用土埋法，必须遵守卫生要求，埋尸坑远离畜舍、放牧地、居民点和水源，地势高燥，尸体掩埋深度不小于 2 米。掩埋前在坑底铺上 2～5 厘米厚的石灰，尸体投入后，再撒上石灰或洒上消毒药剂，埋尸坑四周最好设栅栏并做上标记。

④ 发酵法 将尸体抛入尸坑内，利用生物热的方法进行发酵，从而起到消毒灭菌的作用。尸坑一般为井式，深达 9～10 米，直径 2～3 米，坑口有一个木盖，坑口高出地面 30 厘米左右。将尸体投入坑内，堆到距坑口 1.5 米处，用木盖盖封，经 3～5 个月发酵处理后，尸体即可完全腐败分解。

4. 灭鼠和杀虫

（1）灭鼠 鼠是人、畜多种传染病的传播媒介，不仅盗食饲料，还污染饲料和饮水，危害极大。

① 防止鼠类进入建筑物 鼠类多从墙基、天窗、瓦顶等处窜入室内，在设计施工时应注意：墙基最好用水泥制成，碎石和砖砌

的墙基应用灰浆抹缝；墙面应平直光滑；为防止鼠类爬上屋顶，可将墙角处做成圆弧形；墙体上部与天棚衔接处应砌实，不留空隙；瓦顶应缩小瓦缝和瓦、椽间的空隙并填实；用砖、石铺设的地面和畜床，应衔接紧密并用水泥灰浆填缝；各种管道周围要用水泥填平；通气孔、地脚窗、排水沟（粪尿沟）出口均应安装孔径小于1厘米的铁丝网，以防鼠类窜入。

② 器械灭鼠　器械灭鼠方法简单易行，效果可靠，对人、畜无害。常用的捕鼠器有鼠夹子和电子捕鼠器（电猫）。采用此方法时要注意捕鼠前要考察当地的鼠情，弄清本地以哪种鼠为主，以便于采取有针对性的措施。此外，诱饵常选择蔬菜、瓜果等，并要经常更换，尤其在阴天，因此时老鼠更容易上钩。捕鼠器要放在鼠洞、鼠道上，小家鼠常沿壁行走，褐家鼠常走沟壑。捕鼠器要经常清洗。

③ 化学灭鼠　化学灭鼠优点是效率高、使用方便、成本低、见效快；缺点是能引起人、畜中毒，有些老鼠对药剂有选择性、拒食性和耐药性。所以，使用时须选好药剂和注意使用方法，以保安全有效。灭鼠药剂种类很多，主要有灭鼠剂、熏蒸剂、烟剂、化学绝育剂等。猪场的饲料库和猪舍是灭鼠的重要区域。饲料库可用熏蒸剂毒杀。投放毒饵时，要防止毒饵混入饲料中。在采用“全进全出”制的生产程序时，可结合舍内消毒一并进行。鼠尸应及时清理，以防被人、畜误食而发生二次中毒。

注意选用老鼠长期吃惯了的食物作饵料，突然投放，饵料充足，分布广泛，以保证灭鼠的效果。

（2）灭蚊蝇　猪场易滋生蚊、蝇等有害昆虫，它们会骚扰人、畜和传播疾病，给人、畜健康带来危害，应采取综合措施杀灭。

① 环境卫生　搞好猪场环境卫生，保持环境清洁、干燥是杀灭蚊蝇的基本措施。蚊虫需在水中产卵、孵化和发育，蝇蛆也需在潮湿的环境及粪便等废弃物中生长。因此，应填平无用的污水池、土坑、水沟和洼地，保持排水系统畅通，对阴沟、沟渠等定期疏通，勿使污水贮积。对贮水池等容器加盖，以防蚊蝇飞入产卵。对

不能清除或加盖的防火贮水器，在蚊蝇滋生季节，应定期换水。永久性水体（如鱼塘、池塘等），蚊虫多滋生在水浅而有植被的边缘区域，修整边岸、加大坡度和填充浅湾能有效地防止蚊虫滋生。畜舍内的粪便应定时清除，并及时处理，贮粪池应加盖并保持四周环境的清洁。

② 化学杀灭　化学杀灭是使用天然或合成的毒物，以不同的剂型（粉剂、乳剂、油剂、水悬剂、颗粒剂、缓释剂等），通过不同途径（胃毒、触杀、熏杀、内吸等），毒杀或驱逐蚊蝇。化学杀虫法具有使用方便、见效快等优点，是当前杀灭蚊蝇的较好方法。

a. 马拉硫磷　为有机磷杀虫剂。它是世界卫生组织推荐使用的室内滞留喷洒杀虫剂，其杀虫作用强而快，具有胃毒、触杀作用，也可作熏杀剂，杀虫范围广，可杀灭蚊、蝇、蛆、虱等，对人、畜的毒害作用小，故适于在畜舍内使用。

b. 敌敌畏　为有机磷杀虫剂。具有胃毒、触杀和熏杀作用，杀虫范围广，可杀灭蚊、蝇等多种害虫，杀虫效果好，但对人、畜有较大毒害作用，易被皮肤吸收而中毒，故在畜舍内使用时，应特别注意安全。

c. 合成拟除虫菊酯　是一种神经毒药剂，可使蚊蝇等迅速呈现神经麻痹症状而死亡，杀虫力强，特别是对蚊的毒效比敌敌畏、马拉硫磷等高 10 倍以上，对蝇类，因不产生耐药性，故可长期使用。

③ 饲料中添加专用预混剂　可以按说明书在饲料中添加 10% 环丙氨嗪预混剂。

④ 物理杀灭　利用机械方法以及光、声、电等物理方法，捕杀、诱杀或驱逐蚊蝇。

三、严格消毒

消毒是指用化学或物理的方法杀灭或清除传播媒介上的病原微生物，使之达到无传播感染的水平，即不再有传播感染的危险。消毒是保证猪群健康和正常生产的重要技术措施。

（一）消毒方法

猪场的消毒方法主要有机械性清除（如清扫、铲刮、冲洗等机械方法和适当通风）、物理消毒（如紫外线消毒和火焰、煮沸与蒸汽等高温消毒）、化学药物消毒和生物消毒等。

化学药物消毒是养殖生产中常用的方法，是利用化学药物杀灭病原微生物以达到预防感染和防止传染病传播与流行的方法。

1. 浸泡法

浸泡法主要用于消毒器械、用具、衣物等。一般洗涤干净后再行浸泡，药液要浸过物体，浸泡时间以长些为好，水温以高些为好。在猪舍进门处消毒槽内，可用浸泡过药物的草垫或草袋对人员的靴鞋消毒。

2. 喷洒法

喷洒地面、墙壁、舍内固定设备等，可用细眼喷壶；对舍内空间消毒，则用喷雾器。喷洒要全面，药液要喷到物体的各个部位。

3. 熏蒸法

熏蒸法适用于可以密闭的猪舍。这种方法简便、省事，对房屋结构无损，消毒全面。常用的药物有福尔马林（40%甲醛水溶液）、过氧乙酸水溶液。为加速蒸发，常利用高锰酸钾的氧化作用。实际操作中要严格遵守下面这些基本要点：畜舍及设备必须清洗干净，否则熏蒸时会因为气体不能渗透猪粪和污物而达不到消毒效果；畜舍要密封，不能漏气，应将进出气口、门窗和排气扇等的缝隙糊严。

4. 气雾法

气雾粒子是悬浮在空气中的气体与液体的微粒，直径小于200纳米，分子量极小，能悬浮在空气中较长时间，可到处漂移穿透到畜舍的周围及其空隙。气雾是消毒液从气雾发生器中喷射出的雾状微粒，是消灭气携病原微生物的理想办法。全面消毒猪舍空间，每立方米可用5%过氧乙酸溶液25毫升进行喷雾。

（二）常用的消毒剂

常用的消毒剂见表 6-1。

表 6-1　常用的消毒剂

类型	名称	性状和性质	使用方法
含氯消毒剂	漂白粉(含有效氯 25%～30%)	白色颗粒状粉末，有氯臭味，久置空气中会失效，大部分溶于水和醇	5%～20%的悬浮液环境消毒，饮水消毒每 50 升水加 1 克，1%～5%的澄清液消毒食槽、玻璃器皿、非金属用具等。宜现配现用
	漂白粉精	白色结晶，有氯臭味，含氯稳定	0.5%～1.5%溶液用于地面、墙壁消毒，0.3～0.4 克/千克饮水消毒
	氯胺-T(含有效氯 24%～26%)	为含氯的有机化合物，白色微黄晶体，有氯臭味。对细菌的繁殖体及芽孢、病毒、真菌孢子有杀灭作用。杀菌作用慢，但性质稳定	0.2%～0.5%水溶液喷雾用于室内空气及表面消毒；1%～2%水溶液浸泡物品、器材消毒；3%水溶液用于排泄物和分泌物的消毒；黏膜消毒用 0.1%～0.5%水溶液；饮水消毒，1 升水用 2～4 毫克。配制消毒液时，如果加入一定量的氯化铵，可大大提高消毒能力
	二氯异氰尿酸钠(含有效氯 60%～64%，优氯净)，强力消毒净、84 消毒液、速效净等均含有二氯异氰尿酸钠	白色晶粉，有氯臭味。室温下保存半年仅降低有效氯 0.16%。是一种安全、广谱和长效的消毒剂，不遗留残余毒性	一般 0.5%～1%溶液可以杀灭细菌和病毒，5%～10%溶液用于杀灭芽孢；环境、器具消毒，0.015%～0.02%水溶液；饮水消毒，每升水 4～6 毫克，作用 30 分钟。本品宜现配现用。 注意：三氯异氰尿酸钠，其性质特点和作用同二氯异氰尿酸钠基本相同，球虫囊消毒时每 10 升水中加入 10～20 克

续表

类型	名称	性状和性质	使用方法
含氯消毒剂	二氧化氯(益康、消毒王、超氯)	白色粉末,有氯臭味,易溶于水,易吸潮。可快速杀灭所有病原微生物,制剂有效氯含量5%。具有高效、低毒、除臭和不残留的特点	可用于畜禽舍、场地、器具、种蛋、屠宰场、饮水消毒和带畜消毒。含有效氯5%时,环境消毒,每升水加药5～10毫克,泼洒或喷雾消毒;饮水消毒,每100升水加药5～10毫克;用具、食槽消毒,每升水加药5毫克,浸泡5～10分钟。现配现用
碘类消毒剂	碘酊(碘酒)	碘的醇溶液,红棕色澄清液体,微溶于水,易溶于乙醚、氯仿等有机溶剂,杀菌力强	2%～2.5%溶液用于皮肤消毒
	碘伏(络合碘)	红棕色液体,随着有效碘含量的下降逐渐向黄色转变。碘与表面活化剂及增溶剂形成的不定型络合物,其实质是一种含碘的表面活性剂,主要剂型为聚乙烯吡咯烷酮碘和聚乙烯醇碘等,性质稳定,对皮肤无害	0.5%～1%溶液用于皮肤消毒,10毫克/升浓度用于饮水消毒
	威力碘	红棕色液体。本品含碘0.5%	1%～2%溶液用于畜舍、家畜体表及环境消毒。5%溶液用于手术器械、手术部位消毒
醛类消毒剂	福尔马林,含36%～40%甲醛的水溶液	无色有刺激性气味的液体,90℃下易生成沉淀。对细菌繁殖体及芽孢、病毒和真菌均有杀灭作用,广泛用于防腐消毒	1%～2%溶液用于环境消毒,与高锰酸钾配伍熏蒸消毒畜禽房舍等,可使用不同级别的浓度

续表

类型	名称	性状和性质	使用方法
醛类消毒剂	戊二醛	无色油状液体，味苦。有微弱甲醛气味，挥发度较低。可与水、酒精做任何比例的稀释，溶液呈弱酸性。碱性溶液有强大的灭菌作用	2%水溶液，用0.3%碳酸氢钠调整pH值在7.5～8.5范围可用于消毒，不能采用热灭菌的精密仪器、器材的消毒
	多聚甲醛（含甲醛91%～99%）	为甲醛的聚合物，有甲醛臭味，为白色疏松粉末，常温下不可分解出甲醛气体，加热时分解加快，释放出甲醛气体与少量水蒸气。难溶于水，但能溶于热水，加热至150℃时，可全部蒸发为气体	多聚甲醛的气体与水溶液均能杀灭各种类型的病原微生物。1%～5%溶液作用10～30分钟，可杀灭除细菌芽孢以外的各种细菌和病毒；杀灭芽孢时，需8%浓度作用6小时。用于熏蒸消毒，用量为每立方米3～10克，消毒时间为6小时
氧化剂类消毒剂	过氧乙酸	无色透明酸性液体，易挥发，具有强烈刺激性，不稳定，对皮肤、黏膜有腐蚀性。对多种细菌和病毒杀灭效果好	400～2000毫克/升，浸泡20～30分钟；0.1%～0.5%溶液用于擦拭物品表面；0.5%～5%溶液用于环境消毒；0.2%溶液用于器械消毒
	过氧化氢（双氧水）	无色透明，无异味，微酸苦，易溶于水，在水中分解成水和氧。可快速灭活多种微生物	1%～2%溶液用于创面消毒；0.3%～1%溶液用于黏膜消毒
	过氧戊二酸	有固体和液体两种。固体难溶于水，为白色粉末，有轻度刺激性作用，易溶于乙醇、氯仿、乙酸	2%溶液用于器械浸泡消毒和物体表面擦拭，0.5%溶液用于皮肤消毒，雾化气溶胶用于空气消毒

续表

类型	名称	性状和性质	使用方法
氧化剂类消毒剂	臭氧	臭氧(O_3)是氧气(O_2)的同素异形体,在常温下为淡蓝色气体,有鱼腥臭味,极不稳定,易溶于水。臭氧对细菌繁殖体、病毒真菌和枯草芽孢杆菌黑色变种芽孢有较好的杀灭作用,对原虫和虫卵也有很好的杀灭作用	30毫克/米^3、15分钟,用于室内空气消毒;0.5毫克/升、10分钟,用于饮水消毒;15~20毫克/升用于污水消毒
	高锰酸钾	紫黑色斜方形结晶或结晶性粉末,无臭味,易溶于水,因其浓度不同而呈暗紫色至粉红色。低浓度可杀死多种细菌的繁殖体,高浓度(2%~5%)在24小时内可杀灭细菌芽孢,在酸性溶液中可以明显提高杀菌作用	0.01%溶液可用于猪的饮水消毒,杀灭肠道病原微生物;0.1%溶液用于创面和黏膜消毒;0.01%~0.02%溶液用于消化道清洗;用于体表消毒时使用的浓度为0.1%~0.2%
复合酚类消毒剂	苯酚(石炭酸)	白色针状结晶,弱碱性,易溶于水,有芳香味	杀菌力强,3%~5%溶液用于环境与器械消毒,2%溶液用于皮肤消毒
	煤酚皂(来苏儿)	由煤酚和植物油、氢氧化钠按一定比例配制而成。无色,见光和空气变为深褐色,与水混合成为乳状液体。毒性较低	3%~5%溶液用于环境消毒;5%~10%溶液用于器械消毒、处理污物;2%的溶液用于术前、术后和皮肤消毒
	复合酚(农福、消毒净、消毒灵)	由冰醋酸、混合酚、十二烷基苯磺酸、煤焦油按一定比例混合而成,为棕色黏稠状液体,有煤焦油臭味,对多种细菌和病毒有杀灭作用	用水稀释100~300倍后,用于环境、畜禽舍、器具的喷雾消毒,稀释用水温度不低于8℃;1∶200预防烈性传染病,如口蹄疫;1∶(300~400)药浴或擦拭皮肤,药浴25~30分钟,可以防治猪、牛、羊螨虫等皮肤寄生虫病,效果良好

续表

类型	名称	性状和性质	使用方法
复合酚类消毒剂	氯甲酚溶液（菌球杀）	为甲酚的氯代衍生物，一般为5%水溶液。杀菌作用强，毒性较小	主要用于畜禽舍、用具、污染物的消毒。用水稀释30～100倍后用于环境、畜禽舍的喷雾消毒
表面活性剂（双链季铵盐类消毒剂）	新洁尔灭（苯扎溴铵）。市售的一般为浓度5%的苯扎溴铵水溶液	无色或淡黄色液体，振摇产生大量泡沫。对革兰氏阴性细菌的杀灭效果比对革兰氏阳性菌强，能杀灭有囊膜的亲脂病毒，不能杀灭亲水病毒、芽孢菌、结核菌，易产生耐药性	皮肤、器械消毒用0.1%溶液（以苯扎溴铵计），黏膜、创口消毒用0.02%以下的溶液，0.5%～1%水溶液用于手术局部消毒
	度米芬（杜米芬）	白色或微白色片状结晶，能溶于水和乙醇。主要用于细菌性病原，消毒能力强，毒性小，可用于环境、皮肤、黏膜、器械和创口的消毒	皮肤、器械消毒用0.05%～0.1%溶液，带畜禽消毒用0.05%溶液喷雾
	癸甲溴铵溶液（百毒杀）。市售一般为浓度10%的癸甲溴铵溶液	白色、无臭、无刺激性、无腐蚀性的溶液。本品性质稳定，不受环境酸碱度、水质硬度、粪便血污等有机物及光、热影响，可长期保存，且适用范围广	饮水消毒，日常1∶(2000～4000)，可长期使用；疫病期间1∶(1000～2000)，连用7天。畜禽舍以及带畜消毒，日常1∶600；疫病期间1∶(200～400)喷雾、洗刷、浸泡
	环氧乙烷（烷基化合物）	常温下为无色气体，沸点10.3℃，易燃、易爆、有毒	50毫克/升密闭容器内用于器械、敷料等消毒
	辛氨乙甘酸溶液（菌毒清）	黄色澄清液体，有微腥臭味，味微苦，强力振摇则发多量泡沫	主要用于杀灭细菌，无刺激性，毒性小。1∶(100～200)稀释环境消毒；0.2%溶液浸泡种蛋消毒

续表

类型	名称	性状和性质	使用方法
醇类消毒剂	乙醇(酒精)	无色透明液体,易挥发,易燃,可与水和挥发油任意比例混合。主要通过使细菌菌体蛋白凝固并脱水而发挥杀菌作用。以70%～75%乙醇杀菌能力最强。对组织有刺激作用,浓度越大刺激性越强	70%～75%溶液用于皮肤、注射部位、器械和手术、实验台面消毒,作用时间3分钟。 注意:不能作为灭菌剂使用,不能用于黏膜消毒;浸泡消毒时,消毒物品不能带有过多水分,物品要清洁
	异丙醇	无色透明液体,易挥发,易燃,具有乙醇和丙酮混合气味,与水和大多数有机溶剂可混溶。作用浓度为50%～70%,过浓或过稀杀菌作用都会减弱	50%～70%水溶液用于涂擦与浸泡消毒,作用时间5～6分钟。只能用于物体表面和环境消毒。杀菌效果优于乙醇,但毒性也高于乙醇。有轻度的蓄积和致癌作用
强碱类消毒剂	氢氧化钠(火碱)	白色干燥的颗粒状、棒状、块状或片状结晶,易溶于水和乙醇,易吸收空气中的CO_2形成碳酸钠或碳酸氢钠。对细菌繁殖体、芽孢体和病毒有很强的杀灭作用,对寄生虫卵也有杀灭作用。浓度增大,则作用增强	2%～4%水溶液可杀死病毒和繁殖型细菌,30%水溶液10分钟可杀死芽孢,4%水溶液45分钟可杀死芽孢,如加入10%食盐,能增强杀芽孢能力。2%～4%热溶液用于喷洒或洗刷消毒,如畜禽舍、仓库、墙壁、工作间、入口处、运输车辆、饮饲用具等;5%水溶液用于炭疽消毒
	生石灰(氧化钙)	白色或灰白色,块状或粉末,无臭,易吸水,加水后生成氢氧化钙	加水配制10%～20%石灰乳涂刷畜舍墙壁、畜栏等消毒
	草木灰(新鲜草木灰主要含氢氧化钾)	取筛过的草木灰10～15千克,加水35～40千克,搅拌均匀,持续煮沸1小时,补足蒸发的水分即成20%～30%草木灰	20%～30%草木灰可用于圈舍、运动场、墙壁及食槽的消毒。应注意水温在50～70℃

续表

类型	名称	性状和性质	使用方法
酸类消毒剂	无机酸（硫酸和盐酸）	具有强烈的刺激性和腐蚀性，生产中较少使用	0.5摩尔/升的硫酸处理排泄物、痰液等，30分钟可杀死多数结核杆菌
	乳酸	微黄色透明液体，无臭微酸味，有吸湿性	蒸汽用于空气消毒，亦可用于与其他醛类配伍
	醋酸	浓烈酸味	5～10毫升/米^{3}加等量水，蒸发用于房间空气消毒
	十一烯酸	黄色油状溶液，溶于乙醇	5%～10%十一烯酸醇溶液用于皮肤、物体表面消毒
重金属类消毒剂	甲紫（龙胆紫）	深绿色块状，溶于水和乙醇	1%～3%溶液用于浅表创面消毒、防腐
	硫柳汞	乳白色至微黄色结晶性粉末，稍有特殊臭味，遇光易变质，1%水溶液pH 6～8，易溶于水、乙醇，不溶于乙醚和苯	0.01%溶液用于生物制品防腐；1%溶液用于皮肤或手术部位消毒
高效复方消毒剂	复方含氯消毒剂	常选的含氯成分主要为次氯酸钠、次氯酸钙、二氯异氰尿酸钠、氯化磷酸三钠、二氯二甲基海因等，配伍成分主要为表面活性剂、助洗剂、防腐剂、稳定剂等	按说明使用
	复方季铵盐类消毒剂	能与季铵盐类复配的产品有醛类、醇、过氧化物类以及氯己定，还有部分阳离子表面活性剂可与之配伍，增强其杀菌性能。用于复配的季铵盐中，主要有十二烷基二甲基苄基氯化铵、十二烷基二甲基溴化铵、双癸甲基溴化铵、十二烷基二甲基亚乙基二铵等	按说明使用

续表

类型	名称	性状和性质	使用方法
高效复方消毒剂	复方含碘消毒剂(常见的为聚乙烯吡咯烷酮、聚乙氧基乙醇等)	碘与表面活性剂的不定型络合物碘伏,是复方碘类消毒剂中最常用的剂型。阴离子表面活性剂、阳离子表面活性剂和非离子表面活性剂均可作为碘的载体制成碘伏,但其中以非离子型表面活性剂最稳定,故选用较多	按说明使用
	复方醛类消毒剂	常见的醛类复配形式有戊二醛与洗涤剂的复配,降低了毒性,增强了杀菌作用;戊二醛与过氧化氢的复配,杀菌效果远高于戊二醛和过氧化氢的复配	按说明使用
	复方醇类消毒剂	具有无毒、无色、发挥快、杀菌迅速等特点,将部分消毒剂溶于醇中,利用醇的渗透作用,可以更好地发挥其消毒作用。醇类中,最常用于复配的有乙醇和异丙醇。醇也可作为溶剂与气体消毒剂复配,以增加其他消毒剂的溶解度,如与碘复配成碘酊	按说明使用

(三)消毒程序

1. 人员消毒

在猪场正门的入口处建消毒室(内设 6 根紫外线灯管,四个墙角各安装一个,房顶吊两个)、消毒盆和消毒池。进场人员必须在

消毒室换鞋、更衣，照射15分钟后在消毒盆内用来苏儿消毒液洗手，然后再从盛有5%氢氧化钠（火碱）溶液的消毒池中蹚过进入生产区。每一栋舍的两头放消毒盆（池），进入猪舍的人员先踏消毒盆（池），再洗手，然后方可进入。病猪隔离人员和剖检人员操作前后都要进行严格消毒。消毒液可选用2%～5%氢氧化钠溶液、1%菌毒敌、1∶300特威康等，药液每周更换1～2次，雨过天晴后立即更换，确保消毒效果。

2. 车辆消毒

大门口消毒池长度为汽车车轮周长的2倍，深度为15～20厘米，宽度与大门口同宽。进入场门的车辆除要经过消毒池外，还必须对车身、车底盘进行高压喷雾消毒，消毒液可用2%过氧乙酸或灭毒威。严禁车辆（包括员工的摩托车、自行车）进入生产区。外界购猪车一律禁止入场。装猪车装猪前严格消毒，售猪后对使用过的装猪台、磅秤及时清理、冲洗、消毒。进入生产区的料车每周需彻底消毒一次。

3. 环境消毒

（1）环境清洁消毒　生产区的垃圾实行分类堆放，并定期收集；每逢周六进行环境清理、消毒和垃圾焚烧；整个场区每半个月要用2%～3%氢氧化钠溶液喷洒消毒一次，不留死角；各栋舍内走道每5～7天用3%氢氧化钠溶液喷洒消毒一次。必要时可增加消毒次数或用对猪体无害的消毒药物带猪消毒。

（2）春、秋两季的常规大消毒　这时气候温暖，适宜于各种病原体微生物的生长繁殖，是搞好消毒防疫的关键时期。要选用如下广谱消毒药：2%～4%氢氧化钠溶液，10%～20%漂白粉乳剂，0.05%～0.5%过氧乙酸（过醋酸）以及增效二氧化氯溶液等。其用药量为：每平方米地面用药液0.5～2千克，每平方米墙壁用药液0.5～1千克。

4. 空舍消毒

（1）清扫　首先对空舍的粪尿、污水、残料、垃圾和墙面、顶棚、水管等处的尘埃进行彻底清扫，并整理归纳舍内食槽、用具，当发生疫情时，必须先消毒后清扫。

（2）浸润　对地面、猪栏、出粪口、食槽、粪尿沟、风扇匣、护仔箱进行低压喷洒，并确保充分浸润，浸润时间不低于30分钟，但不能时间过长，以免干燥，浪费水且不好洗刷。

（3）冲刷　使用高压冲洗机，由上至下彻底冲洗屋顶、墙壁、栏架、网床、地面、粪尿沟等。要用刷子刷洗藏污纳垢的缝隙，尤其是食槽、护仔箱壁的下端，冲刷不要留死角。

（4）消毒　晾干后，选用广谱高效消毒剂，消毒舍内所有表面、设备和用具，必要时可选用2%～3%氢氧化钠进行喷雾消毒；30～60分钟后低压冲洗，晾干后用另一种广谱高效消毒药（0.3%好利安）喷雾消毒。

（5）复原　恢复原来栏舍内的布置，并检查维修，进行第二次消毒，做好进猪前的充分准备。

（6）猪舍的熏蒸消毒　对封闭猪舍冲刷干净、晾干后，最好进行熏蒸消毒。通常用福尔马林、高锰酸钾熏蒸。方法：熏蒸前封闭所有缝隙、孔洞，计算房间容积，称量好药品，按照福尔马林：高锰酸钾：水2：1：1的比例配制，福尔马林用量一般为14～42毫升/米^3。盛放容器容积应为甲醛溶液加入后体积的3～4倍。放药时一定要把甲醛溶液倒入盛高锰酸钾的容器内，室温最好不低于24℃，相对湿度在70%～80%。先从猪舍一头逐点倒入，倒入后迅速离开，把门封严，24小时后打开门窗通风。无刺激味后再用消毒剂喷雾消毒一次。

（7）进猪　进猪前1天再喷雾消毒一次。

5.带猪喷雾消毒

带猪喷雾消毒法是对猪体和猪舍内空间同时进行消毒的一种方法，是预防疾病或在猪群已发病的紧急情况下，对传染性疾病进行紧急控制的一种实用而有效的方法。带猪喷雾消毒应选择毒性、刺激性和腐蚀性小的消毒剂。例如过氧乙酸0.3%溶液30毫升/米^3；二氧化氯0.015%溶液40～60毫升/米^3；二氯异氰尿酸盐，浓度为0.005%～0.01%，60～80毫升/米^3。各类猪只的消毒应用频率为：

夏季每周消毒2次，春、秋季每周消毒1次，冬季2周消毒1次。在疫情期间，产房每天消毒一次，保育舍可隔天消毒1次，成年猪舍每周消毒2～3次，消毒时不仅限于猪的体表，还包括整个栋舍的所有空间。带猪喷雾消毒时，所用药剂的体积以做到猪体体表或地面基本湿润为准（通常100平方米舍内10升消毒液即可）。应将喷雾器的喷头高举空中，喷嘴向上，让雾粒从空中缓慢地下降，雾粒直径控制在80～120微米，压力为0.2～0.3千克力/厘米^2。注意不宜选用刺激性大的药物。

6. 处理病、死猪及场地的消毒

猪场一经发现病猪，要及时隔离治疗；对于处理的病、死猪，要在指定的隔离地点烧毁或深埋，绝不允许在场内随意处理或解剖病、死猪。对病猪走过或停留的地方，应清除粪便和垃圾，然后铲除其表土，再用2%～4%氢氧化钠溶液进行彻底消毒，用量为1升/米^{2}左右。

7. 特定消毒

猪转群或部分调动时（母猪配种除外）必须将道路和需用的车辆、用具在用前、用后分别喷雾消毒；参加人员需换上洁净的工作服和胶鞋，并经紫外线照射15分钟；接产母猪有临产征兆时，就要将产床、栏架及猪的臀部和乳房洗刷干净，并用1∶600的百毒杀或0.1%高锰酸钾溶液消毒；仔猪产出后要用消毒过的纱布擦净口腔黏液；正确实施断脐并用碘酊消毒断端；在断尾、剪耳、剪牙、注射等前后，都要对术部和器械进行严格消毒，消毒可用碘伏或70%酒精；手术部位首先要用清水洗净擦干，然后涂以3%碘酊，待干后再用70%～75%酒精消毒，待酒精干后方可实施手术，术后创口涂3%碘酊；阉割时，手术部位要用70%～75%酒精消毒，待干燥后方可实施阉割，结束后刀口处再涂以3%碘酊；手术刀、手术剪、缝合针、缝合线可用煮沸消毒，也可用70%～75%酒精消毒，注射器用完后里外冲刷干净，然后煮沸消毒。医疗器械每天必须消毒一遍；发生传染病或传染病平息后，要强化消毒，药液浓度加大，消毒次数增加。

8. 兽医防疫人员出入猪舍消毒

兽医防疫人员出入猪舍必须在消毒池内进行鞋底消毒，在消毒盆内洗手消毒。出舍时要在消毒盆内洗手消毒。兽医防疫人员在一栋猪舍工作完毕后，要用消毒液浸泡的纱布擦洗注射器和药盒的周围。

9. 污水和粪便的消毒

猪场产生的大量粪便和污水含有大量的病原菌，而以病猪粪尿更甚，更应对其进行严格消毒。对于猪只粪便可用发酵池法和堆积法消毒；对污水可用含氯25%的漂白粉消毒，用量为每立方米污水中加入 6 克漂白粉，如水质较差可加入 8 克。

10. 饲料袋消毒

对饲料袋每月清洗并浸泡消毒 1 次。

11. 兽医器械及用品的消毒

兽医诊疗室是养殖场的一个重要场所，在此进行疾病的诊断、病畜的处理等。兽医诊疗室的消毒包括诊疗室的消毒和医疗器具消毒两个方面。兽医诊疗室包括诊断室、注射室、手术室、处置室和治疗室，其消毒必须是经常性的和常规性的，如诊疗室内空气消毒和空气净化可以采用过滤、紫外线照射（诊疗室内安装紫外线灯，每立方米 2～3 瓦）、熏蒸等方法；诊疗室内的地面、墙壁、棚顶可用 0.3%～0.5%过氧乙酸溶液或 5%氢氧化钠溶液喷洒消毒；兽医诊疗室的废弃物和污水也要消毒处理，废弃物和污水数量少时，可与粪便一起堆积进行生物发酵消毒处理，数量大时，使用化学消毒剂（如 15%～20%漂白粉搅拌，作用 3～5 小时）消毒。

兽医诊疗器械及用品是直接与畜禽接触的物品，用前和用后都必须按要求进行严格的消毒。根据器械及用品的种类和使用范围不同，其消毒方法和要求也不一样。一般对进入畜禽体内或与黏膜接触的诊疗器械，如手术器械、注射器及针头、胃导管、导尿管等，必须经过严格的消毒灭菌；对不进入组织内也不与黏膜接触的器具，一般要求去除细菌的繁殖体及亲脂类病毒。各种诊疗器械及用品的消毒方法见表 6-2。

表 6-2 各种诊疗器械及用品的消毒方法

消毒对象	消毒药物及方法
体温计	先用1%过氧乙酸溶液浸泡5分钟，然后放入另一1%过氧乙酸溶液中浸泡30分钟
注射器	0.2%过氧乙酸溶液浸泡30分钟，清洗，煮沸或高压蒸汽灭菌。 注意：针头用肥皂水煮沸消毒15分钟后洗净，消毒后备用；煮沸时间从水沸腾时算起，消毒物应全部浸入水中
各种塑料接管	将各种接管分类浸入0.2%过氧乙酸溶液中，浸泡30分钟后用清水冲净；接管用肥皂水刷洗，清水冲净，烘干后分类高压灭菌
药杯、换药碗（搪瓷类）	将药杯用清水冲净残留药液，然后浸泡在1∶1000新洁尔灭溶液中1小时；将换药碗用肥皂水煮沸消毒15分钟；然后将药杯与换药碗分别用清水刷洗冲净后，煮沸消毒15分钟或高压灭菌（如药杯系玻璃类或塑料类，可用0.2%过氧乙酸浸泡2次，每次30分钟，之后清洗烘干）。 注意：药杯与换药碗不能放在同一容器内煮沸或浸泡。若用后的换药碗染有各种药液颜色，应煮沸消毒后用去污粉擦净、清洗，揩干后再浸泡；冲洗药杯内残留药液的水须经处理后再弃去
托盘、方盘、弯盘（搪瓷类）	将其分别浸泡在1%漂白粉清液中1小时，再用肥皂水刷洗、清水冲净后备用。漂白粉清液每2周更换1次，夏季每周更换1次
污物敷料桶	将桶内污物倒出后，用0.2%过氧乙酸溶液喷雾消毒，放置30分钟；用碱水或肥皂水将桶刷洗干净，用清水洗净后备用。 注意：污物敷料桶每周消毒1次；桶内倒出的污物、敷料须消毒处理后回收或焚烧处理
污染的镊子、止血钳等金属器材	放入1%肥皂水中煮沸消毒15分钟，用清水将其冲净，再煮沸15分钟或高压灭菌后备用
锋利器械（刀片及剪、针头等）	浸泡在1∶1000新洁尔灭水溶液中1小时，再用肥皂水刷洗，清水冲净，揩干后浸泡于1∶1000新洁尔灭溶液的消毒盒中备用。 注意：被脓、血污染的镊子、钳子或锐利器械应先用清水刷洗干净，再进行消毒；洗刷下的脓、血水按每1000毫升加入过氧乙酸原液10毫升计算（即1%浓度），消毒30分钟后才能弃掉；器械使用前，应用灭菌的0.85%生理盐水淋洗

续表

消毒对象	消毒药物及方法
开口器	将开口器浸入1%过氧乙酸溶液中，30分钟后用清水冲洗，再用肥皂水刷洗，清水冲净，揩干后，煮沸15分钟或高压灭菌。 注意：开口器应全部浸入消毒液中
硅胶管	将硅胶管拆去针头，浸泡在0.2%过氧乙酸溶液中，30分钟后用清水冲净，再用肥皂水冲洗管腔后，用清水冲洗，揩干。 注意：拆下的针头按注射器针头消毒处理
手套	将手套浸泡在0.2%过氧乙酸溶液中，30分钟后用清水冲洗，再将手套用肥皂水清洗，清水漂净后晾干。 注意：手套应浸没于过氧乙酸溶液中，不能浮于药液表面
橡皮管、投药瓶	用浸有0.2%过氧乙酸的抹布擦洗物件表面；用肥皂水将其刷洗，清水冲净后备用
导尿管、肛管、胃导管等	将物件分类浸入1%过氧乙酸溶液中，浸泡30分钟后用清水冲洗，再将上述物品用肥皂水刷洗，清水冲净后，分类煮沸15分钟或高压灭菌后备用。 注意：物件上的胶布痕迹可用乙醚或乙醇擦除
输液、输血皮管	将皮管针头拆去后，用清水冲净皮管内残留液体，再浸泡在清水中，然后将皮管用肥皂水反复揉搓，清水冲净，揩干后高压灭菌备用。 注意：拆下的针头按注射针头消毒处理
手术衣、帽、口罩等	将其分别浸泡在0.2%过氧乙酸溶液中30分钟，用清水冲洗；肥皂水搓洗，清水洗净晒干，高压灭菌备用。 注意：口罩应与其他物品分开洗涤
创巾、敷料等	污染血液的，先放在冷水或5%氨水内浸泡数小时，然后在肥皂水中搓洗，最后用清水漂净；污染碘酊的，用2%硫代硫酸钠溶液浸泡1小时，清水漂洗，拧干，浸于0.5%氨水中，再用清水漂净；经清洗后的创巾、敷料分包，高压灭菌备用；被传染性物质污染时，应先消毒后洗涤再灭菌

续表

消毒对象	消毒药物及方法
运输车辆、其他工具车或小推车	每月定期用去污粉或肥皂粉将推车擦洗干净；污染的工具车类，应及时用浸有0.2%过氧乙酸的抹布擦洗，30分钟后再用清水冲净。推车等工具类应经常保持整洁，清洁与污染的车辆应互相分开

四、猪场的免疫接种

目前，传染性疾病仍是我国养猪业的主要威胁，而免疫接种仍是预防传染病的有效手段。免疫接种通常是使用疫苗和菌苗等生物制剂作为抗原接种于猪体内，激发抗体产生特异性免疫力。

（一）常用的生物制品

猪常用的生物制品见表6-3。

表6-3 猪常用的生物制品

名称	作用	使用和保存方法
猪瘟兔化弱毒疫苗	猪瘟预防接种；免疫4天后产生免疫力，免疫期9个月	每头猪臀部或耳根肌内注射1毫升。保存温度4℃。避免阳光照射
猪瘟兔化弱毒牛体反应苗	猪瘟预防接种；免疫4天后产生免疫力，免疫期1年	每头猪股内、臀部或耳根肌内或皮下注射1毫升。4℃保存不超过6个月，－20℃保存不超过1年。避免阳光照射
猪瘟、猪肺疫、猪丹毒三联苗	猪瘟、猪肺疫、猪丹毒的预防接种；猪瘟免疫期1年，猪丹毒和猪肺疫为6个月	按规定剂量用生理盐水稀释后，每头肌内注射1毫升。－15℃保存期为12个月，0～8℃为6个月
猪伪狂犬病弱毒苗	猪伪狂犬病预防和紧急接种。免疫后6天能产生强的免疫力，免疫期1年	按规定剂量用生理盐水稀释后，每头肌内注射1毫升。－20℃保存期为1.5年，0～8℃为半年，10～15℃为15天

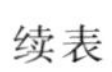
续表

名称	作用	使用和保存方法
猪细小病毒氢氧化铝疫苗	细小病毒病的预防。免疫期1年	母猪每次配种前2～4周内颈部肌内注射2毫升。避免冻结和阳光照射，4～8℃有效期为6个月
猪传染性萎缩性鼻炎油佐剂二联灭活疫苗	预防支气管败血波氏杆菌和产毒性多杀性巴氏杆菌感染引起的萎缩性鼻炎。免疫期6个月	母猪产前4周接种，颈部皮下注射2毫升，新引进的后备母猪立即注射1毫升。4℃保存1年，室温下保存1个月
猪传染性胃肠炎、猪轮状病毒病二联弱毒疫苗	预防猪传染性胃肠炎、猪轮状病毒性腹泻。免疫期为一个胎次	用生理盐水稀释，母猪于分娩前5～6周肌内注射1毫升。4℃的阴暗处保存1年，其他注意事项可参见说明书
猪传染性胃肠炎与猪流行性腹泻二联灭活疫苗	预防猪传染性胃肠炎和猪流行性腹泻两种病毒引起的腹泻。接种后15天开始产生免疫力，免疫期为6个月	一般于产前20～30天后海穴注射4毫升。避免高温和阳光照射，2～8℃保存，不可冻结，保存期1年
口蹄疫疫苗	预防口蹄疫病毒引起的相关疾病。免疫期2个月	每头猪2毫升，2周后再免疫一次。疫苗在2～8℃保存，不可冻结，保存期1年
猪喘气病弱毒冻干活菌苗	预防猪喘气病。免疫期1年	种猪、后备猪每年春、秋各免疫一次，仔猪15日龄至断奶首免，3～4月龄种猪二免。胸腔注射，4毫升/头
猪链球菌病氢氧化铝菌苗	预防猪链球菌病。免疫期6个月	60日龄首免，以后每年春、秋各免疫一次，3毫升/头
传染性胸膜肺炎灭活油佐剂苗	预防猪传染性胸膜肺炎	2～3月龄猪间隔2周2次接种
猪肺疫弱毒冻干苗	预防猪肺疫。免疫期6个月	仔猪70日龄初免，1头份/头；成年猪每年春、秋各免疫一次

续表

名称	作用	使用和保存方法
繁殖与呼吸障碍综合征冻干苗	预防猪繁殖与呼吸障碍综合征	3周龄仔猪初次接种，种母猪配种前2周再次接种。大猪2毫升/头，小猪1毫升/头
抗猪瘟血清	猪瘟的紧急预防和治疗，注射后立即起效。必要时12～24小时再注射一次，免疫期为14天	采用皮下或静脉注射，预防剂量为每千克体重1毫升，治疗量加倍。本制品在2～15℃条件下可保存3年

（二）母猪群的免疫参考程序

母猪群的免疫参考程序见表6-4、表6-5。

表6-4　种母猪的免疫参考程序

免疫时间	使用疫苗	免疫剂量和方式
每隔4～6个月	口蹄疫灭活疫苗	2头份肌内注射
初产母猪配种前	猪瘟弱毒疫苗	2头份肌内注射
	高致病性猪蓝耳病灭活疫苗	1头份肌内注射
	猪细小病毒病灭活疫苗	1头份颈部肌内注射
	猪伪狂犬基因缺失弱毒疫苗	1头份肌内注射
经产母猪配种前	猪瘟弱毒疫苗	2头份肌内注射
	高致病性猪蓝耳病灭活疫苗	1头份肌内注射
产前4～6周	猪伪狂犬病基因缺失弱毒疫苗	1头份肌内注射
	大肠杆菌病双价基因工程苗①	1头份肌内注射
	猪传染性胃肠炎、流行性腹泻二联苗①	1头份后海穴注射

①根据本地疫病流行情况可选择进行免疫。

注：1. 种猪70日龄前免疫程序同商品猪。

2. 乙型脑炎流行或受威胁地区，每年3～5月份（蚊虫出现前1～2月）使用乙型脑炎疫苗间隔一个月免疫两次。

3. 猪瘟弱毒疫苗建议使用脾淋疫苗。

表 6-5　猪群的免疫参考程序

阶段	免疫时间	疫苗种类	免疫剂量和方式	备注
仔猪	15 日龄	猪喘气病灭活苗或弱毒苗	1 头份，胸腔注射	
	20 日龄	猪瘟活细胞苗	2 头份，肌内注射	
	30 日龄	仔猪副伤寒弱毒苗	1 头份，肌内注射	
		猪喘气病灭活苗或弱毒苗	1 头份，胸腔注射	
	60 日龄	猪瘟、猪肺疫、猪丹毒三联苗	2 头份，肌内注射	
后备种猪	6 月龄到配种前 1 个月	猪细小病毒病弱毒疫苗	1 头份，肌内注射	
	母猪配种前 1 周	猪瘟、猪肺疫、猪丹毒三联苗	2 头份，肌内注射	2 次/年
繁殖种公、母猪	公猪每年 4 月、10 月	猪喘气病灭活苗或弱毒苗	2 头份，肌内注射	2 次/年
	母猪配种前 1 个月	猪乙型脑炎弱毒苗	1 头份，肌内注射	建议
	产前 40 天、15 天	大肠杆菌病三价灭活苗	1 头份，肌内注射	建议
	产前 40 天	猪伪狂犬病灭活苗	1 头份，肌内注射	建议

注：商品猪群按 70 日龄前的免疫程序进行。

（三）疫苗接种前后的注意事项

1. 疫苗使用前要检查

使用前要检查药品的名称、厂家、批号、有效期、物理性状、贮存条件等是否与使用说明书相符。仔细查阅使用说明书与瓶签是否相符，明确装置、稀释液、每头剂量、使用方法及有关注意事项，并严格遵守，以免影响效果。对过期、无批号、油乳剂破乳、失真空及颜色异常或不明来源的疫苗禁止使用。

2. 免疫操作要规范

（1）注射用具要卫生　预防注射过程应严格消毒，注射器、针头应洗净煮沸 15～30 分钟备用，每注射一栏猪更换一枚针头，防止传染。吸药时，绝不能用已给动物注射过的针头吸取，可用一个灭菌针头插在瓶塞上不拔出，裹以挤干的酒精棉花专供吸药用，吸出的药液不应再回注瓶内。

（2）摇匀液体　液体在使用前应充分摇匀，每次吸苗前再充分振摇。冻干苗加稀释液后应轻轻振摇均匀。

（3）根据猪的大小和注射剂量，选用相应的针管和针头　一般猪注射可选用10毫升或20毫升的金属注射器或连续注射器，针头可用38～44毫米长的12号针头；新生仔猪猪瘟超免可用2毫升或5毫升的注射器，针头为20毫米长的9号针头。注射时要一猪一个针头、一猪一标记，以免漏注；注射器刻度要清晰，不滑杆、不漏液；注射的剂量要准确，不漏注、不白注；进针要稳，拔针宜速，不得打“飞针”，以确保苗液真正足量地注射于肌内。

（4）接种部位消毒　接种部位以5%碘酊消毒为宜，以免影响疫苗活性。免疫弱毒菌苗前后7天不得使用抗生素和磺胺类等抗菌抑菌药物。

（5）注意保定　注射时要适当保定，保育舍、育肥舍的猪，可用焊接的铁栏挡在墙角处，等猪群相对稳定后再注射。哺乳仔猪和保育仔猪需要抓逮时，要注意轻抓轻放。避免过分驱赶，以减缓应激。

（6）注射部位要准确　肌内注射部位，有颈部、臀部和后腿内侧等供选择，皮下注射部位在耳后或股内侧皮下疏松结缔组织，避免注射到脂肪组织内。需要交巢穴和胸腔注射的更需摸准部位。

（7）接种时间合适　接种时间应安排在猪群喂料前空腹时，高温季节应在早、晚注射。

（8）注射操作要细致　注射时动作要快捷、熟练，做到“稳、准、足”，避免飞针、折针、洒苗。苗量不足的立即补注；妊娠母猪免疫操作要小心谨慎，产前15天内和妊娠前期尽量减少使用各种疫苗。

（9）疫苗合理选用　疫苗不得混用（标记允许混用的除外），一般两种疫苗接种时间，至少间隔5～7天；失效、作废的疫苗以及用过的疫苗瓶、稀释后的剩余疫苗等，必须妥善处理。处理方式包括用消毒剂浸泡、煮沸、烧毁、深埋等。

3.免疫前后细管理

（1）减少应激　防疫前的3～5天可以使用抗应激药物、免疫增强保护剂，以提高免疫效果。

（2）禁用药物　在使用活病毒苗时，用苗前后严禁使用抗病毒药物；用活菌苗时，防疫前后 10 天内不能使用抗生素、磺胺类等抗菌抑菌药物及激素类。

（3）做好记录　及时认真填写免疫接种记录，包括疫苗名称、免疫日期、舍别、猪别、日龄、免疫头数、免疫剂量、疫苗性质、生产厂家、有效期、批号、接种人等。每批疫苗最好存放 1～2 瓶，以备出现问题时查询。

（4）异常处理　有的疫苗接种后能引起过敏反应，需详细观察 1～2 天，尤其接种后 2 小时内更应严密监视，遇有过敏反应者，注射肾上腺素或地塞米松等抗过敏解救药；有的猪在打过某些疫苗后应激反应较大，表现采食量降低甚至不吃，或体温升高，应使其饮用电解质水或口服补液盐或熬制的中药液。尤其是保育舍仔猪免疫接种后采取以上措施能减缓应激；如果发生严重反应或怀疑疫苗有问题而引起死亡，尽快向生产厂家反映或冷藏包装同批次的制品 2 瓶寄回厂家，以便查找原因。

（5）避免感染　接种疫苗后，活苗经 7～14 天、灭活苗经 14～21 天才能使机体获得免疫保护，这期间要加强饲养管理，尽量减少应激因素，加强环境控制，防止饲料霉变，搞好清洁卫生，避免强毒感染。

五、药物保健

药物保健就是在猪容易发病的几个关键时期，提前用药物预防，降低猪场的发病率。相比于发病后再治，药物保健既省钱省力，又避免影响猪的生长或生产，可收到事半功倍的效果。药物保健要大力提倡使用细胞因子产品、中药制剂、微生态制剂及酶类制剂等，尽可能少用抗生素类药物，以避免出现耐药性、药物残留及不良反应，影响动物性食品的质量，危害公共卫生的安全。

（一）药物保健方案

1. 哺乳仔猪的药物保健

哺乳仔猪的药物保健方案见表 6-6。

表 6-6　哺乳仔猪的药物保健方案

时间	保健方案
仔猪出生后1～4日龄	1日龄、4日龄每头各肌内注射排疫肽(高免球蛋白)1次,每次每头0.25毫升;或者肌内注射倍康肽(猪白细胞介素-4),每次每头0.25毫升,可增强免疫力,提高抗病力。1～3日龄,每天口服畜禽生命宝(蜡样芽孢杆菌活菌)1次,每次每头0.5毫升;或于仔猪出生后,吃初乳之前用止痢宝(嗜酸乳杆菌口服液),每头喷嘴1毫升,出生后20～24小时,每头再喷嘴2毫升
	仔猪出生后,吃初乳之前,每头口服庆大霉素6万国际单位,8日龄时再口服8万国际单位
	仔猪1日龄,每头肌内注射长效土霉素0.5毫升;2日龄,用伪狂犬病双基因缺失活疫苗滴鼻,每个鼻孔0.5毫升
	仔猪3日龄时,每头肌内注射牲血素1毫升及0.1%亚硒酸钠维生素E注射液0.5毫升;或者肌内注射铁制剂1毫升,可防止缺铁性贫血、缺硒及腹泻的发生
7日龄	7日龄,每头肌内注射长效土霉素0.5毫升
	补料开食,可于1吨饲料中添加金维肽C211或益生肽C211(乳猪专用微生态制剂)500克,饲喂10天,可促进消化机能,调节菌群平衡,提高饲料吸收、利用率,促进生长,增强免疫力,提高抗病力
21日龄	每头肌内注射长效土霉素0.5毫升
仔猪断奶前3天	每头肌内注射转移因子或倍健(免疫核糖核酸)0.25毫升,可有效地防止断奶时可能发生的断奶应激、营养应激、饲料应激及环境应激等
仔猪断奶前后各7天	1吨饲料中添加喘速治(泰乐菌素、多西环素、微囊包被的干扰素、排疫肽)500克、黄芪多糖粉500克、溶菌酶100克,或氟康王(氟苯尼考、微囊包被的细胞因子)400克、黄芪多糖粉500克、溶菌酶100克,连续饲喂14天;或于1吨饲料中添加80%支原净120克、多西环素150克、阿莫西林200克、黄芪多糖粉500克,连续饲喂14天,可有效地预防断奶应激诱发断奶后仔猪发生的多种疫病。或饮水加药,饮用电解质多维+葡萄糖+黄芪多糖+溶菌酶,饮用12天

2.后备母猪的药物保健

后备母猪在整个饲养过程中常见多发的疫病与育肥猪基本相似，因此，后备母猪平时的药物保健可每月进行1次，每次12天，其保健方案可参照育肥猪的药物保健方案。

后备母猪配种前30天驱虫1次，用“通灭”或“全灭”，每33千克体重肌内注射1毫升。

后备母猪配种前25天开始进行药物保健，有利于净化后备母猪体内的病原体，确保初配受胎率高、妊娠期母猪健康和胎儿正常生长发育。可于1吨饲料中添加喘速治600克、黄芪多糖粉600克、板蓝根粉600克、溶菌酶140克，连续饲喂12天。

3.生产母猪的药物保健

母猪妊娠期间尽可能少用或短时间内应用化学药物进行保健。如使用生物工程制剂（细胞因子产品）及某些中药制剂可能比较安全。

于1吨饲料中添加抗菌肽（抗菌活性肽）500克、黄芪多糖粉600克、溶菌酶140克，连续饲喂7天，每月1次即可。

母猪产前、产后各7天，于1吨饲料中添加喘速治600克或者氟康王500克，加黄芪多糖粉600克、板蓝根粉600克，连续饲喂14天；也可于1吨饲料中加氟康王800克、多西环素280克、黄芪多糖粉600克、溶菌酶140克，连续饲喂14天；也可于1吨饲料中加滕骏加康（含免疫增强剂）500克、多西环素300克，连续饲喂14天。

生产母猪产前与产后进行药物保健后，临产时其他药物可免用。药物保健净化了母猪体内的病原体，母猪产仔后很少发生子宫内膜炎、阴道炎及乳腺炎，泌乳充足，产出的仔猪健康，成活率高。

（二）寄生虫病的用药方案

目前猪场常见的内寄生虫主要为肠道线虫（如蛔虫、结节虫、兰氏类圆线虫和鞭虫等），外寄生虫主要为疥螨、血虱等。防控方案为：每吨饲料中加伊维速克3千克混匀，连续用药7～10天；或

待产母猪分娩前7～14天注射一次长效伊维速克注射液（颈部皮下注射或肌内注射）。

六、疫病扑灭措施

（一）隔离

当猪群发生传染病时，应尽快做出诊断，明确传染病性质，立即采取隔离措施。一旦病性确定，对假定健康猪可进行紧急预防接种。隔离开的猪群要专人饲养，用具要专用，人员不要互相串门。根据该种传染病潜伏期的长短，经一定时间观察不再发病，再经过消毒后可解除隔离。

（二）封锁

在发生及流行某些危害性大的烈性传染病时，应立即报告当地政府主管部门，划定疫区范围进行封锁。封锁应根据该疫病流行情况和流行规律，按“早、快、严、小”的原则进行。封锁是针对传染源、传播途径、易感动物群三个环节采取相应措施。

（三）紧急预防和治疗

一旦发生传染病，在查清疫病性质之后，除按传染病控制原则进行诸如检疫、隔离、封锁、消毒等处理外，对疑似病猪及假定健康猪可采用紧急预防接种，预防接种可应用疫苗，也可应用抗血清。

（四）淘汰病畜

淘汰病畜，也是控制和扑灭疫病的重要措施之一。

第二节　常见猪病防治

一、母猪的传染病防治

（一）猪瘟

猪瘟（HC）俗称“烂肠瘟”，是由猪瘟病毒引起的一种急性、热性、接触性传染病。

1.病原

猪瘟病毒属于黄病毒科、瘟病毒属，单股 RNA 病毒。在自然干燥过程中病毒迅速死亡，在腐败尸体中存活 2～3 天。被猪瘟病毒污染的环境，如保持干燥，经 1～3 周失去传染性。冰冻条件下，猪瘟病毒的毒力可保持数日；－25℃保持一年以上。在冷冻病猪肉中，病毒可存活数周至数月。腌制或熏制的病猪肉中，病毒可存活半年以上。腐败易使病毒失活，如血液及尸体中的病毒，由于腐败作用，2～3 天失活。病猪的粪尿在堆积发酵后数日失去传染力。含病毒的组织和血液，加 0.5％石炭酸与 50％甘油后，在室温下可保存数周，病毒仍然存活，很适用于病料的送检。

猪瘟病毒对消毒药的抵抗力较强。对污染圈舍、用具、食槽等最有效的消毒剂是 2％～4％烧碱、5％～10％漂白粉、0.1％过氧乙酸、1∶200 强力消毒灵、1∶200 菌毒灭Ⅱ型等。在寒冷的冬季，为防止烧碱溶液结冰，可加入 5％食盐。

2.流行病学

不同年龄、品种、性别的猪均易感，且一年四季都可发生。病猪是主要传染源，病毒存在于各器官组织、粪、尿和分泌物中，易感猪采食了被病毒污染的饲料、饮水，接触了病猪和猪肉，以及污染的设备用具，或吸入含有大量病毒的飞沫和尘埃后，都可感染发病。此外，畜禽、鼠类、鸟类和昆虫也能机械性带毒，促使本病的发生和流行；发生过猪瘟的场地上的蚯蚓、病猪体内的肺丝虫均含有猪瘟病毒，也会引起感染。处于潜伏期和康复期的猪，虽无临床症状，但可排毒，这是最危险的传染源，要注意隔离防范。本病流行特点是先有一头至数头猪发病，经一周左右，大批猪开始发病。

3.临床症状

本病潜伏期一般为 7～9 天，最长 21 天，最短 2 天。

（1）最急性型　该型少见，常发生在流行初期。病猪无明显的临床症状，常突然死亡。病程稍长的，体温升高到 41～42℃，食欲废绝，精神委顿，眼和鼻黏膜潮红，皮肤发紫、出血，极度衰弱。

病程 1～2 天。

（2）急性型 该型是常见的一种类型。病猪食欲减退，精神沉郁，常挤卧在一起或钻入垫草中；行走缓慢无力，步态不稳；眼结膜潮红，眼角有多量黏脓性分泌物，有时将上下眼睑粘在一起；鼻孔流出黏脓性分泌物；耳后、四肢、腹下、会阴等处的皮肤有大小不等、数量不一的紫红色斑点，指压不褪色（图 6-5）；粪便恶臭，附有或混有黏液和血液；体温 40.5～41.5℃；仔猪出现磨牙、站立不稳、阵发性痉挛等神经紊乱症状。病程 1～2 周。后期病猪卧地不起，勉强站立时，后肢软弱无力，步态踉跄，常并发肺炎和肠炎。

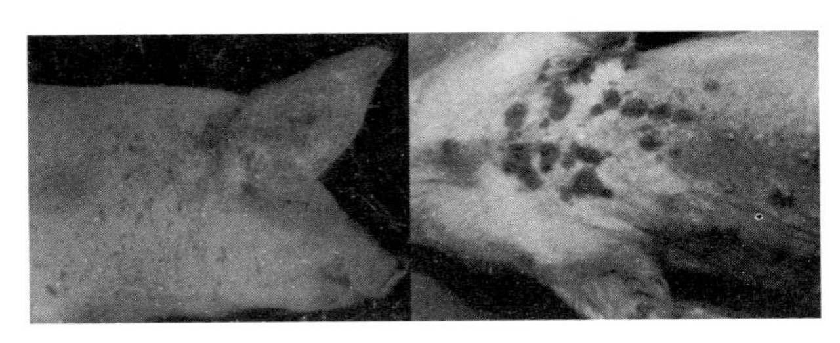

图 6-5 病猪耳、颈部皮肤（左）、前胸（右）出血

（3）慢性型 该型病程一个月以上。病猪食欲时好时坏，体温时高时低，便秘与腹泻交替发生，皮肤有出血斑或坏死斑点，全身衰弱无力，消瘦贫血，个别猪逐渐康复。

非典型猪瘟是近年来国内外发生较普遍的一种猪瘟病型，据报道，这种类型的猪瘟是由低毒力的猪瘟病毒引起的。其主要临床特征是缺乏典型猪瘟的临床表现，病猪微发热或中等程度发热，大多在腹下有轻度的淤血或四肢发绀。有的自愈后出现干耳和干尾，甚至皮肤出现干性坏疽而脱落。这种类型的猪瘟病程 1～2 个月不等，甚至更长。有的猪有肺部感染和神经症状。新生仔猪常引起大量死亡。自愈猪变为侏儒猪或僵猪。

4. 病理变化

最急性型常无明显病变，仅能看到肾、淋巴结、浆膜、黏膜的小点出血。

急性型死亡的病猪，主要呈现典型的败血症变化。全身淋巴结肿大，呈紫红色，切面周边出血，或红白相间，呈现大理石样病变。肾脏不肿大，土黄色，被膜下散在数量不等的小出血点（图6-6）。膀胱黏膜有针尖大小出血点（图6-7）。脾脏不肿大，边缘有暗紫色的出血性梗死，有时可见脾脏被膜上有小米粒至绿豆大小的紫红色凸出物。皮肤、喉头黏膜、心外膜、肠浆膜等有大小不一、数量不等的出血斑点。胃黏膜出血（图6-8），盲肠、结肠黏膜出血，形成纽扣状溃疡。

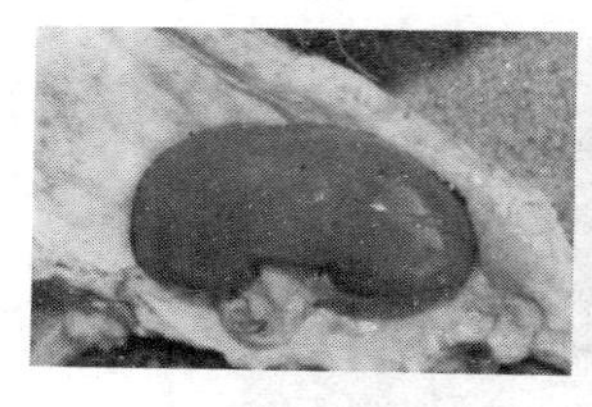
图6-6 肾脏病变

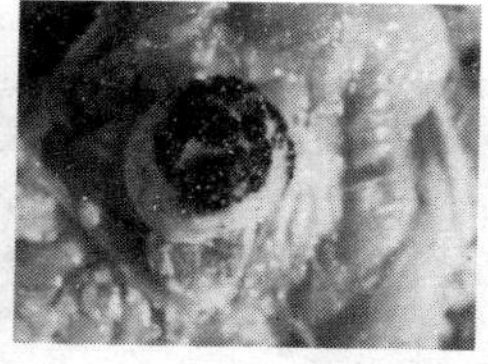
图6-7 膀胱黏膜出血

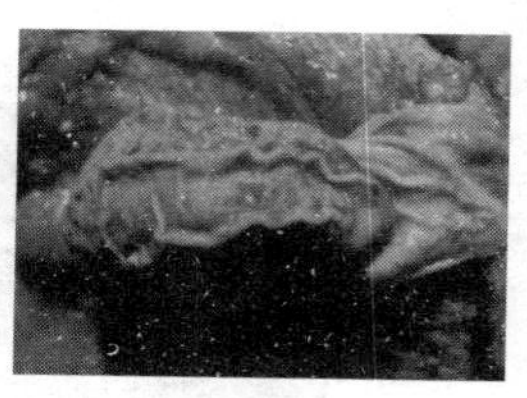
图6-8 胃黏膜出血、溃疡

慢性型除具有急性型的剖检病变之外，较典型的病变是回盲口、盲肠和结肠的黏膜上形成大小不一的圆形纽扣状溃疡。该溃疡呈同心圆轮状纤维素性坏死，凸出于肠黏膜表面，褐色或黑色，中央凹陷。

5.防治

（1）预防措施

① 加强隔离消毒　坚持自繁自养，减少猪只流动，防止疫病发生。如需从外单位引入种猪，应从健康无病的猪场引进。在场外隔离一个月以上，并进行猪瘟疫苗注射，经观察确实无病，才可混入原猪群饲养；对污染猪舍、运动场和用具进行彻底清洗消毒。清洗、消毒处理后的病猪圈，须空15天后才能放入健康猪饲养。

② 切实做好预防接种工作　在本病流行的猪场和地区可实行以下免疫方法：一是超前免疫。在仔猪出生后及未吃初乳之前，肌内注射2头份（300个免疫剂量）猪瘟兔化弱毒疫苗，1～1.5小时

后，再让仔猪吃母乳。35日龄前后强化免疫4头份，免疫期可达1年以上。二是大剂量免疫。种公猪每年春、秋两次免疫，每头每次肌内注射4头份（600个免疫剂量）猪瘟兔化弱毒疫苗。仔猪离乳后，给母猪肌内注射4～6头份猪瘟兔化弱毒疫苗。仔猪在25～30日龄时肌内注射2头份猪瘟兔化弱毒疫苗，60～65日龄时肌内注射4头份猪瘟兔化弱毒疫苗。

在无猪瘟流行的地区，可按常规的春、秋两季防疫注射和2～4头份剂量进行，要做到头头注射，个个免疫，并做好春、秋季未注射猪只的补针工作。

（2）发病后的措施

① 紧急接种　对疫区、疫场未发病的猪只，用4头份猪瘟兔化弱毒疫苗进行紧急接种，5～7天可产生免疫力。经验证明，采取紧急接种的方法，能有效地防止新的病猪出现，缩短流行过程，减少经济损失，是防治猪瘟流行的切实可行的积极措施。

② 死猪和病猪肉的处理　对病死的猪应深埋，不许乱扔。急宰猪应在指定地点进行，病猪肉须彻底煮熟后方可利用；对污染的废物、带毒的废水应采取深埋、消毒等措施；工作人员要严格消毒，防止疫情扩散。

③ 治疗　常用于优良的种猪或温和型猪瘟。治疗方法为：抗猪瘟高免血清，每千克体重1毫升，肌内注射或静脉注射；或苗源性抗猪瘟血清，每千克体重2～3毫升，肌内注射或静脉注射；或猪瘟兔化弱毒疫苗20～50头份，分2～3点肌内注射，2天1次，注射2次；或卡那霉素，每千克体重20毫克，每天1次。上述治疗方法对35千克以上的病猪有一定疗效。

（二）口蹄疫

口蹄疫是由口蹄疫病毒引起的，主要侵害偶蹄兽的一种急性接触性传染病，猪、牛、羊等均易感染。口蹄疫传染性强，传播速度很快，不易控制和消灭，世界动物卫生组织（OIE）将本病列为A类传染病之首。

1. 病原

口蹄疫病毒属于微小 RNA 病毒科的鼻病毒属，共有 7 个主要的抗原性血清型。每一类型又分若干亚型，各型之间的抗原性不同，不同型之间不能交叉免疫，但症状和病变基本一致。本病毒对外界环境的抵抗力很强，广泛存在于病畜的组织中，特别是水疱液中含量最高。

2. 流行病学

本病主要传染源是病畜和带毒动物。病畜的各种分泌物和排泄物，特别是水疱破裂以后流出的液体都含有病毒，这些病毒先污染环境，再感染健康动物。本病传播性强，动物长途运输、大风天气时病毒可跳跃式向远处传播。其主要传播途径为损伤的皮肤、黏膜和呼吸道。如皮肤、黏膜感染，病毒先在侵入部位的表皮和真皮细胞内复制，使上皮细胞发生水疱变性和坏死，以后细胞间隙出现浆液性渗出物，从而形成一个或多个水疱，称为原发性水疱液，病毒在其中大量复制，并侵入血液，出现病毒血症，导致体温升高等全身症状。

口蹄疫最危险的传播媒介是病猪肉及其制品，还有泔水，其次是被病毒污染的饲养管理用具和运输工具。本病传播性强，流行猛烈，常呈流行性发生。多发生于冬春季，到夏季往往自然平息。

3. 临床症状

口蹄疫潜伏期 1～2 天，病猪以蹄部水疱为主要特征，病初体温升高至 40～41℃，精神不振，食欲减退或不食，蹄冠、趾间出现发红、微热、敏感等症状，不久形成黄豆大、蚕豆大的水疱，水疱破裂后表面形成出血烂斑，引起蹄壳脱落，患肢不能着地，常卧地不起。病猪乳房也常见到病斑，尤其是哺乳母猪，乳头上的皮肤病灶较为常见。其他部位皮肤上的病变少见。有时导致流产、乳腺炎及蹄变形。未断乳仔猪患口蹄疫，通常突然发病，角弓反张，口吐白沫，倒地四肢划动，尖叫后突然死亡。病程稍长者可见到口腔鼻镜上有水疱和糜烂。口蹄疫病死率可达 60%～80%。

4. 病理变化

病理变化主要是在皮肤型黏膜（唇、舌、颊、腭、前消化道黏膜、呼吸道黏膜）及毛少皮肤（口角、鼻镜、乳房、蹄缘、蹄间隙）出现水疱。口蹄疫水疱液初期为半透明的淡黄色，后由于局部上皮细胞变性、崩解以及白细胞渗出而变成浑浊的灰色。水疱发生糜烂后，大量水疱液向外排出，轻者可修复，局部上皮细胞再生或结缔组织增生形成疤痕，如严重或继发感染，病变可向深层发展，形成溃疡。有的恶性病例主要损伤心肌和骨骼肌。如心肌变性、局灶性坏死，坏死的心肌呈条纹状，灰黄色，质软而脆，与正常心肌形成红黄相间的纹理，称为"虎斑心"。显微镜下见心肌纤维肿大，有的出现变性、坏死、断裂，并进一步溶解、钙化。间质充血、水肿，淋巴细胞增生或浸润，导致以坏死为主的急性坏死灶性心肌炎。

【小提示】口蹄疫以口腔黏膜、蹄部及乳房皮肤发生水疱和溃烂为临床特征。特征性的病理变化是在毛少的皮肤（口角、鼻镜、乳房、蹄缘、蹄间隙）和皮肤型黏膜（唇、舌、颊、腭、龈）出现水疱，心脏、骨骼肌变性、坏死和炎症反应。

5. 防治

（1）预防措施

① 严格隔离消毒　严禁从疫区（场）买猪以及肉制品，不得使用未经煮开的洗肉水、泔水喂猪；非本场生产人员不得进入猪场和猪舍，生产人员进入要消毒；对猪舍及其环境定期进行消毒。

② 提高机体抵抗力　加强饲养管理，保持适宜的环境条件，改善环境卫生，增强猪体的抵抗力。

③ 预防接种　可用与当地流行相同的病毒型、亚型弱毒疫苗或灭活疫苗进行免疫接种。

（2）发病后的措施

① 封锁隔离　发现本病后，应迅速报告疫情，划定疫点、疫区，及时严格封锁，病畜及同群畜应隔离急宰。同时，对病畜舍及受污染的场所、用具等彻底消毒，对受威胁区的易感畜进行紧急预

防接种。若在最后一头病畜痊愈或屠宰后14天内，未再出现新的病例，经大消毒后可解除封锁。

② 消毒　疫点严格消毒，猪舍、场地和用具等彻底消毒，粪便堆积发酵处理或用5%氨水消毒。

③ 被动免疫　用康复猪血清或免疫血清对疫区和受威胁区的生猪作被动免疫，以控制疫情和保护仔猪。

④ 其他　发现病猪，除及时诊断外，要立即向上级有关防疫部门报告，实行封锁，对污染的猪舍、环境及用具严格消毒，对病猪按国家有关规定处理。

（三）猪伪狂犬病

伪狂犬病是由伪狂犬病病毒感染引起的一种急性传染病。感染猪临床特征为体温升高，新生仔猪表现神经症状，该病毒还可侵害消化道。但成年猪常为隐性感染，可有流产、死胎及呼吸道症状，无奇痒。本病最早（1800年）发生于美国，曾与狂犬病、急性中毒混淆，1902年被认定为不同于狂犬病的一种独立的疾病，1910年被证实为病毒病，1935年发现猪对本病的传播具有重要作用。

1. 病原

伪狂犬病病毒是疱疹病毒科、甲型疱疹病毒亚科、猪疱疹Ⅰ病毒Ⅰ型，是DNA型疱疹病毒。猪疱疹病毒Ⅰ型在提纯的病毒粒子负染色体中可见病毒粒子的直径为110～150纳米，位于胞浆内或细胞外，带囊膜的成熟粒子直径180纳米；中央为核心，内含线状双股DNA，其外为外壳，呈立体对称的正20面体；衣壳由3层组成，中层和内层为无特定形态的蛋白膜，外层由162个互相连接呈放射状排列并有中空轴孔的壳粒构成。该病毒具有泛嗜性，能在多种组织培养细胞内增殖，其中以兔肾细胞和猪肾细胞（包括原Ⅰ代细胞和传代细胞系）最为敏感，当病毒接种量大时，在18～24小时后即能看到典型的细胞病变。

本病毒对外界抵抗力较强，在污染的猪舍环境中能存活1个多月，在肉中可存活5周。本病毒对热有一定抵抗力，44℃下5小时约30%的病毒保持感染力；56℃下15分钟、70℃下5分钟、100℃

下 1 分钟可使病毒完全灭活；−30℃以下保存，可长期保持毒力且稳定，但在−15℃保存 12 周则完全丧失感染力。紫外线、γ 射线照射可使病毒失活。一般消毒药都可将其杀死。本病毒对乙醚和氯仿等有机溶剂敏感，用 1%石炭酸 15 分钟可杀死病毒，1%～2%火碱溶液可立即杀死病毒。

2. 流行病学

本病主要传染源是病猪、带毒猪和带毒鼠类。健康猪与病猪、带毒猪直接接触可感染。其主要传播途径是消化道、呼吸道损伤的皮肤以及配种等。各种年龄的猪都易感，但随年龄的不同症状和死亡率有很大差异，成年猪病程稍长；仔猪发病呈急性经过；母猪感染本病后 6～7 天乳中有病毒，持续 3～5 天，乳猪因吃奶而感染；妊娠母猪感染本病时，病毒常可侵入子宫内的胎儿。

仔猪日龄越小，发病率和死亡率越高，随着日龄增长而发病率、死亡率下降，断乳后的仔猪多不发病。

3. 临床症状

本病潜伏期一般为 3～6 天，短的 36 小时，长的达 10 天，临床症状随年龄增长而有差异。

哺乳仔猪及断乳仔猪症状严重，往往体温升高，呕吐、下痢、厌食、精神沉郁，有的见眼球上翻，视力减弱，呼吸困难，呈腹式呼吸；继而出现神经症状，发抖，共济失调，间歇性痉挛，后躯麻痹，做前进和后退转动，倒地后四肢划动。常伴有癫痫样发作或昏睡，触摸时肌肉抽搐，最后衰竭死亡。神经症状出现后 1～2 天内病猪死亡，病死率可达 100%。

2 月龄以上的猪，症状轻微或隐性感染，表现为一过性发热，咳嗽、便秘，有的病猪呕吐，多在 3～4 天恢复。如出现体温继续升高，则病猪出现神经症状，肌肉震颤，共济失调，头向上抬，背弓，倒地后四肢痉挛，间歇性发作。成猪呈隐性感染，很少见到神经症状。

妊娠母猪感染本病，表现为咳嗽、发热、精神不振。随后发生流产，所产胎儿多为木乃伊胎、死胎和弱仔，这些仔猪 1～2 天内

出现呕吐和腹泻，运动失调，痉挛，角弓反张，通常在24～36小时内死亡。

4.病理变化

病变表现为鼻腔卡他性或化脓出血性炎症，扁桃体水肿并伴以咽炎和喉头水肿，勺状软骨和会厌皱襞呈浆液性浸润，并常有纤维素性坏死性假膜覆盖，上呼吸道内有大量泡沫样液体；喉黏膜和浆膜可见点状或斑状出血。淋巴结特别是肠淋巴和下颌淋巴充血，肿大，间有出血。心肌松软，心内膜有斑状出血，肾呈点状出血性炎症变化，胃底部可见大面积出血，小肠黏膜充血、水肿，黏膜形成皱褶并有稀薄黏液附着，大肠呈斑块出血。脑膜充血、水肿（图6-9），脑实质有点状出血；肝表面有大量针尖大小的黄白色坏死灶；病程较长者，心包液、胸腹腔液、脑脊液都明显增多。

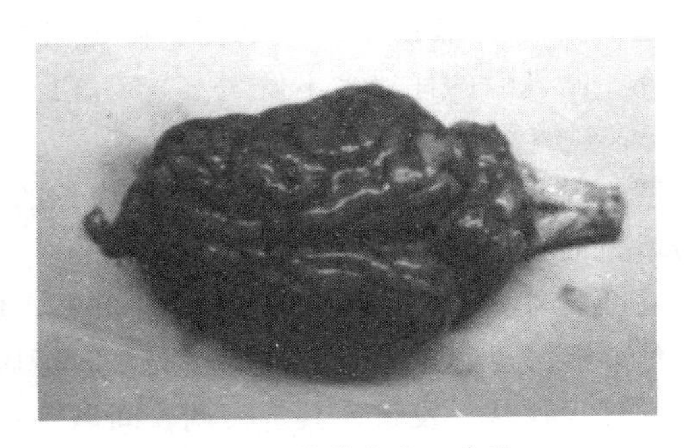

图6-9　脑膜充血、水肿

患病流产母猪，胎盘绒毛膜出现凝固样坏死，滋养层细胞变性。流产胎儿的肝、脾、肾上腺、脏器淋巴结也出现凝固性坏死变化。

5.诊断

猪伪狂犬病无特征性剖检变化，确诊必须结合流行病学，并采用实验室诊断方法。

6.防治

（1）预防措施

① 加强饲养管理　搞好环境卫生和消毒，坚持杀虫灭鼠，定

期检测猪群，阳性猪妥善处理；实行自繁自养、“全进全出”管理，严禁猪场混养多种畜禽；防止购入种猪时带进病原，要定期隔离观察，无传染病者方可进入猪场。

② 本病流行地区应进行免疫接种 伪狂犬病的弱毒苗、灭活苗、野毒灭活苗及基因缺失苗已研制成功。公猪每3～4个月免疫一次，母猪配种前7～10天和产前20～30天各免疫一次，新生仔猪1～3日龄滴鼻免疫，30～50日龄肌内注射1～2头份。

（2）发病后的措施 本病尚无有效治疗药物，必要时用高免血清治疗，可降低死亡率；病死猪深埋，用消毒药消毒猪舍和环境，粪便发酵处理。严禁散养禽类，禁止犬、猫进入猪场。

（四）猪细小病毒病

猪细小病毒病是由猪细小病毒（PPV）引起的以母猪繁殖障碍为主的一种传染病，其特征为流产、死产，产死胎、木乃伊胎，初生仔猪死亡。各种猪均可感染PPV，但除了妊娠母猪外，其他种类的猪感染后均无明显临床症状。

1. 病原

该病病原为猪细小病毒（PPV），分类上属于细小病毒科、细小病毒属。病毒粒子外观呈六角形和圆形，无囊膜，直径20～28纳米。PPV能在猪源细胞中增殖，初次分离最好用原代猪肾细胞。

猪细小病毒对热抵抗力很强，在70℃经2小时仍有感染性，在80℃经5分钟可失去血凝性和感染性，在4℃以下病毒稳定，在－20～－70℃能存活一年以上。pH值3～9时病毒稳定。该病毒对氯仿、乙醚等脂溶剂有抵抗力，甲醛熏蒸和紫外线照射需较长时间才能将其杀死，0.5%漂白粉、2%火碱液5分钟可杀死病毒。

2. 流行病学

猪是猪细小病毒唯一的已知宿主，不同品种、性别和年龄的猪均可感染，包括胚胎、仔猪、母猪、公猪，甚至SPF猪。不同的猪PPV的阳性率也不相同，经产母猪的阳性率一般高达80%～100%，初产母猪一般为60%～80%，公猪（包括野公猪）为30%～50%左右，后备猪为40%～80%，育肥猪为60%。本病一般呈地方性流行或散发。

感染 PPV 的母猪是 PPV 的主要传染源。感染的母猪可由阴道分泌物、粪便、尿及其他分泌物排毒。PPV 能通过胎盘传染给胎儿，引起垂直传播。感染 PPV 的母猪所产的死胎、活胎、仔猪及子宫内排泄物中均含有高滴度的病毒。被感染的种公猪也是最危险的传染源，感染了 PPV 的公猪可在其精细胞、精索、附睾、副性腺中分离到 PPV，在急性感染期，病毒可经多种途径排出，包括精液。感染公猪在配种时，可将 PPV 传播给易感母猪。污染的猪舍是 PPV 的主要储藏所。急性感染猪的排泄物及分泌物内的病毒可存活数月，在病猪移出空圈四个半月后，用通常的方法清扫，当再放进易感猪时，仍可被感染。

本病的主要传播途径为消化道、呼吸道以及生殖道。仔猪主要是被感染 PPV 的母猪在其生前经胎盘或在其生后经口鼻传播感染，公猪、育肥猪、母猪主要是被污染的食物、环境经呼吸道、消化道感染，初产母猪主要是与带 PPV 的公猪交配时感染。鼠类在传播该病上也起一定作用。猪在感染 PPV 后 1～6 天可产生病毒血症，持续 1～5 天，1～2 个星期后主要通过粪便排毒，感染后 7～9 天可检出 HI 抗体，21 天内抗体效价可达 1∶15000，且能持续数年。

PPV 的感染率与动物年龄呈正相关，5～6 月龄猪的抗体阳性率为 8%～29%，7～10 月龄时就上升为 46%～67%，11～16 月龄就高达 84%～100%。死亡主要表现在新生仔猪、胚胎、胎猪，母猪妊娠早期感染时，胚胎、胎猪死亡率可高达 80%～100%，其他猪一般无死亡。在阳性猪中约有 30%～50%的带毒猪。

本病主要发生于春夏或母猪产仔季节和交配后的一段时间。此外，本病还可引起产仔瘦小、弱仔、母猪发情不正常、久配不孕等症状，对公猪的受精率和性欲没有明显影响。

3. 临床症状

仔猪和母猪的急性感染通常都呈亚临床病例，但在其体内很多组织器官（尤其是淋巴组织）中均可发现有病毒存在。

母猪不同时期感染可分别造成死胎、木乃伊胎、流产等不同症状。妊娠35天以内感染，所产仔猪瘦小，比正常仔猪小5～10厘米以上，其后天生活能力较弱，生长缓慢，不能抵抗由于各种因素造成的威胁，易发生死亡。妊娠30～50天感染，主要是产木乃伊胎。妊娠50～60天感染，多出现死胎。妊娠70天左右感染的母猪，常出现流产症状。母猪在妊娠后期感染，病毒可通过胎盘感染胎儿，但此时胎儿常能在子宫内存活而对其无明显的影响，因在妊娠70天后，大多数胎儿能对病毒感染产生有意义的免疫应答而存活下来，这些胎儿在出生时体内可有病毒和抗体，但外观正常，并可长期带毒排毒，有些甚至可能成为终生带毒者，若将这些猪作为繁殖用种猪，则可能使本病在猪群中长期存在，难以清除。

此外，本病还可造成母猪发情周期不正常、久配不孕、空怀(妊娠早期胎儿受感染死亡后，被母体迅速吸收，造成母猪返情或久配不孕、空怀)。多数初产母猪受感染后可获得主动免疫并可能持续终生。PPV感染对公猪的受精率或性欲没有明显的影响。

4. 病理变化

母猪子宫内膜有轻微炎症，胎盘部分钙化，胎儿在子宫内有被溶解、吸收的现象。受感染的胎儿出现不同程度的发育不良，出现木乃伊胎、畸胎、溶解的腐黑胎儿。感染的胎儿可见充血、水肿、出血、体腔积液、脱水（木乃伊化）及坏死等病变。

5. 诊断

如果发现流产、死胎、胎儿发育异常，而母猪没有明显的临床症状，同时又无其他证据可认为是另一种传染病，应考虑到本病的可能性。但确诊需依靠实验室检验。

鉴别诊断：同细小病毒一样能引起母猪繁殖障碍的其他病因很多，仅靠临床症状无法区分。就传染性病因而言，主要应与肠病毒感染、乙型脑炎、伪狂犬病、布氏杆菌病、呼肠孤病毒感染、猪瘟、腺病毒感染、衣原体感染、钩端螺旋体感染、弓形体感染、猪繁殖与呼吸障碍综合征等引起的流产相区别，这需要做实验室检验。

6. 防治

目前本病尚无有效的药物治疗方法，所以该病的预防就显得尤为重要。

（1）坚持自繁自养原则　如必须引种，应从未发生过 PPV 的地区引进，同时要将引进的猪隔离一个月，并经两次血清学检查，HI 效价在 1∶256 以下或阴性时才能混群饲养。

（2）精液卫生　最好用经检疫确认不带毒的精液做人工授精，若用公猪直接配种，必须对公猪进行血清抗体及抗原和精液 PPV 检查，确认阴性时才可使用。

（3）推迟配种　在本病流行地区，将青年母猪的配种时间推迟到 9 月龄后进行，因为此时母源抗体已经消失，而其自身也已有主动免疫。也可在初产母猪配种前进行自然感染或人工免疫。常用的自然感染方法是在一群血清学阴性的初产母猪中放进一些血清学阳性母猪，待初产母猪受感染且抗体滴度达到一定程度后再配种，这样可减少流产、死产。

（4）免疫接种　目前，世界上很多国家都应用疫苗以减少经济损失。已研制成功的疫苗有灭活苗和弱毒苗。灭活苗的免疫期一般在 4～6 个月，弱毒苗的免疫期要比灭活苗长，一般在 7 个月以上。应用疫苗应在母源抗体消失后，因为母源抗体会干扰主动免疫。理想的接种时机是在母源抗体消失后到妊娠前的几周。

（五）猪繁殖与呼吸障碍综合征

猪繁殖与呼吸障碍综合征（PRRS）是由猪繁殖与呼吸障碍综合征病毒（PRRSV）引起的猪的一种传染病。其特征为妊娠母猪流产、产死胎和弱仔。同时，出现呼吸障碍，尤其是哺乳仔猪表现严重的呼吸系统症状并呈高死亡率。由于该病毒导致机体产生免疫抑制，特别是常与猪圆环病毒协同感染，继发感染多种病毒和致病菌，很多猪场尽管采取了各种防治措施，仍然很难控制疫情，造成的经济损失十分惨重。

1. 病原

猪繁殖与呼吸障碍综合征病毒（PRRSV）属于动脉炎病毒

科、动脉炎病毒属，为单链 RNA 病毒。该病毒呈球形，有囊膜，病毒粒子直径约 45～65 毫米，内含正方体的核心，边长 25～35 毫米，病毒粒子表面有许多微小突起，对氯仿和乙醚敏感。欧洲国家和美国分离出的毒株在形态和理化性状上相似，但用多克隆猪抗体和小鼠克隆抗体进行血清学试验，证实两者在抗原性上有差异。目前将 PRRSV 分为两个亚群，A 亚群为欧洲原型，B 亚群为美国原型。

该病毒在 56℃ 15～20 分钟、37℃ 10～24 小时、20℃ 6 天、4℃ 1 个月其感染滴度下降为原来的 1/10，在 56℃ 45 分钟、37℃ 48 小时以后病毒将彻底灭活，在－70℃下其感染滴度可稳定长达 4 个月以上。当 pH 值小于 5 或大于 7 时病毒的感染滴度降低 90％以上。

2. 流行病学

本病是一种高度接触性传染病，呈地方流行性。该病仅见于猪，其他家畜和动物未见发病。不同年龄、品种、性别的猪均可感染，但不同年龄的猪易感性有一定的差异，生长猪和育肥猪感染后的症状比较温和，母猪和仔猪感染后的症状较为严重，乳猪的病死率可达 80％～100％。

患病猪和带毒猪是本病的重要传染源。该病的主要传播途径是接触感染、空气传播和精液传播，也可通过胎盘垂直传播。易感猪可经口、鼻腔、肌肉、腹腔、静脉及子宫内接种等多种途径而感染病毒，猪感染本病病毒后 2～14 周均可通过接触将病毒传播给其他易感猪。从病猪的鼻腔、粪便及尿中均可检测到病毒。易感猪与带毒猪直接接触或与污染有 PRRSV 的运输工具、器械接触均可受到感染。感染猪的流动也是本病的重要传播方式。

持续性感染是 PRRS 流行病学的重要特征，PRRSV 可在感染猪体内存在很长时间。

3. 临床症状

本病人工感染潜伏期 4～7 天，自然感染一般为 14 天。未经免疫的猪场，所有的母猪都易感。主要临床症状为食欲减退、精神沉郁、发热（39.5～40.5℃）、咳嗽、打喷嚏、呼吸异常，以胸式呼吸为主。急性期持续1～2周，由于出现病毒血症，部分严重的患猪表现高度沉郁、呼吸困难，耳尖、耳边呈现蓝紫色（图6-10），部分猪还有肺水肿、膀胱炎或急性肾炎。出生后半月以内的仔猪，精神沉郁、吃奶减少或不吃奶，被毛粗乱，皮肤及黏膜苍白，后腿呈八字腿状，进而体温升高（40～41℃），喘气，呼吸极度困难，眼结膜水肿。3周龄以下的患猪出现持续性水泻，抗菌药物治疗无效。同时，仔猪的耳廓、眼睑、臀部及后肢、腹下皮肤呈蓝紫色，部分仔猪奶头亦呈蓝紫色，后腹部皮肤毛孔间出现蓝紫色或铁锈色小淤血斑。由于常继发感染其他病毒和多种致病菌，所以患猪多呈急性经过，一般3～5天死亡，也有的发病1～2天后突然死亡。本病发病率23%～30%，死亡率可高达60%～80%，甚至整窝死光。

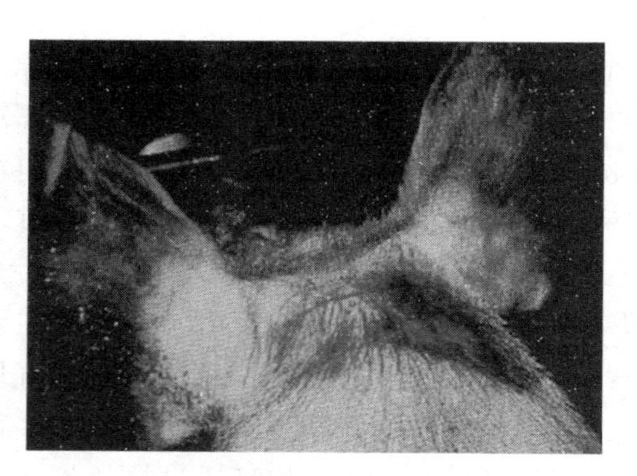

图6-10　猪繁殖与呼吸障碍综合征的蓝耳症状

4.病理变化

死胎的头顶部、臀部及脐带等处有鲜红色到暗红色的出血斑块。心脏表面色泽变为暗红色，严重者整个心脏表面呈蓝紫色。肺脏呈灰紫色，有轻度水肿，肺小叶间质略有增宽。肝脏肿胀，质地变脆易破，肝脏的颜色由灰紫色到蓝紫色，严重者整个肝脏呈紫黑色。肾脏肿大呈纺锤状，表面全部为紫黑色，切面可见肾乳头为紫褐色，肾盂水肿。腹股沟淋巴结微肿，呈褐紫色到紫黑色。

5. 诊断

根据母猪妊娠后期发生流产，新生仔猪死亡率高，以及临床症状和间质性肺炎可初步做出诊断。但确诊需进行实验室检查。

6. 防治

（1）预防措施

① 隔离卫生和消毒　保持环境卫生，经常对环境进行消毒并科学引种。引种之前首先调查了解引种场疫情，最好事前先采血化验，以防疫病传入。刚引进的猪，至少观察 30 天以上，无异常表现时才能与本场猪混群饲养。加强消毒，消毒时一定要先清扫后消毒，并注意药物配比浓度、喷洒剂量和方法。

② 降低饲养密度，减少舍内秽气　实践表明，被本病污染的猪场，饲养密度越大，发病率越高，损失越大。因此，被本病污染的猪场，要适当降低饲养密度。对圈舍要适当增加清粪次数，并适当通风换气，以利于降低本病和呼吸道疾病的发病率。

③ 减少应激反应　本病与应激因素密切相关，在换料、转群、寒流侵袭、阴雨连绵、密饲等应激因素的作用下易发本病，或使发病猪群病情加重、损失增大。在气候突变时猪受凉，免疫功能降低，潜在的病原易滋生繁衍，因而要保持适宜的环境，减少应激反应发生。必要时可在饲料或饮水中添加维生素 C、维生素 E 等抗应激剂。

④ 提高机体免疫力　一般要用中高档饲料，严禁用霉变饲料，并保证饲料必需氨基酸、维生素和微量元素的含量，在易发病日龄，饲料中可加入免疫功能增强剂，有一定的预防效果。红细胞也参加机体的免疫，一般将常规的仔猪一次补铁改为两次补铁，即在 2～3 日龄注射 1 毫升富铁力，10～15 日龄再注射 2 毫升。实践证明，两次补铁的仔猪毛色好，血液中血红蛋白含量高，免疫功能增强，发病率低。

⑤ 免疫接种　多在暴发本病的猪场和受污染地区使用。我国生产有弱毒疫苗和灭活苗，一般认为弱毒苗效果较好，可用于暴发本病的猪场。后备母猪于配种前，需进行两次免疫，首免于配种前

2 个月，间隔 1 个月进行二免。仔猪在母源抗体消失前首免，母源抗体消失后进行二免。公猪和妊娠母猪最好不接种。

使用弱毒疫苗时应注意：疫苗毒株在猪体内能持续数周至数月，能跨越胎盘导致先天感染，可持续在公猪体内通过精液散毒；有的毒株保护性抗体产生较慢，有的免疫猪不产生抗体；接种疫苗猪能散毒感染健康猪；应认真选择疫苗。灭活苗是安全的，可单独使用或与弱毒苗联合使用；弱毒苗免疫效果强于灭活苗，但安全性不如灭活苗。同时，活疫苗要慎用，因各猪场的 PRRSV 毒株不同，该病毒属 RNA 病毒，极易变异，免疫效果是未知数，安全性令人担忧。

（2）发病后的措施　可采用下列方法治疗：

① 血清学治疗　选择本场淘汰的健康母猪，用发病仔猪含毒脏器攻毒，使体内产生抗体，然后动脉放血，分离血清，加一定量的广谱抗生素后分装，给患猪注射，有一定的治疗效果。但必须使用本场的健康淘汰母猪采血和分离血清，一般不用外场的血清，防止引入病原，同时还要检测抗体滴度，注意采血时间，防止采血、分离血清和分装时污染，并注意血清贮存方法、保存时间等问题。

② 配合抗菌药物治疗　由于 PRRSV 使猪产生免疫抑制，常继发感染多种病毒性和细菌性疾病，而干扰素只能抑制病毒的复制，对细菌无抑制作用，在治疗时，必须配合使用抗菌药物，尤其是对引起呼吸道疾病的一些致病菌如副猪嗜血杆菌、放线菌、支原体、衣原体等，选择对上述细菌敏感的药物进行肌内注射，1 天 2 次，连用 3 天；同时饲料中应添加多西环素、氟苯尼考、林可霉素、克林霉素、支原净和替米考星等。特别是替米考星，按每吨饲料添加 400 克，对减轻继发的呼吸道疾病的症状有很好的作用。因为在猪肺泡巨噬细胞中高浓度的替米考星可调节巨噬细胞功能，从而对 PPRSV 产生间接抗病毒作用。

（六）猪流行性乙型脑炎

流行性乙型脑炎，简称乙型脑炎或乙脑，是由乙型脑炎病毒引起的一种以中枢神经系统病变为主的人畜共患的急性传染病。猪感

染后突然发病，高热，精神委顿，嗜睡喜卧。妊娠母猪的主要症状是流产和早产，公猪常发生睾丸炎。

1. 病原

流行性乙型脑炎病毒属于黄病毒科、黄病毒属，为单股 RNA。病毒粒子直径约 30～40 纳米，呈球形，二十面体对称。能凝集鹅、鸽、绵羊和雏鸡的红细胞，但不同毒株的血凝滴度有明显差异。病毒对外界环境的抵抗力不强，在－20℃下可保存一年，但毒力降低；在 50%甘油生理盐水中于 4℃下可存活 6 个月。常用消毒药可以使其灭活。

2. 流行病学

本病为人畜共患的自然疫源性传染病，多种畜禽和人感染后都可成为本病的传染源。本病主要通过带病毒的蚊虫叮咬传播。已知库蚊属、伊蚊属、按蚊属中不少蚊种以及库蠓等均能传播本病。猪对本病的感染较为普遍，但发病的多为头胎母猪。本病有明显的季节性，多发生于夏秋蚊子活动的季节。本病在猪群中的流行特点是感染率高，发病率低，绝大多数病愈后不再复发，成为带毒猪。

3. 临床症状

患病猪通常突然发病，高热 40～41℃，稽留数天，精神委顿，嗜睡喜卧，个别患猪后肢轻度麻痹。仔猪感染后可出现神经症状，如磨牙、口流白沫、转圈运动、视力障碍、盲目冲撞，严重者倒地不起而死亡。妊娠母猪主要症状是流产或早产，胎儿多为死胎或木乃伊胎（图 6-11）。

4. 病理变化

成年猪和出生后感染的仔猪，中枢神经系统在外观上缺乏特征性病变，仅见脑脊髓液增多，软脑膜淤血，脑实质有点状出血。此外，其他器官的病变通常无特征性，主要在病毒血症的基础上，由于急性心力衰竭而导致肝脏和肾脏等实质器官淤血、变性，肺淤血、水肿，消化道呈轻度的卡他性炎症变化。

自然发病公猪的睾丸鞘膜腔内积聚大量黏液性渗出物，附睾缘、鞘膜脏层出现结缔组织性增厚，睾丸实质潮红，质地变硬，切

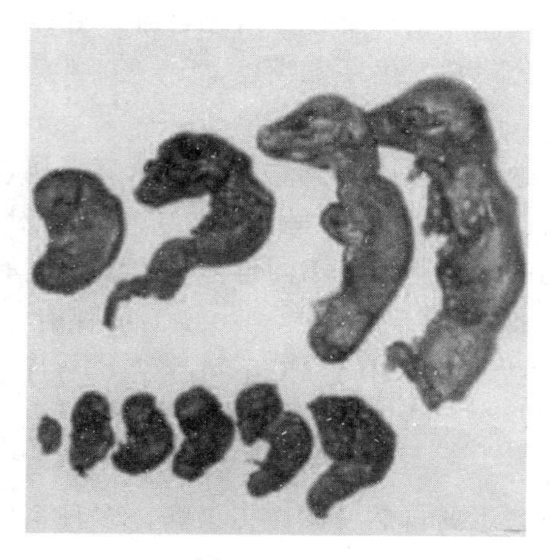

图 6-11　木乃伊胎

面出现大小不等的坏死灶，其周围有红晕。慢性者睾丸萎缩、变小和变硬，切开时阴囊与睾丸粘连，睾丸大部分纤维化。

妊娠母猪感染后流产，产死胎（死胎大小不等）、黑胎或白胎等。弱仔猪脑水肿而头面部肿大，皮下弥漫性水肿或胶样浸润。胸腔、腹腔积液，浆膜点状出血，肝脏、脾脏出现局灶性坏死。淋巴结肿大、充血。流产母猪子宫内膜附有黏稠的分泌物，黏膜显著充血、水肿并有散在性出血点。

5.诊断

根据多发生于蚊虫多的季节、呈散发性、有明显的脑炎症状、妊娠母猪发生流产、公猪发生睾丸炎可以诊断。确诊需实验室进行病毒分离和血清学诊断。

6.防治

（1）预防措施

① 免疫接种　这是防治本病的首要措施。目前猪用乙型脑炎疫苗有灭活疫苗和弱毒疫苗。在流行地区的猪场，在蚊蝇滋生前 1 个月进行免疫接种。猪场在 4～5 月间接种乙型脑炎弱毒疫苗，每头 2 毫升，肌内注射。头胎母猪间隔 4 周再注射 1 次。第二年加强

免疫1次，免疫期可达3年。

② 综合防治　蚊子是本病的重要传播媒介，因此，灭蚊是控制本病的一项重要措施。应经常保持猪场周围环境卫生，填平坑洼处，疏通渠道，排除积水，消除蚊蝇滋生的场所；使用杀虫剂在猪舍内外进行喷洒灭蚊。

（2）发病后的措施　选择20%甘露醇或25%山梨醇或10%葡萄糖溶液，静脉注射100～200毫升，可治疗脑水肿，降低颅内压。使用抗生素、磺胺类药物可以防止继发感染和其他细菌性疾病。若患猪体温持续升高，可使用安替比林或30%安乃近5～10毫升，肌内注射。

（七）非洲猪瘟

非洲猪瘟是由非洲猪瘟病毒感染家猪和各种野猪（非洲野猪、欧洲野猪等）引起的一种急性、出血性、烈性传染病。本病自1909年在肯尼亚首次被报道，一直存在于撒哈拉以南的非洲国家，1957年先后流传至西欧和拉丁美洲国家，多数被及时扑灭，但在葡萄牙、西班牙西南部和意大利的撒丁岛仍有流行。2007年以来，非洲猪瘟在全球多个国家发生、扩散、流行，特别是俄罗斯及其周边地区。2017年3月，俄罗斯远东地区伊尔库茨克州发生非洲猪瘟疫情。2018年8月3日我国确诊首例非洲猪瘟疫情。

1. 病原

非洲猪瘟病毒是非洲猪瘟科、非洲猪瘟病毒属的重要成员，该病毒有些特性类似虹彩病毒科和痘病毒科。病毒粒子的直径为175～215纳米，呈20面体对称，有囊膜，基因组为双股线状DNA。在猪体内，非洲猪瘟病毒可在几种类型的细胞质中，尤其是网状内皮细胞和单核巨噬细胞中复制。该病毒可在钝缘软蜱中增殖，并使其成为主要的传播媒介。

非洲猪瘟病毒可分为几个抗原型，对外界环境抵抗力很强，在低温暗室内存在于血液中的病毒可生存6年，室温下可存活数周，在23℃的土壤内可存活120天，在热带的污染圈内能存活2周以上，在温带的污染圈须停用3个月才失去传染性。该病毒对酸碱异常稳定，对乙醚及氯仿等脂溶剂敏感，许多脂溶剂和消毒剂可以将其破坏。

2. 流行病学

家猪与野猪对本病毒都系自然易感性的，各品种及不同年龄的猪群同样易感。一般认为，非洲猪瘟传入无病地区都与来自国际机场和港口的未经高温加工过的感染猪制品有关。病猪、康复猪和隐性感染猪为本病的主要传染源。健康猪主要通过接触或采食被病毒污染的物品、饲料、饮水感染，短距离也可经空气传播，导致呼吸道感染，猪被带毒的钝缘软蜱等媒介昆虫叮咬也存在感染的可能性。

通常非洲猪瘟跨国境传入的途径主要有四类：一是生猪及其产品国际贸易和走私；二是国际旅客携带的猪肉及其产品；三是国际运输工具上的餐厨剩余物；四是野猪迁徙。中国已查明疫源的 68 起家猪疫情，传播途径主要有三种：一是生猪及其产品跨区域调运，占全部疫情约 19%；二是餐厨剩余物喂猪，占全部疫情约 34%；三是人员与车辆带毒传播，这是当前疫情扩散的最主要方式，占全部疫情约 46%。

该病无明显的季节性，可常年发病。发病率通常在 40%～85%，死亡率因感染的毒株不同而有所差异。感染高致病性毒株死亡率可高达 90%～100%；感染中等致病性毒株，在成年动物中的死亡率在 20%～40%，在幼年动物中的死亡率在 70%～80%；感染低致病性毒株死亡率在 10%～30%。

3. 临床症状

非洲猪瘟在临床症状上可分为最急性型、急性型、亚急性型、慢性型。最急性型常常未出现临床症状即突然死亡。急性型体温高达 42℃，表现精神沉郁，厌食或不食，可视黏膜潮红、发绀，眼、鼻有黏液脓性分泌物；耳、四肢、腹部等部位皮肤发绀，甚至有出血点或出血斑；呕吐，便秘，粪便表面有血液和黏液覆盖，或腹泻，粪便带血；共济失调，步态僵直，呼吸困难，病程延长则出现其他神经症状；妊娠母猪可发生流产，病程一般 1～7 天，病死率

高达100%。亚急性型临床症状与急性型相同，但症状较轻，病死率较低，持续时间较长（约21天），体温波动无规律（常大于40.5℃），小猪病死率相对较高。慢性型体温呈现波状热，毛色暗淡，体弱消瘦，皮肤溃疡，关节肿胀，发育迟缓，并伴有呼吸道及肺炎症状。

4.病理变化

在耳、鼻、腋下、腹、会阴、尾、脚无毛部分呈界限明显的紫色斑，耳朵紫斑部分常肿胀，中心深暗色分散性出血，边缘褪色，尤其在腿及腹壁皮肤肉眼可见到。切开胸腹腔，心包、胸膜、腹膜上有许多澄清、黄色或带血色的液体，尤其在腹部内脏或肠系膜上表部分，小血管受到的影响更甚，于内脏浆液膜可见到棕色转变成浅红色的淤斑，即所谓的麸斑（Bran Flecks），小肠更多，直肠壁深处有暗色出血现象，肾脏有弥漫性出血情形，胸膜下水肿特别明显，心包出血。淋巴结有猪瘟罕见的某种程度的出血；脾脏肿大，髓质肿胀区呈深紫黑色；喉、会厌有淤斑充血及扩散性出血，比猪瘟更甚，淤斑多发生于气管前三分之一处。

5.诊断

现场如果发现尸体解剖的猪出现脾和淋巴结严重充血，形如血肿，则可怀疑为猪瘟。但非洲猪瘟与猪瘟的其他出血性疾病的症状和病变都很相似，它们的亚急性型和慢性型在生产现场实际上是不能区别的，因而必须用实验室方法才能鉴别。

（1）红细胞吸附试验　将健康猪的白细胞加上非洲猪瘟猪的血液或组织提取物，37℃培养，如见许多红细胞吸附在白细胞上，形成玫瑰花状或桑葚体状，则为阳性。

（2）直接免疫荧光试验　荧光显微镜下观察，如见细胞质内有明亮荧光团，则为阳性。

（3）免疫电泳试验　抗原于待检血清间出现白色沉淀线者可判定为阳性。

另外，可以使用动物接种试验、间接免疫荧光试验、酶联免疫吸附试验、间接酶联免疫蚀斑试验等进行诊断。

6. 防治

目前，非洲猪瘟尚无有效的治疗药物和预防疫苗，因此，加强疫情检测和检疫监管，严格落实封闭管理和消毒、隔离等防护措施，坚持内防外堵，确保生物安全是防控该病的关键。一旦发现疫情，应立即采取封锁、隔离、扑杀、消毒、无害化处理等紧急措施，以控制疫情的扩散和传播。

对于猪场来说，必须做好如下工作：一是严格控制人员、车辆和易感动物进入养殖场，进出养殖场及其生产区的人员、车辆、物品要严格落实消毒等措施；二是尽可能封闭饲养生猪，采取隔离防护措施，尽量避免与野猪、钝缘软蜱接触；三是严禁使用泔水或餐余垃圾饲喂生猪；四是积极配合当地动物疫病预防控制机构开展疫病监测排查，特别是发生猪瘟疫苗免疫失败、不明原因死亡等现象时，应及时上报当地兽医部门。

（八）霉形体肺炎

猪霉形体肺炎在我国又称“喘气病”，国外称猪地方流行性肺炎，是猪的一种慢性呼吸道传染病。其主要症状是咳嗽和喘气。本病呈慢性经过，集约化猪场发病率高达70%以上。本病虽然病死率很低，但严重影响猪体生长发育，造成饲料浪费，给养猪业带来极大危害。

1. 病原

本病病原体为猪肺炎霉形体。因其无细胞壁，故是多形态的微生物，在固体培养基上呈小球状，病变压片标本上呈环状或弯杆状，长0.5～1纳米。病原体存在于病猪的呼吸道内，随咳嗽、喷嚏排出体外，污染周围环境。该病原体对温热、阳光抵抗力差，在外环境中存活时间不超过36小时。常用的消毒剂，如威力碘、甲醛、百毒杀、菌毒敌等都能将其杀灭。

2. 流行病学

本病只感染猪，不同年龄、性别、品种和用途的猪均能感染发病，但以哺乳仔猪和刚断奶的仔猪发病率和病死率较高，其次为妊娠后期母猪和哺乳母猪，其他猪多为隐性感染。

病猪是本病的主要传染源，特别是隐性带菌猪，是最危险的传染源。病猪在临床症状消失之后1年，仍可带菌排毒。病原体存在于病猪的呼吸道内，随病猪咳嗽、喷嚏的飞沫排出体外。当病猪与健康猪直接接触时，由呼吸道吸入后感染发病。因此，在通风不良和比较拥挤的猪舍内，很易相互传染。

本病一年四季均可发生，但以气候多变的冬、春季节多发。新发病的猪场，常为暴发性流行，病情严重，病死率较高。在老疫区，多数呈慢性经过，或中、大猪呈隐性感染，唯有仔猪发病率较高。遇到气候骤变、突换饲料、饲料质量不良和卫生条件不好时，部分隐性猪可出现明显的临床症状。

3.临床症状

本病潜伏期一般为11～16天，最短3～5天，最长30天以上。

（1）急性型　尤以哺乳仔猪、刚断奶的仔猪、妊娠后期母猪和哺乳母猪多见。患猪常突然发病，呼吸加快，呼吸频率可达60～120次/分以上，口、鼻流出黏液，张口喘气，呈犬坐姿势和腹式呼吸；咳嗽声音低沉，次数少，偶尔发生痉挛性咳嗽；精神沉郁，食欲减退，体温一般不高。病程7～10天，病死率较高。

（2）慢性型　病猪长期咳嗽，尤以清晨、夜晚、运动或吃食时最易诱发。初为单咳，严重时出现阵发性咳嗽。咳嗽时，头下垂，伸颈拱背，直到把分泌物咳出为止。发病后期，喘气加重，病猪精神不振，采食减少，消瘦贫血，不愿走动，甚至张口喘气。这些症状可随饲料管理的好坏减轻或加重。病程2～3个月，甚至半年以上。该型病死率不高，但影响猪的生长发育，并易继发链球菌、大肠杆菌、肺炎球菌、棒状杆菌、巴氏杆菌等细菌感染，使病情恶化，甚至引起死亡。

4.病理变化

本病的特征性病变是两侧肺的尖叶、心叶和膈叶前下缘发生对称性胰样实变。实变区大小不一，呈淡红色或灰红色，随着病程的延长，病变部分逐渐变成灰白色或灰黄色。发病初期，实变区外观如胰脏样，质地如肝脏，切面湿润，按压时，从小支气管流出黏液性浑浊的灰白色液体；后期，病变部的颜色转为灰红色或灰白色，切面坚实，小支气管断端凸起，从中流出白色泡沫状的液体。病变区与周围正常肺组织界限明显，病灶周围组织气肿，其他部分肺组织有不同程度的淤血和水肿。肺门和纵隔淋巴结极度肿大，切面外翻，呈白色脑髓样。

并发细菌感染时，可出现胸膜炎、肺炎、肺脓肿、坏死性肺炎等病理变化。

5. 防治

(1) 预防措施

① 自繁自养，防止由外单位引进病猪　不少教训表明，健康猪群发生猪喘气病，多数是从外地买进慢性或隐性病猪引起的。因此，进行品种调换、良种推广和必须从外单位引进种猪时，应该认真了解猪源所在地区或该猪场有无本病流行，如有疫情，坚决不要买回。即使表面健康的猪，购入后也须隔离饲养，观察1～2个月；或进行X射线检查、血清学检查，确无本病后，方可混群饲养。

② 加强饲养管理，保持圈舍清洁、干燥　最好饲喂全价日粮，如无此条件，在饲料调配时，要尽量多样化，注意青绿饲料和矿物质饲料的供给。猪圈要保持清洁、干燥、通风、温暖，避免过度拥挤，并定期做好消毒和驱虫工作。

③ 免疫接种　中国兽医药品监察所研制成功的猪喘气病兔化弱毒冻干苗，对猪安全，攻毒保护率79%，免疫期8个月；江苏省农科院兽医研究所研制的猪喘气病168株弱毒菌苗，对杂交猪安全，攻毒保护率84%，免疫期6个月。这两种疫苗只适用于疫场(区)，都必须注入胸腔内（右侧倒数第6肋间至肩胛骨后缘为注射部位），才能产生免疫效果，但免疫力产生缓慢，一般在60天后才能抵御强毒的攻击。该苗适用于15日龄以上的猪只和妊娠2月龄以内的母猪接种，体质瘦弱和喘气者不宜注射。注射前15天和注射后2个月禁用土霉素和卡那霉素，以防止免疫失败。

(2) 发病后的措施

① 尽早隔离病猪　听，即在清晨、夜间、喂食及跑动时，注

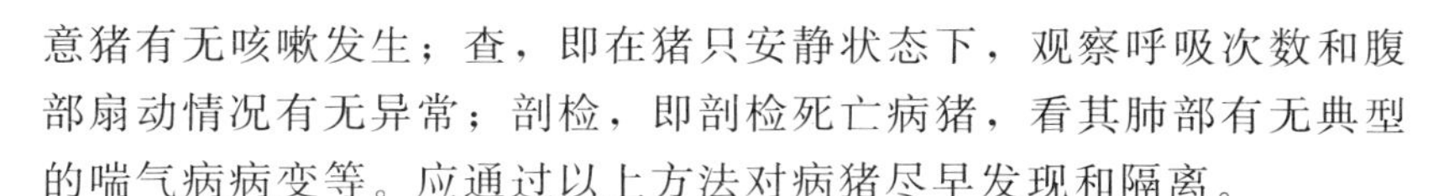

意猪有无咳嗽发生；查，即在猪只安静状态下，观察呼吸次数和腹部扇动情况有无异常；剖检，即剖检死亡病猪，看其肺部有无典型的喘气病病变等。应通过以上方法对病猪尽早发现和隔离。

② 果断处理　查出的病猪要果断淘汰，或隔离后由专人饲养，防止病猪与健康猪接触，以切断传染链，防止本病蔓延。

③ 加强饲养管理　可在饲料中酌情添加土霉素下脚料或土霉素、林可霉素下脚料或林可霉素，促进病猪和隐性感染猪尽早康复。

④ 药物防治

【方法一】支原净（泰莫林），预防量每千克体重 50 毫克，治疗量加倍，拌料饲喂，连喂 2 周。

【方法二】在 50 千克饮水中加入 45％支原净 9 克，早、晚各一次，连续饮用 2 周。据报道，该方法预防率 100％，治愈率 91％。混饲或混饮时，禁与莫能霉素、盐霉素配合应用。

【方法三】泰乐菌素，饲料中添加 0.006％～0.01％，连续饲喂 2 周，与等量的 TMP（三甲氧苄氨嘧啶）配合应用，可提高疗效。

【方法四】林可霉素（洁霉素），每千克体重 50 毫克，每天注射 1 次，连用 5 天，一般可获得满意效果。该方法具有疗效高、毒副作用低的优点。

【方法五】卡那霉素或猪喘平注射液每千克体重 4 万～6 万单位，肌内注射，每日一次，连用 5 天为一个疗程。该方法与维生素 B_6、地塞米松和维生素 K_3 配合应用，可提高疗效。

【方法六】土霉素每千克体重 40 毫克，复方新诺明每千克体重 10 毫克，混饲，每天 2 次，连用 5～7 天；或 20％～25％土霉素碱油剂，每次 1～5 毫升，深部肌内注射，3 天 1 次，连用 6 次为一个疗程。

上述疗法都有一定的效果，配合应用时，疗效增强。在治疗时，应尽量减少应激反应，防止按压病猪胸部，以防窒息死亡。

（九）猪链球菌病

猪链球菌病是由 C 群、D 群、E 群及 L 群链球菌引起的猪的多种疾病的总称。

1. 病原

链球菌属于链球菌属，为革兰氏阳性，在组织涂片中可见荚膜，不形成芽孢。本菌的致病力取决于产生的毒素和酶的活力。该菌对高温及一般消毒药抵抗力不强，在50℃ 2小时、60℃ 30分钟可灭活，但在组织或脓汁中的菌体，在干燥条件下可存活数周。

2. 流行病学

仔猪和成年猪对链球菌病均有易感性，其中新生仔猪、哺乳仔猪的发病率及死亡率最高，架子猪和成年猪发病较少。该病无明显的季节性，常呈地方性流行，多表现为急性败血症型，短期内可波及全群，如不预防和治疗，则发病率和死亡率极高。在新疫区，本病流行期一般持续2～3周，高峰期一周左右；在老疫区，多呈散发性。

存于病猪和带菌猪鼻腔、扁桃体、额窦和乳腺等处的链球菌是主要的传染源。伤口和呼吸道是主要的传播途径，新生仔猪通过脐带伤口感染。由于本菌耐酸，所以通过病猪肉经泔水可造成传染。用病料或该菌培养物给猪皮下、肌内、静脉和腹腔注射，或通过皮肤划痕以及滴鼻、喷雾等途径均能引发本病。

3. 临床症状

由于猪链球菌病群和感染途径的不同，其致病力差异较大，因此，其临床症状和潜伏期差异较大，一般潜伏期为1～3天，最短4小时，长者可达6天以上。根据病程可将猪链球菌分为以下几种类型：

（1）最急性型　最急性型病例无前期症状而突然死亡。

（2）急性型　急性型又可分以下几种临床类型：

① 败血型　病猪体温突然升高达41℃以上，呈稽留热；厌食，精神沉郁，喜卧，步态踉跄，不愿活动，呼吸加快，流浆液性鼻液；腹下、四肢下端及耳呈紫红色，并有出血斑点（图6-12）；眼结膜充血并有出血斑点，流泪；便秘或腹泻带血，尿呈黄色或血尿。如果有多发性关节炎，则表现为跛行，常在1～2天内死亡。

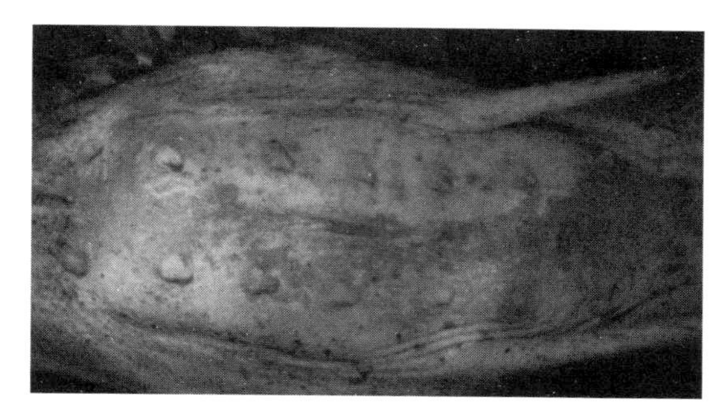

图 6-12　腹下皮肤淤血

② 脑膜脑炎型　大多数病例首先表现厌食，精神沉郁，皮肤发红，发热，共济失调，麻痹和肢体出现划水动作，角弓反张，口吐白沫、震颤和全身骚动等。当人接近或触及躯体时，病猪发出尖叫或抽搐，最后衰竭或麻痹死亡。

③ 胸膜肺炎型　少数病例表现肺炎或胸膜炎型。病猪呼吸急促，咳嗽，呈犬坐姿势，最后窒息死亡。

（3）慢性型　该型可由急性型转化而来或为独立的病型，又可分为以下几种临床类型：

① 关节炎型　常见于四肢关节。发炎关节肿痛，呈高度跛行，行走困难或卧地不起。触诊局部多有波动感，少数变硬，皮肤增厚。有的无变化但有痛感。

② 化脓性淋巴结炎型　主要发生于刚断乳至出栏的育肥猪，以颌下淋巴结最为常见。咽部、耳下及颈部等淋巴结也可受侵害，或为单侧性的，或为双侧性的，淋巴结常发炎肿胀，显著隆起，触诊坚实，有热痛。病猪全身不适，局部的压迫和疼痛可影响其采食、咀嚼、吞咽甚至呼吸，有的咳嗽和流鼻涕。随后发炎的淋巴结化脓成熟，肿胀中央变软，表面皮肤坏死，自行破溃流脓。脓带绿色，浓稠，无臭。该型一般不引起死亡。

③ 局部脓肿型　常见于肘或跗关节以下或咽喉部。浅层组织脓肿凸出于体表，破溃后流出脓汁。深部脓肿触诊敏感或有波动，

穿刺可见脓汁，有时出现跛行。

④ 心内膜炎型　该型病猪生前诊断较为困难，表现精神沉郁、平卧，当受到触摸或惊吓时，表现疼痛不安，四肢皮肤发红或发绀，体表发冷。

⑤ 乳腺感染型　初期乳腺红肿，温度升高，泌乳减少，后期可出现脓乳或血乳，甚至泌乳停止。

⑥ 子宫炎型　病猪表现流产或死胎。

4.病理变化

（1）急性败血型　尸体皮肤发红，血液凝固不良。胸、腹下和四肢皮肤有紫斑或出血点。全身淋巴结肿大、出血，有的淋巴结切面坏死或化脓。黏膜、浆膜、皮下均有出血点。胸腔、腹腔、心包腔积液增多、浑浊，有的与脏器发生粘连。脾脏肿大呈红色或紫黑色，柔软易脆裂。肾脏肿大、充血和出血。胃和小肠黏膜有不同程度的充血和出血。

（2）急性脑炎型　脑和脑膜水肿、充血，脑脊髓液增多。脑切面可见到实质有明显的小出血点。部分病例在头、颈、背、胃壁、肠系膜及胆囊有胶样水肿。

（3）急性胸膜肺炎型　化脓性支气管肺炎，多见于尖叶、心叶和膈叶前下部。病部坚实，灰白、灰红和暗红的肺组织相互间杂，切面有脓样病灶，挤压后从细支气管内流出脓性分泌物。肺胸膜粗糙、增厚，与胸壁粘连。

（4）慢性关节炎型　患猪常见四肢关节肿大，关节皮下有胶冻样水肿，严重者关节周围化脓坏死，关节面粗糙，滑液浑浊呈淡黄色，有的伴有干酪样黄白色絮状物。

（5）慢性淋巴结炎型　常发生于颌下淋巴结，淋巴结肿大发热，切面有脓汁或坏死。

（6）局部脓肿型　脓肿主要在皮下组织内。初期红肿，化脓后有波动感，切开后有脓汁流出，严重时引起蜂窝织炎、脉管炎和局部坏死。

（7）慢性心内膜炎型　心瓣膜比正常增厚2～3倍，病灶为大

小不同的黄色或白色赘生物。赘生物呈圆形，如粟粒大小，光滑坚硬，常常盖住受损瓣膜的整个表面。赘生物多见于二尖瓣、三尖瓣。

5. 防治

(1) 预防措施

① 加强隔离、卫生和消毒，注意阉割、注射和新生仔猪的接生断脐消毒，防止感染。

② 药物预防。在发病季节和流行地区，每吨饲料内加入土霉素 400 克、甲氧苄氨嘧啶（TMP）100 克连喂 14 天，有一定的预防效果。发病猪群应立即隔离，并对污染的栏圈、场地和用具进行严格消毒。

③ 免疫接种。主要有氢氧化铝甲醛苗和明矾结晶紫菌苗两种疫苗，但其保护效果不理想。

(2) 发病后的措施　猪链球菌病多为急性型或最急性型，故必须及早用药，并用足量。如分离到本病，最好进行药敏试验，选择最有效的抗菌药物。如未进行药敏试验，可选用对革兰氏阳性菌敏感的药物，如青霉素、先锋霉素、林可霉素、氨苄青霉素、金霉素、四环素、庆大霉素等。但对于已出现脓肿的病猪，抗生素对其疗效不大，可采用外科手术进行治疗。

二、母猪的寄生虫病防治

(一) 猪的弓形虫病

弓形虫病是弓形虫寄生于多种动物细胞内而引起的一种人畜共患的寄生性原虫病。

1. 病原

弓形虫在整个发育过程中分为 5 种类型，即滋养体、包囊、裂殖体、配子体和卵囊。其中滋养体和包囊是在中间宿主（人、猪、狗、猫等）体内形成的，裂殖体、配子体和卵囊是在终末宿主（猫）体内形成的。

弓形虫的发育过程需要中间宿主（哺乳类、鸟类等）和终末宿主（猫科动物）两类宿主。猫吞食了弓形虫包囊或卵囊后，子孢子、速殖子和慢殖子侵入其小肠黏膜上皮细胞，进行球虫型发育和繁殖，最后产生卵囊，卵囊随猫粪便排出体外，污染饮水、饲料和环境，在适宜条件下，经2～4天发育为感染性卵囊。感染性卵囊通过消化道侵入中间宿主并释放出子孢子，子孢子通过血液循环侵入有核细胞，在胞浆中以内出芽的方式进行繁殖。

2. 流行病学

本病可通过胎盘、子宫、产道、初乳感染，也可通过猪呼吸道和皮肤损伤感染。采食了被弓形虫包囊、卵囊污染的饲料、饮水或捕食患弓形虫病的鼠、雀等也能感染。育肥猪多发。本病一年四季均可发生，但夏秋至冬季发病较多。

3. 临床症状

急性病例表现为食欲减退或废绝，体温升高，呼吸急促，眼内出现浆液或脓性分泌物，流清鼻涕，精神沉郁，嗜睡，数日后出现神经症状，后肢麻痹。病程2～8天，常发生死亡。慢性病例则病程较长，表现出厌食、逐渐消瘦、贫血。病畜可出现后肢麻痹，并导致死亡，但多数病畜可耐过。

4. 病理变化

肝脏肿大，稍硬，有针尖大坏死灶和出血点。肺稍肿胀，间质增宽，有针尖至粟粒大出血点和灰白色坏死灶，切面流出多量带泡沫的液体。肾、脾有灰白色坏死灶和少量出血点，盲肠和结核有少量黄豆大至榛实大的凹陷的浅溃疡，胃底有出血斑点，有片状或带状溃疡。全身淋巴结肿大，灰白色，切面湿润，有粟粒大灰白色或黄色坏死灶和大小不一的出血点。

5. 诊断

（1）实验室检查

① 涂片检查　取呈现急性症状的病猪血液、脏器（肺、肝、脾、肾）、淋巴结（胃、肝门、肺门、肠系膜）或死猪的腹水触片，用姬姆萨或瑞氏染色镜检，若发现呈弓形或新月形、香蕉形、扁豆形的滋养体，即可确诊。

② 动物接种　将可疑病料接种到小白鼠、天竺鼠或兔的体内，经一定时期后再取被接种动物的腹水或组织涂片，染色镜检其滋养体。

③ 血清学检查　常用色素试验（DT）、血红细胞凝集试验（HA）和皮内试验（ST）。

（2）鉴别诊断　本病在临床上常易与猪瘟、猪流行性感冒、猪肺疫、仔猪副伤寒、猪丹毒等发热性疾病以及猪蓝耳病、猪伪狂犬病、猪细小病毒病、猪流行性乙型脑炎等母猪繁殖障碍性疾病相混淆，应注意加以鉴别。

6. 防治

（1）预防措施

① 防暑和卫生　高温季节要加强饲养管理，注意防暑降温，搞好环境卫生，不要在猪舍内积粪。要保持舍内清洁干燥，防止圈内漏雨，要经常把垫草置于太阳下曝晒，并保持垫草柔软。另外，还要保证猪圈的通风换气，使猪舍内保持清新的空气。定期对环境、用具消毒（1%来苏儿、3%烧碱、20%石灰水等）。对可能被污染的区域采用火焰喷灯消毒。

② 减少感染机会　禁止猫进入猪舍，防止猫粪便污染猪饲料和饮水；做好猪舍的防鼠灭鼠工作，禁止猪吃到鼠或其他的动物尸体；禁止用屠宰场或厨房垃圾、生肉汤水喂猪，以防猪吃到患病和带虫动物体内的滋养体和包囊而感染。

（2）发病后的措施

【方法一】磺胺二甲氧嘧啶钠预混剂（按磺胺二甲氧嘧啶钠计）每千克体重 0.1 克、碳酸氢钠粉 30～100 克/次，拌料混饲，1 次/天，连用 3～5 天。

【方法二】①20%磺胺间甲氧嘧啶钠注射液首次量每千克体重 100 毫克，维持量每千克体重 50 毫克，肌内注射，2 次/天。②碳酸氢钠粉 2～5 克/次，拌料混饲，2 次/天，连用 3～5 天。

【方法三】葡萄糖生理盐水 500～1500 毫升、20%磺胺间甲氧嘧啶钠注射液首次量每千克体重 100 毫克（维持量每千克体重 50

毫克)、5%碳酸氢钠注射液30～50毫升、10%樟脑磺酸钠注射液5～15毫升，静脉注射，2次/天，连用3～5天。

（二）猪疥螨病

猪疥螨病俗称疥癣、癞，是由疥螨虫寄生在猪皮肤内引起的一种慢性皮肤病，以剧烈瘙痒和皮肤增厚、皲裂为临床特性。本病是规模化养猪场中最常见的疾病之一。

1. 病原

猪疥螨虫体小，肉眼不易看见。在显微镜或放大镜下，虫体似龟形，色淡黄。成虫有4对足，后两对足不超过虫体后缘，故在背侧看不见。卵呈椭圆形。发育过程经过卵、幼虫、若虫和成虫四个阶段。疥螨钻入猪皮肤表皮层内挖凿隧道，并在其内进行发育和繁殖。隧道中每隔一定距离便有小孔与外界相通，小孔为空气流通和幼虫进出的孔道。雌虫在隧道内产卵，每天产1～2个，一只雌虫一生可产卵40～50个。卵孵化出的幼虫有三对足，体长0.11～0.14毫米。幼虫由隧道小孔爬到皮肤表面，开凿小穴，并在里面蜕化变成若虫，若虫钻入皮肤，形成浅窄的隧道，在里面蜕皮变成成虫。螨的整个发育期为8～22天，雄虫于交配后不久死亡，雌虫可生存4～5周。

2. 流行病学

各种类型和不同年龄的猪都可感染本病，但5月龄以下的仔猪，由于皮肤细嫩，较适合螨虫的寄生，所以发病率最高，症状严重。成猪感染后，症状轻微，常成为隐性带虫者和散播者。本病传染途径有两种：一是健康猪与病猪直接接触而感染，二是通过污染的圈舍、垫草、饲管用具等间接与健康猪接触而感染。圈舍阴暗潮湿、通风不良，以及猪只营养不良等为本病的诱因。发病季节为冬季和早春，炎热季节由于阳光照射充足，圈舍干燥，不利于疥螨繁殖，患猪症状减轻或康复。

3. 临床症状

病变通常由头部开始。眼圈、耳内及耳根的皮肤变厚、粗糙，形成皱褶和皲裂，以后逐渐蔓延到颈部、背部、躯干两侧及四肢皮

肤。主要症状是瘙痒，病猪在圈舍栏柱、墙角、食槽、圈门等处磨蹭，有时以后蹄搔擦患部，致使局部被毛脱落，皮肤擦伤、结痂和脱屑。病情严重的，全身大部分皮肤形成石棉瓦状皱褶，瘙痒剧烈，食欲减退，精神委顿，日渐消瘦，生长缓慢或停滞，甚至发生死亡。

4. 防治

（1）预防措施　搞好猪舍卫生工作，经常保持清洁、干燥、通风。引进种猪时，要隔离观察1～2个月，防止引进病猪。

（2）发病后的措施

① 隔离消毒　发现病猪及时隔离治疗，防止蔓延。病猪舍及饲养管理用具可用火焰喷灯、3%～5%烧碱、1∶100菌毒灭Ⅱ型或3%～5%克辽林彻底消毒。

② 治疗　可选择下列方法治疗：

【方法一】 1%害获灭注射液，为高效、广谱驱虫药，尤其适用于疥螨病的治疗，主要成分为伊维菌素。皮下注射，每千克体重0.02毫克；内服，每千克体重0.3毫克。

【方法二】 阿福丁注射液，又称7051驱虫素或虫克星注射液，主要成分为高效、广谱驱虫药阿维菌素。皮下注射，每千克体重0.2毫克；内服，每千克体重0.3～0.5毫克。

【方法三】 双甲脒乳油，又名特敌克，加水配成0.05%浓度，药浴或喷雾。

【方法四】 蝇毒磷，加水配成0.025%～0.05%浓度，药浴或喷雾。

【方法五】 5%溴氰菊酯乳油，加水配成0.005%～0.008%浓度，药浴或喷雾。

注意：后三种药物有较好杀螨作用，但对卵无效。为了彻底杀灭猪皮肤内和外界环境中的疥螨，应每隔7～10天药浴或喷雾1次，连用3～5次，并注意杀灭外界环境中的疥螨。前两种药物与后三种药物配合应用，可使集约化猪场中的疥螨有希望得以净化。对于局部疥螨病的治疗，可用5%敌百虫棉籽油或废机油涂擦患部，每日1次，也有一定效果。

（三）猪附红细胞体病

猪附红细胞体病（“红皮病”）是由猪附红细胞体寄生在猪红细胞内而引起的一种人畜共患传染病。近年来，我国附红细胞体病的发生不断增多，一年四季均有发生，有的地区呈蔓延趋势，暴发流行，给养猪业带来了一定的损失。

1. 病原

本病病原是猪附红细胞体，属于立克次氏体，为一种典型的原核细胞型微生物。其形态为环形、球形、椭圆形、杆状、月牙状、逗点状或串珠状等不同形状，外表大都光滑整齐，无鞭毛和荚膜，革兰氏染色阴性，一般不易着色。

附红细胞体对苯胺色素易于着色，革兰氏染色呈阴性，姬母萨染色呈紫红色，瑞氏染色为淡蓝色。在红细胞上以二分裂方式进行裂殖。对干燥和化学药物的抵抗力不强，0.5%石炭酸于37℃经3小时可将其杀死，一般常用的消毒药在几分钟内可将其杀死。但对低温冷冻的抵抗力较强，5℃可存活15天，冰冻凝固的血液中可存活30天，冻干保存可存活数年之久。

2. 流行病学

本病主要发生于温暖季节，夏、秋季发病较多，冬、春季相对较少，最早见于我国广东、广西、上海、浙江、江苏等地区，随后蔓延至河南、山东、河北及新疆和东北地区。

本病多具有自然源性，有较强的流行性，当饲养管理不良、机体抵抗力下降、恶劣环境或其他疾病发生时，易引发规模性流行，且存在复发性，一般病后有稳定的免疫力。本病的传播途径至今还不明确，但一般认为传播途径有：昆虫传播（节肢动物，如蚊、虱、蠓、蜱等吸血昆虫是主要的传播媒介，夏秋季多发的原因普遍认为与蚊子的传播有关）、血源传播（被本病污染的针头、打耳钳、手术器械等都可传播）、垂直传播（经患病母猪的胎盘感染给下一代）、消化道传播（被附红细胞体污染的饲料、胎儿附属物等均可经消化道感染）。

猪为本病的唯一宿主，不同品种、年龄的猪均易感染。在流行区内，猪血中的附红细胞体的检出率很高，大多数幼龄猪在夏季感染，成为不表现症状的隐性感染者。在入冬后遇到应激因素（如气温骤降、过度拥挤、换料过快等），附红细胞体就会在体内大量繁殖而发病。隐性感染和耐过猪的血液中均含有猪附红细胞体。因此，该病一旦侵入猪场就很难清除。

3. 临床症状

母猪通常在进入产房后 3～4 天或产后表现出来。症状分为急性型和慢性型两种。急性感染的症状有厌食、发热，厌食可长达13天之久，发热通常发生在分娩前的母猪，持续至分娩过后；往往伴有背部毛孔渗血。有时母猪乳房以及阴部出现水肿。妊娠后期容易发生流产且产后死胎增多；产后母猪容易发生乳腺炎和泌乳障碍综合征。慢性感染母猪易衰弱、黏膜苍白、黄疸、不发情或延迟发情、屡配不孕等，严重时也可以发生死亡。

4. 病理变化

可见主要病理变化为贫血和黄疸。有的病例全身皮肤黄染且有大小不等的紫色出血点或出血斑，全身肌肉颜色变淡，脂肪黄染，四肢末梢、耳尖及腹下出现大面积紫色斑块，有的患猪全身红紫。有的病例皮肤及黏膜苍白，血液稀薄如水、颜色变淡、凝固不良，血细胞压积显著降低；肝脏肿大，呈黄棕色；全身淋巴结肿大，质地柔软，切面有灰白色坏死灶或出血斑；脾脏肿大，变软，边缘有点状出血；胆囊内充满浓稠的胆汁；肾脏肿大，有出血点；心脏扩张、苍白、柔软，心外膜和心脏冠状沟脂肪出血、黄染，心包腔积有淡红色液体。严重感染者，肺脏发生间质性水肿。长骨骨髓增生。脑充血、出血、水肿。

5. 防治

（1）预防措施　目前本病没有疫苗预防，故本病的预防应采取综合性措施。在夏秋季，应着重灭蚊和驱蚊，可用灭蚊灵或除虫菊酯等在傍晚驱杀猪舍内的吸血昆虫。驱除猪体内外寄生虫，有利于预防附红细胞体病。在进行阉割、断尾、剪牙时，注意器械消毒；

在注射时应注意更换针头，减少人为传播机会；平时加强饲养管理，让猪吃饱喝足，多运动，增强体质；天热时降低饲养密度；天气突变时，可在饲料中投喂多维素加土霉素或多西环素、阿散酸（注意阿散酸毒性大，使用时切不可随意提高剂量，以防猪只中毒，并且注意治疗期间供给猪只充足饮水。如有猪只出现酒醉样中毒症状，应立即停药，并口服或腹腔注射10%葡萄糖和维生素C）等进行预防。

（2）发病后的措施

① 发病初期的治疗　贝尼尔每千克体重5～7毫克，深部肌内注射，每天1次，连用3天；或长效土霉素肌内注射，每天1次，连用3天。

② 发病严重的猪群的治疗　贝尼尔和长效土霉素深部肌内注射，也可肌内注射附红一针（主要成分为咪唑苯脲），每天1次，连用3天。对贫血严重的猪群补充铁剂、维生素C、维生素B_{12}和肌苷。大量临床试验证明，这是治疗猪附红细胞体病最有效的处方。

三、母猪的其他疾病防治

（一）猪MMA综合征

猪MMA综合征（乳腺炎，子宫炎，无乳）是指母猪产后1～3天内发生的以母猪突然停止泌乳、并发乳腺炎与子宫炎为特征的一种综合征候群。由于其病因复杂，发病后危害整窝仔猪的存活，以及对母猪断乳后再发情受孕的后续性有不良影响等，对养猪生产危害严重。该病已成为猪的一种重要的慢性疾病。

1.病因

（1）病菌感染

① 细菌　一方面细菌可通过乳头进入乳腺，引起乳腺炎；另一方面细菌也可通过尿道上行感染，引起阴道炎及子宫炎。细菌可来自粪便，也可来自感染的尿道，并认为大肠杆菌是常见的病原。除大肠杆菌外，布鲁氏杆菌、链球菌、葡萄球菌、克雷伯杆菌、沙

门氏菌、变形杆菌属、棒状杆菌属、假单胞菌属、产气杆菌属、肠杆菌属、枸橼酸杆菌、梭状芽孢杆菌、放线杆菌属、放线菌属、支原体和衣原体也与这种综合征有关。

② 病毒 与生殖道感染和传染有关的病原，如伪狂犬病病毒、猪瘟病毒、猪呼吸与繁殖障碍综合征病毒、日本乙型脑炎病毒、细小病毒等，可能与子宫炎有关。

（2）应激反应和激素不平衡或内分泌腺机能紊乱 感染母猪的血清催乳素浓度和腺垂体前叶的催乳素浓度明显低于对照母猪。催产素的释放可能与该综合征有关。应激使乳腺腔贮存的乳汁排出，导致垂体后叶分泌催产素受阻，因此催乳素和催产素的减少引起母猪泌乳减少以致无乳；妊娠期内的胎盘类固醇增加或分娩时的胎盘类固醇消失皆会造成肾上腺机能的不平衡。患病母猪的血浆皮质醇水平明显高于对照母猪。临床上患病猪糖皮质激素的分泌增强。当血液中皮质醇浓度上升时，嗜中性白细胞化学向性下降；患病母猪的肾上腺重量大于对照母猪。患病母猪对应激敏感，导致了肾上腺皮质机能的增强，肾上腺皮质分泌的皮质醇抑制了嗜中性白细胞的机能，嗜中性白细胞的吞噬机能下降；促肾上腺皮质激素影响降低NK细胞毒性作用或淋巴细胞增殖，降低嗜中性白细胞化学向性，从而成为乳腺炎、子宫炎发生的一个重要原因；患病母猪的甲状腺素因三碘甲状腺原氨酸的增加使甲状腺素浓度或游离甲状腺素系数显著减小，妊娠期甲状腺素机能下降与无乳症发生有关。甲状腺素值偏低，使病猪的自然抵抗力减退。细菌内毒素导致甲状腺功能的改变，也能促进皮质醇的分泌，结果影响多形核细胞的机能。细菌内毒素还可引起发热、白细胞减少症；患病母猪血液出现血钙、血镁及血球蛋白减少。

（3）管理不善

① 不适当的饲养方式，如妊娠日粮不平衡、产仔前日粮剧烈改变、饲喂太多或日粮能量太高、在产仔内时发生便秘。

② 卫生状况不良，如妊娠畜舍潮湿、肮脏，尿液或粪便使致病微生物通过乳头口进入乳腺，产仔栏肮脏。

③ 在妊娠最后两周和产仔后第一周内圈舍不舒适，产房温度太高或太低。

④ 母猪移入产房时产生应激。

(4) 产仔时间延长与胎衣不下　胎衣一般随仔猪一同产出，或在母猪产仔后4小时脱出。若产后24小时仍未见胎衣下来，则说明母猪患了严重的子宫炎。

(5) 真菌毒素中毒　由于慢性麦角中毒影响乳腺发育而导致母猪无乳症。

(6) 炎症　炎症内生因子在乳腺释放，然后进入血液循环引起母猪体温升高。

(7) 脱水症　母猪得不到正常供水所致。检查病猪乳腺会发现其中有几个非功能性干乳，少数半干乳。这种情况在产后两周泌乳高峰时更易发生。

2. 临床症状

感染发病的母猪健康状况极差，临床症状一般为俯伏在地，精神不振，表情淡漠，食欲消失；排粪很少，直肠温度较高（40℃）；呼吸加快，心率增加，触诊可见一个或多个乳腺有不同程度的肿大、变色、过度坚硬，局部温度升高；母猪休息时胸部朝上，不愿将乳头暴露给仔猪；阴道分泌物增加。特征性的症状为：母猪无乳或乳汁不足，仔猪明显饥饿，消瘦。

3. 病理变化

病理变化主要在乳腺和子宫，乳房外观出现肿硬或浮肿，严重的浮肿可以从乳房周围一直扩展到肠壁，各乳房病理变化差异较大，从外观正常直到形成炎症病灶、明显坏死或初期脓肿，形成脓肿的乳房皮肤呈暗红色，切面有脓流出，乳房淋巴结因水肿充血和出血肿大。组织学观察，可见到乳腺腺房上皮出现大面积空泡变性、坏死或剥离。腺腔内有淋巴细胞、多核白细胞、脱落的上皮细胞和细菌块。乳腺间质内的毛细血管充血甚至血管内含有血栓。淋巴腔内有很多多形核白细胞、纤维素性渗出物和细菌块。

子宫外观松弛、水肿，子宫腔内贮留有液体。组织学观察，呈

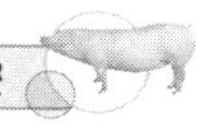

急性子宫内膜炎变化，卵巢缩小，卵泡数少，闭锁性卵泡增多。

肾上腺外观肥大，重量增加；甲状腺重量减少；脑下垂体重量不变；但这些器官在组织学上均有退行性变化。

4. 防治

（1）预防措施　由于许多因素能够单独或综合影响 MMA 的发生，因此，预防措施必须全面考虑。

① 减少应激因素　导致母猪应激反应的因素很多，如环境的改变（由妊娠猪舍改换到产仔猪舍）、温度的改变、重胎母猪（临产前 1 周的母猪）受到驱赶以及日粮的改变等，应注意避免。

② 药物预防　0.05%复方替米先锋拌料，0.025%阿莫西林饮水，产前产后连用 2 周。或在母猪开产第一头小猪后，即用强效阿莫西林（规格为 5 克/支，含阿莫西林 2 克＋克拉维酸钾 0.5 克）4 支＋5%葡萄糖生理盐水 500 毫升耳静脉滴注，然后用维生素 C 2 克＋5%葡萄糖生理盐水 500 毫升滴注 1 次。也有用前列腺素预防 MMA 的。

③ 搞好母猪分娩管理　改善饲养管理也可大大减少 MMA 的发生。分娩前一个星期，应清洗母猪并小心地将其移入清洁的消毒过的产仔舍内，这样既避免了由于环境更换所致的应激，同时也可减少乳头和新生仔猪的污染。建立规范化的产房制度，做到从开始分娩到结束都有人观察、接产，及时处理分娩过程出现的问题。在母猪分娩之后，用大量温水（1～2 升生理盐水、碘溶液或稀释的抗生素）灌注子宫可刺激子宫收缩，并有助于预防 MMA。

④ 适当限制饲养　老母猪过食，特别是在妊娠期的最后几个星期，将使 MMA 发生的机会显著增加，因此在妊娠期饲喂应限量。在分娩的这一天，饲料必须减少到 500 克左右或只维持供水即可。这一天的饲料要用低能量饲料代替能量丰富的饲料。为了及时做到这点，必须在妊娠期的第 113 天或从乳头能挤出少量乳汁时开始减食。减食对降低母猪的体温最有效，因而可减少 MMA 的发生。

⑤ 产仔房内温度适宜　新生仔猪最适宜的环境温度为 30℃以上，但这只限于仔猪圈栏内，母猪圈栏室温不能高于 18℃，过高可

能引起高热，从而引起 MMA。夏季更应采取有效的措施给母猪降温。

（2）发病后的措施　有效的治疗方法是早期发现早期治疗，发生 MMA 后应尽快连续 3 天使用抗生素。

【方法一】卡那霉素，每头母猪 2 克，在一侧颈部注射；磺胺嘧啶＋TMP，每头母猪 2.5 克，在另一侧颈部注射。

【方法二】阿莫西林，每头母猪 2 克，在一侧颈部注射；磺胺嘧啶＋TMP，每头母猪 2.5 克，在另一侧颈部注射。

（二）热应激

热应激是指处于极端高温环境温度中的动物机体对热环境提出的任何要求所做的非特异性的生理反应的总和。

1. 病因

猪在炎热的季节里，长时间、直接受到暴晒，且饮水和喂食盐不足，导致散热调节障碍，体温急剧升高，很快出现严重的全身症状（日射病）；由于猪长时间处于高温、高湿和不通风的环境中而发生（热射病）。

2. 临床症状和病理变化

本病发生急，进展迅速，处理不及时或不当，病猪常很快死亡，应引起高度注意。病猪常突然发病，精神沉郁，步态不稳，共济失调，或突然倒地不能站立，目光呆滞，张口伸舌，心跳加快，呼吸频数，体温升高可达 42～43℃，触摸体表感到烫手。有的出现明显的神经症状，狂躁不安，或卧地抽搐，很快进入昏迷状态，呼吸高度困难，眼睑、肛门反射消失，瞳孔散大而死亡。

3. 防治

（1）预防措施　炎热季节长途运输猪时，车上应装置遮阳棚，途中间隔一定时间应停车休息一下，并给猪群清凉饮水；进入炎热季节，猪舍的湿度大，应加强猪舍的通风管理，尤其是午后和闷热的黄昏，更应注意猪舍的通风；猪舍应隔热性能良好，安装必要的降温冷却系统；降低饲养密度，提高日粮营养浓度以及在饲料中添加维生素 C、维生素 E、牛磺酸等抗热应激剂。

（2）发病后的措施

【方法一】①刺破耳静脉放血 50～200 毫升，以降低颅内压；②以清凉的自来水喷洒头部及全身，以促使散热和降温；③林格尔液 500～1500 毫升、10%樟脑磺酸钠注射液 10～20 毫升，凉水中冷浴后，立即静脉注射，1～3 次/天；④维生素 C 粉 100 克，加入 1000 千克清凉饮水中，全群混饮，连用 3～5 天。

【方法二】①以清凉的自来水喷洒病猪头部及全身，以促使散热和降温；②5%维生素 C 注射液 0.2～1 克/次、葡萄糖生理盐水 500～1500 毫升、10%樟脑磺酸钠注射液 10～20 毫升，腹腔注射，1～3 次/天；③十滴水 3～5 毫升/头，加入清凉的饮水中，全群混饮，连用 1～2 天。

（三）阴道炎

阴道炎是母畜阴道的炎性疾病，多发生于牛、猪。

1. 病因

配种、助产所致阴道损伤和感染，子宫内膜炎、胎衣及死胎宫内腐败等均可引发阴道炎。

2. 临床症状和病理变化

急性阴道炎前庭及阴道黏膜呈鲜红色，肿胀疼痛，阴道排出黏液或黏液脓性分泌物，阴门频频开闭，常做排尿姿势，但很少有尿液排出。有时体温升高，精神沉郁，食欲减退，排尿时拱背、呻吟，有痛感。

慢性阴道炎症状不甚明显，阴道排出少量黏液或黏液脓性分泌物，阴道黏膜呈苍白色，较干燥，一般无全身症状。

3. 防治

在配种、助产时，要注意保护母猪阴道，并做好消毒工作，以防造成阴道的损伤和感染。

【方法一】①以 0.1%高锰酸钾或 0.1%雷夫诺尔溶液充分洗涤阴道；②排出冲洗液后，立即注入宫炎速康灌注剂 20～30 毫升/次，1 次/天，连用 3～5 天。

【方法二】①以 0.1%高锰酸钾或 0.1%雷夫诺尔溶液充分洗涤

阴道；②排出冲洗液后，大蒜20～30克、食盐5克，大蒜去皮，加入食盐捣泥，用纱布包成条状塞入阴道，2～4小时后取出，1次/天，连用5～7天；③葡萄糖生理盐水500～1500毫升、氨苄青霉素钠每千克体重7毫克、10%樟脑磺酸钠注射液10～20毫升，静脉注射，1～2次/天，连用5～7天。

（四）母猪生产瘫痪

母猪生产瘫痪是指母猪在产前不久或产后2～5天内发生的以四肢运动机能丧失或减弱为特征的疾病。

1. 病因

主要原因是营养性障碍、缺乏维生素和矿物质等，如饲料缺乏钙、磷，或钙磷比例失调，导致母猪后肢或全身无力，甚至骨质发生变化；饲料中蛋白质缺乏时，孕母猪变得瘦弱，也可发生瘫痪。其次是年老、衰弱、饲养管理失调、缺乏运动等原因诱发。此外，产后护理不好，冬季寒冷潮湿，母猪缺乏运动，分娩时由于胎儿过大，强力拉出胎儿，使骨盆神经受伤等也会造成瘫痪。

2. 临床症状

产前瘫痪多发于产前数周，病初病猪表现两后肢无力，站立不能持久，常交替踏步，以后起立困难，肌肉瘫痪（尤其是后肢），严重时卧地不起，患肢肌肉萎缩。产后瘫痪常见于产后2～5天，主要症状为食欲减退或废绝，精神不振，泌乳量少或无乳，两后肢无力，站立不稳，走路摇晃，肌肉颤抖，继而卧地不起，或两后肢呈“八”字分开，严重时全身瘫痪。

3. 防治

（1）预防措施　饲料中供给充足的矿物质，保持钙磷比例平衡，供应足够的青绿饲料，每天加喂骨粉（或蛋壳粉、鱼粉）和食盐等。维生素D缺乏时，除补充维生素D外，让猪多晒太阳，在饲料中添加B族维生素，对减少肢蹄病有较好效果。此外，经常给猪喂些晒干的苜蓿、紫云英、大豆叶粉和添加维生素D_3，有助于防止维生素D缺乏症发生。合理搭配哺乳期母猪的饲料，冬季注意母猪圈舍的保温、干燥，母猪要有适当运动，搞好栏圈卫生、消

毒，一旦发现病猪及时隔离并对症治疗。

（2）治疗措施　后躯局部涂擦刺激剂，如每日涂擦10%樟脑酒精或四三一合剂，促进血液循环。病猪要喂适量的骨粉、蛋壳粉、碳酸钙、鱼粉。可使用下列方法治疗：

【方法一】一次静脉注射10%葡萄糖酸钙100～120毫升。

【方法二】肌内注射维生素AD 3毫升，隔2天1次，或肌内注射维生素D 25毫升，或维丁胶性钙10毫升，每天1次，连用3～4天。

（五）猪产褥热

猪产褥热又称产后败血症或母猪无名热。产褥热是母猪产后局部炎症感染扩散而发生的一种全身性疾病。

1. 病因

产圈不清洁、助产或手术消毒不严、软产道遭到损伤致产道感染病原菌，局部发生炎症。病原菌主要是溶性链球菌、金黄色葡萄球菌、化脓性棒状杆菌、大肠杆菌等，这些病原菌进入血液，大量繁殖，产生毒素，引起一系列严重的全身性变化。此外，产后外阴部松弛，外翻的黏膜与泥水、垫草接触，胎衣不下，阴道及子宫脱出等均能致病。

2. 临床症状

病猪产后2～3天内发病，体温升高达41℃左右，呈稽留热，呼吸短促，心跳加快，每分钟100次，有的高达120次，四肢末端及两耳发凉；食欲不振或废绝，精神沉郁，四肢关节肿胀、疼痛，躺卧不愿起立，泌乳减少直到停止，先便秘后腹泻。患猪从阴门中排出恶臭味、褐色炎性分泌物，内含组织碎片。病程一般为亚急性经过。如果治疗及时，患猪预后良好；若治疗不及时，可引起死亡。

3. 诊断

根据产后数日体温升高、呼吸和心跳加快、阴道黏膜污褐色及肿胀、阴门排褐色恶臭分泌物等症状可做出诊断，但应注意与流产、母猪无乳综合征、子宫内膜炎、阴道炎等疾病鉴别。

4. 防治

（1）预防措施　产前做好产房清洁、消毒工作。准备常用消毒、消炎药品如碘酊、2%来苏儿、0.1%新洁尔灭、抗生素等，随时应用。助产或手术时保证无菌、阴道无创伤，以免感染。

（2）发病后的措施

【方法一】①肌内注射青霉素800万～900万单位和氨基比林10毫升，每天2次，连用2～3天，必要时注射10%安钠咖5～10毫升，再静脉注射10%～20%葡萄糖液300～500毫升，加5%碳酸氢钠溶液100毫升；②若子宫有炎症，用垂体后叶素注射液2～4毫升，皮下或肌内注射，促使炎性分泌物排出，不许冲洗子宫，以防感染恶化；③为控制败血现象发生，或已发生，用四环素0.125～0.375克、10%樟脑磺酸钠5～10毫升、25%维生素C 2～4毫升、糖盐水500毫升混合静脉注射。如有酸中毒可加5%碳酸氢钠溶液50～100毫升（注射时不能与维生素C和四环素混在一瓶内）。

【方法二】中药治疗。益母草40克，柴胡、黄芩、乌梅各20克，黄酒、红糖各150克为引，共水煎候温灌服；或当归、川芎、桃仁各15克，炮姜炭、牛膝、益母草各10克，红花5克，共水煎候温喂服，每天1次，连服2～3天。

（六）胎衣不下

母猪分娩后，一般经10～60分钟排出胎衣，若3小时之后胎衣没有排出，则称为胎衣不下或胎盘停滞。临床上以产后不见胎衣排出而长时间排出恶露，或部分胎衣悬垂于阴门之外为特征。

1. 病因

饲料单一，体质瘦弱，产后子宫弛缓，子宫收缩无力，胎衣迟迟不下。妊娠期间，母猪缺乏运动，母猪过肥，胎儿过大、过多、难产，子宫过度扩张，产后阵缩微弱，都可引起胎衣不下。

2. 临床症状

母猪产后应及时检查胎衣上脐带与所产仔猪是否相符。母猪胎衣不下多为部分胎盘滞留，一般不易发现。母猪分娩后3小时胎衣部分或全部滞留在子宫内，也有部分胎衣悬垂于阴门外，初期没有

明显的症状。随病程延长，胎衣在子宫内滞留时间过久，发生腐败分解、产生毒素而引起子宫内膜炎。全身症状为猪不断努责，神情不安，精神不振，食欲减退或废绝，喜喝水，阴门流出暗红色或红白色带有恶臭气味的分泌物，内混有分解的胎衣碎片。时间过长可引起败血症。

3. 防治

（1）预防措施　对妊娠母猪必须供应全价饲料，注意青绿饲料和矿物质、维生素的添加，给予适当运动，有利于子宫阵缩。为防止胎衣腐败及子宫感染，可向子宫内注入广谱抗生素。

（2）发病后的措施

【方法一】产后 2 小时不排胎衣的，可皮下注射催产素 10～20 单位，2 小时后可重复注射 1 次，或皮下注射麦角新碱 0.2～0.4 毫克。

【方法二】耳静脉注射 10%雷夫诺尔溶液 100～200 毫升，每天 1 次，连用 3～5 天。

【方法三】若胎儿胎盘比较完整，可在子宫内注入 5%～10%盐水 1 毫升，促使胎儿胎盘缩小，与母体胎盘分离。

（七）子宫内膜炎

1. 病因

子宫内膜炎是由于人工授精、阴道检查、难产时助产消毒不严或因胎衣不下、子宫脱出，导致葡萄球菌、大肠杆菌、链球菌、双球菌感染所致。

2. 临床症状和病理变化

急性子宫内膜炎，病猪体温略微升高，食欲减退，泌乳量下降，拱背努责，常做排尿姿势，从阴门排出黏液或黏液脓性分泌物，卧地时排出量增多。阴道检查，子宫颈少开，有时可见脓性分泌物从子宫颈流出。直肠检查，可发现一个或两个子宫角变大，子宫壁增厚，收缩反应无力，有痛感，当子宫腔内蓄积有多量渗出物时，可感觉到波动。

慢性子宫内膜炎多由急性子宫内膜炎转变而来，常无明显的全身症状。阴道检查，子宫颈略微开张，从子宫颈口流出透明、浑浊或杂有脓性絮状物的分泌物。直肠检查，感觉子宫松弛，子宫壁增厚，一个或两个子宫角稍大。有的既无全身症状，阴道、直肠检查也无异常，仅表现屡配不孕。

3. 防治

应改善饲养管理，及早进行局部和全身治疗，一般可取得较好效果。

【方法一】 ①以 0.1%高锰酸钾或 0.1%雷夫诺尔溶液充分洗涤子宫；②排出冲洗液后，立即注入宫炎速康灌注剂 20～30 毫升/次，1 次/天，连用 3～5 天。

【方法二】 ①以 0.1%高锰酸钾或 0.1%雷夫诺尔溶液充分洗涤子宫；②缩宫素 30～50 单位/次，肌内注射，1～2 次/天，连用 3～5 天；③氨苄青霉素钠每千克体重 7 毫克、注射用生理盐水 10～20 毫升，肌内注射，2 次/天，连用 5～7 天；④露它净灌注剂 20～30 毫升/次，1 次/天，连用 3～5 天。

（八）黄曲霉毒素中毒

黄曲霉毒素中毒是由黄曲霉毒素引起的中毒症，以损害肝脏，甚至诱发原发性肝癌为特征。黄曲霉毒素能引起多种动物中毒，但易感性有差异，猪较为易感。

1. 病因

饲喂霉变的饲料。

2. 临床症状和病理变化

仔猪对黄曲霉毒素很敏感，一般在饲喂霉玉米之后 3～5 天发病，表现食欲消失，精神沉郁，可视黏膜苍白、黄染，后肢无力，行走摇晃；严重时，卧地不起，几天内即死亡。育成猪多为慢性中毒，表现食欲减退，异食癖，逐渐消瘦，后期有神经症状与黄疸。

急性型病例突出病变是急性中毒性肝炎和全身黄疸。肝肿大，淡黄色或黄褐色，表面有出血，实质脆弱；肝细胞变性坏死，间质内有淋巴细胞浸润。胆囊肿大，充满胆汁。全身的新膜、浆膜和皮下肌肉有出血和淤血斑。胃肠黏膜出血、水肿，肠内容物棕红色。肾肿大，苍白色，有时见点状出血。全身淋巴结水肿、出血，切面

呈大理石样病变。肺淤血、水肿。心包积液，心内、外膜常有出血。脂肪组织黄染。脑膜充血、水肿，脑实质有点状出血。亚急性和慢性中毒病例，主要是肝硬变。肝实质变硬、呈棕黄色或棕色，俗称“黄肝病”，肝细胞呈严重的脂肪变性与颗粒变性，间质结缔组织和胆管增生，形成不规则的假小叶，并有很多再生肝细胞结节。病程长的母猪可出现肝癌。

3. 防治

（1）预防措施　防止饲料霉变。引起饲料霉变的因素主要是温度与相对湿度，因此，饲料应充分晒干，切勿雨淋、受潮，并置于阴凉、干燥、通风处储存；可在饲料中添加防霉剂以防霉变；霉变饲料不宜饲喂，但其中的毒素除去后仍可饲喂。常用的去毒方法有：

① 连续水洗法　将饲料粉碎后，用清水反复浸泡漂洗多次，至浸泡的水呈无色时可供饲用。此法简单易行，成本低，费时少。

② 化学去毒法　最常用的是碱处理法，用5%～8%石灰水浸泡霉变饲料3～5小时后，再用清水淘净，晒干后便可饲喂；每千克饲料拌入125克的农用氨水，混匀后倒入缸内，封口3～5天，去毒效果达90%以上，饲喂前应挥发掉残余的氨气。

③ 物理吸收法　常用的吸附剂有活性炭、白陶土、高岭土、沸石等，特别是沸石可牢固地吸附黄曲霉毒素，从而阻止黄曲霉毒素经胃肠道吸收。猪饲料中添加0.5%沸石或霉可吸、霉净剂等，不仅能吸附毒素，而且还可促进猪生长发育。

（2）发病后的措施　本病尚无特效疗法。发现猪中毒时，应立即停喂霉变饲料，改喂富含碳水化合物的青绿饲料和高蛋白质饲料。同时，根据临床症状，采取相应的支持和对症治疗。

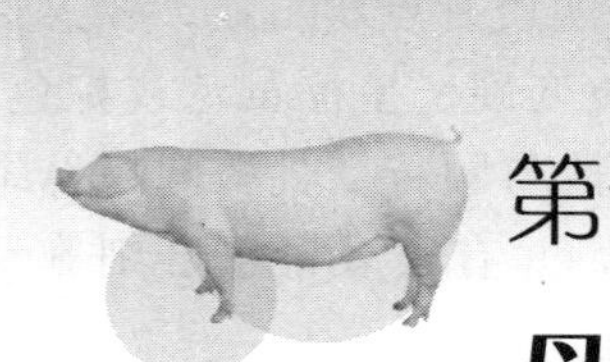

第七章 母猪场的经营管理

第一节 经营管理的概念、意义及内容

一、经营管理的概念

经营是经营者在国家各项法律法规、政策方针的规范指导下，利用自身资金、设备、技术等条件，在追求用最少的人、财、物消耗取得最多的物质产出和最大的经济效益的前提下，合理确定生产方向与经营目标，有效地组织生产、销售等的活动。管理是经营者为实现经营目标，合理组织各项经济活动的活动，这里不仅包括生产力和生产关系两个方面的问题，还包括经营生产方向、生产计划、生产目标如何落实，以及人、财、物的组织协调等方面的具体问题。经营和管理之间有着密切的联系，有了经营才需要管理；经营目标需要借助于管理才能实现，离开了管理，经营活动就会混乱，甚至中断。经营的使命在于宏观决策，管理的使命在于如何实现经营目标，是为实现经营目标服务的，两者相辅相成，不能分开。

二、经营管理的意义

（一）有利于实现决策的科学化

通过对市场的调研和信息的综合分析与预测，可以正确地把握

经营方向、规模、猪群结构、生产数量，使产品既符合市场需要，又获得最高的价格，取得最大的利润。否则，把握不好市场，遇上市场价格低谷，即使生产水平再高，生产手段再先进，也可能出现亏损。

（二）有利于有效组织产品的生产

根据猪场和市场情况，合理地制订生产计划，并组织生产计划的落实。根据生产计划科学安排人力、物力、财力和猪群结构、周转、出栏等，不断提高产品产量和质量。

（三）有利于充分调动劳动者的积极性

人是第一生产要素。任何优良品种、先进的设备和生产技术都要靠人来饲养、操作和实施。在经营管理上通过明确责任制，制定合理的产品标准和劳动定额，建立合理的奖惩制度和竞争机制并进行严格考核，可以充分调动猪场员工的积极性，使猪场员工的聪明才智得以最大限度的发挥。

（四）有利于提高生产效益

通过正确的预测、决策和计划，有效地组织产品生产，可以在一定的资源投入基础上生产出最多的适销对路的产品；加强记录管理，不断总结分析，探索、掌握生产和市场规律，提高生产技术水平；根据记录资料，注重进行成本核算和盈利核算，找出影响成本的主要因素，采取措施降低生产成本。产品产量的增加，产品成本的降低，必然会显著提高瘦肉型猪的养殖效益和生产水平。

三、经营管理的内容

猪场经营管理的内容比较广泛，包括猪场生产经营活动的全过程。其主要内容有：市场调查、分析和营销、经营预测和决策、生产计划的制订和落实、生产技术管理、产品成本和经营成果的分析。本章重点介绍生产计划的制订和落实、生产技术管理、产品成本和经营成果的分析等内容。

第二节　猪场生产计划管理

生产计划管理就是根据猪场生产情况和市场预测合理制订生产计划，并落到实处。制订计划就是对养猪场的投入、产出及其经济效益做出科学的预见和安排，计划是决策目标的具体化。经营计划分为长期计划、年度计划、阶段计划等。

一、编制计划的方法

养猪业计划编制的常用方法是平衡法，是通过对指导计划任务和完成计划任务所必须具备的条件进行分析、比较，以求得两者的相互平衡。畜牧业企业在编制计划的过程中，重点要做好草原（土地）、劳力、机具、饲草饲料、资金、产销等平衡工作。利用平衡法编制计划主要是通过一系列的平衡表来实现的，平衡表的基本内容包括需要量、供应量、余缺三项。具体运算时一般采用下列平衡公式：

期初结存数＋本期计划增加数＝本期需要数－结余数

上式三部分，即供应量（期初结存数＋本期计划增加数）、需要量（本期需要数）和结余数构成平衡关系，对其进行分析比较，揭露矛盾，采取措施，调整计划指标，以实现平衡。

二、猪场主要生产计划

（一）配种分娩计划

配种分娩计划是猪场实现猪再生产的重要保证，是猪群周转的重要依据。其工作内容是依据猪的自然再生产特点，合理利用猪舍和生产设备，正确确定母猪的配种和分娩期。

编制配种分娩计划应考虑气候条件、饲料供应、猪舍、生产设备与用具、市场情况、劳动力情况等因素。

（二）猪群周转计划

猪群周转计划是制订其他各项计划的基础，只有制订好周转计

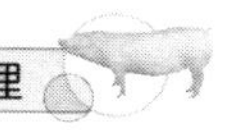

划，才能制订饲料计划、产品计划和引种计划。制订猪群周转计划，应综合考虑猪舍、设备、人力、成活率、猪群的淘汰和转群移舍时间、数量等，保证各猪群的增减和周转既能够完成规定的生产任务，又能够最大限度地降低各种劳动消耗。

（三）饲料使用计划

饲料使用计划见表7-1。

表7-1 饲料使用计划

项目		头数	饲料消耗总量	能量饲料量	蛋白质饲料量	矿物质饲料量	添加剂饲料量	饲料支出
1月份（31天）	种母猪 后备猪 哺乳仔猪							
2月份（28天）	种母猪 后备猪 哺乳仔猪							
全年各类饲料合计								
全年各类猪群饲料合计	种母猪 后备猪 哺乳仔猪							

（四）年财务收支计划

年财务收支计划表见表7-2。

表7-2 年财务收支计划表

收入		支出		备注
项目	金额/元	项目	金额/元	
仔猪		种（苗）猪费		
淘汰猪		饲料费		
粪肥		折旧费（建筑、设备）		
其他		燃料、药品费		

续表

收入		支出		备注
项目	金额/元	项目	金额/元	
		基建费 设备购置、维修费 水电费 管理费 其他费		
合计				

第三节　生产运行过程的经营管理

一、猪场管理制度

管理制度是规模猪场生产部门加强和巩固劳动纪律的基本方法。规模猪场主要的劳动管理制度有岗位制、考勤制、基本劳动日制、作息制、质量检查制、安全生产制、技术操作规程等。猪场由于劳动对象的特殊性，特别应注意根据猪的生物学特性及不同生长发育阶段的消化吸收规律，建立合理的饲喂制度，做到定时、定量、定次数、定顺序，并应根据季节、年龄进行适当调整，以保证猪的正常消化吸收，避免造成饲料浪费。饲养人员必须严格遵守饲喂制度，不能随意经常变动。

制度管理是猪场做好劳动管理不可缺少的手段，主要包括考勤、劳动纪律、生产责任制、劳动保护、劳动定额、奖惩制度等。制度的建立，一是要符合猪场的劳动特点和生产实际；二是内容具体化，用词准确，简明扼要，质和量的概念必须明确；三是要经全场职工认真讨论通过，并经场领导批准后公布执行；四是必须具有一定的严肃性，一经公布，全场干部职工必须认真执行，不搞特殊化；五是必须具备连续性，应长期坚持，并在生产中不断完整。

二、定额管理

定额是编制生产计划的基础。在编制计划的过程中，对人力、物力、财力的配备和消耗，产供销的平衡，经营效果的考核等计划指标，都是根据定额标准进行计算和研究确定的。只有依据合理的定额，才能制订出先进可靠的计划。如果没有定额，就不能合理地进行劳动力的配备和调度、物资的合理储备和利用，资金的利用和核算就没有根据，生产就不合理。定额是检验的标准，在一些计划指标的检查中，要借助定额来完成。在计划检查中，检查定额的完成情况，通过分析来发现计划中的薄弱环节。同时定额也是劳动报酬分配的依据，可以在很大程度上提高劳动生产率。

（一）定额的种类

定额的种类见表 7-3。

表 7-3　定额的种类

种类	内容
人员配备定额	完成一定任务应配备的生产人员、技术人员和服务人员标准
机械设备定额	完成一定生产任务所必需的机械、设备标准或固定资产利用程度的标准
物资储备定额	按正常生产需要的零配件、燃料、原材料和工具等物资的必需库存量
饲料贮备定额	按生产需要来确定饲料的生产量，包括各种精饲料、粗饲料、矿物质及预混合饲料储备和供应量
产品定额	仔猪、育肥猪的数量和质量标准等
劳动定额	生产者在单位时间内完成符合质量标准的工作量，或完成单位产品或工作量所需要的工时消耗，又可称工时定额
财务定额	生产单位的各项资金限额和生产经营活动中的各项费用标准，包括资金占用定额、成本定额和费用定额等

（二）猪场的生产定额

1. 人员配备定额

如存栏 600 头母猪的猪场（年出栏育肥猪 10000 头），其人员配备可为：管理人员 3 人（场长 1 人，财务人员 2 人），技术人员 3 人（技术员 1 人，配种员 1 人，统计员或资料员 1 人），生产人员 12 人，合计 18 人。

2. 劳动定额

劳动定额是在一定生产技术和组织条件下，为生产一定的合格产品或完成一定的工作量，所规定的必要劳动消耗量，它是计算产量成本、劳动生产率等各项经济指标和编制生产、成本和劳动等计划的基础依据。养猪生产可以班组或猪舍为单位进行饲养管理。猪群种类不同，所制定的劳动定额也不同。在制定劳动定额时应根据生产条件、职工技术状况和工作要求，并参照历年统计资料，综合分析确定。

3. 饲料消耗定额

猪群维持和生产产品需要从饲料中摄取营养物质。猪群的种类不同，同种猪的年龄、性别不同，生长发育阶段不同及生产用途不同，其饲料的种类和需要量也不同。因此制定不同猪群的饲料消费定额所遵循的方法，首先应该查找其饲养标准中对各种营养成分的需要量，参照不同饲料的营养价值确定日粮的配给量；其次以给定日粮配给量作为基础，计算不同饲料在日粮中的占有量；最后再根据占有量和猪的年饲养日即可计算出年饲料的消耗定额。计算饲料消耗定额时应加上饲喂过程中的损耗量。饲料消耗定额是生产单位产量的产品所规定的饲料消费标准，是确定饲料需要量、合理利用饲料、节约饲料和实行经济核算的重要依据。

（三）成本定额

成本定额是猪场财务定额的组成部分，猪场成本分为两大块，即产品总成本和产品单位成本。成本定额通常指的是成本控制指

标，主要是生产某种产品或进行某种作业所消耗的生产资料和所付劳动报酬的总和。成本项目包括工资和福利费、饲料费、燃料费和动力费、医药费、固定资产折旧费、固定资产修理费、低值易耗品费、其他直接费用和企业管理费等。

（四）定额的修订

修订定额是搞好计划的一项很重要的内容。定额是在一定条件下制定的，反映了一定时期的技术水平和管理水平。生产的客观条件在不断发生变化，因此定额也应及时修订。在编制计划前，必须对定额进行一次全面的调查、整理、分析，对不符合新情况、新条件的定额进行修订，并补充齐全的定额和制定新的定额标准，使计划的编制有理有据。

三、制定工作程序

制定工作程序指规定各类猪舍每天的工作内容，制定每周的工作程序，使饲养管理人员有规律地完成各项任务，见表 7-4。

表 7-4　猪舍周工作程序

日期	配种妊娠舍	分娩保育舍	生长育成舍
星期一	日常工作;清洁消毒;淘汰猪鉴定	日常工作;清洁消毒;淘汰的断奶母猪鉴定	日常工作;清洁消毒;淘汰猪鉴定
星期二	日常工作;更换消毒池消毒液;接受空怀母猪;整理空怀母猪	日常工作;更换消毒池消毒液;断奶母猪转出;空栏清洗消毒	日常工作;更换消毒池消毒液;空栏清洗消毒
星期三	日常工作;不发情、不妊娠母猪集中饲养;驱虫;免疫接种	日常工作;驱虫;免疫接种	日常工作;驱虫;免疫接种
星期四	日常工作;清洁消毒;调整猪群	日常工作;清洁消毒;仔猪去势;僵猪集中饲养	日常工作;清洁消毒;调整猪群

续表

日期	配种妊娠舍	分娩保育舍	生长育成舍
星期五	日常工作;更换消毒池消毒液;妊娠母猪转出	日常工作;更换消毒池消毒液;接受临产母猪,做好分娩准备	日常工作;更换消毒池消毒液;空栏冲洗消毒
星期六	日常工作;空栏冲洗消毒	日常工作;仔猪强弱分群;出生仔猪剪耳、断奶和补铁等	日常工作;出栏猪的鉴定
星期日	日常工作;妊娠诊断复查;设备检查维修;填写周报表	日常工作;清点仔猪数;设备检查维修;填写周报表	日常工作;存栏盘点;设备检查维修;填写周报表

四、记录管理

记录管理就是将猪场生产经营活动中的人、财、物等消耗情况及有关事情记录在案，并进行规范、计算和分析。猪场记录可以反映猪场生产经营活动的状况，是经济核算的基础和提高管理水平及效益的保证，猪场必须重视记录管理。

（一）猪场记录的原则

1. 及时准确

及时是根据不同记录要求，在第一时间认真填写，不拖延、不积压，避免出现遗忘和虚假；准确是按照猪场当时的实际情况进行记录，既不夸大，也不缩小，实实在在。特别是一些数据要真实，不能虚构。如果记录不准确，将失去记录的真实可靠性，这样的记录也是毫无价值的。

2. 简洁完整

若记录工作烦琐就不易持之以恒地去实行，所以设置的各种记录簿册和表格力求简明扼要，通俗易懂，便于记录；完整是记录要全面系统，最好设计成不同的记录册和表格，并且填写完全、工整，易于辨认。

3. 便于分析

记录的目的是为了分析猪场生产经营活动的情况，因此在设计表格时，要考虑记录下来的资料便于整理、归类和统计，为了与其他猪场进行横向比较和本场过去进行纵向比较，还应注意记录内容的可比性和稳定性。

（二）猪场记录的内容

猪场记录的内容因猪场的经营方式与所需的资料而有所不同，一般应包括以下内容：

1. 生产记录

生产记录包括猪群生产情况记录（猪的品种、饲养数量、配种和生产日期、产仔数量、成活数量、死亡淘汰数量等）、饲料记录（将每日不同猪群以栋、栏或群为单位所消耗的饲料按其种类、数量及单价等记载下来）、劳动记录（记载每天出勤情况，工作时数、工作类别以及完成的工作量、劳动报酬等）等。

2. 财务记录

财务记录包括收支记录（包括出售产品的时间、数量、价格、去向及各项支出情况）、资产记录（固定资产类，包括土地、建筑物、机器设备等的占用和消耗；库存物资类，包括饲料、兽药、在产品、产成品、易耗品、办公用品等的消耗数量、库存数量及价值；现金及信用类，包括现金、存款、债券、股票、应付款、应收款等）等。

3. 饲养管理记录

饲养管理记录包括饲养管理程序及操作记录（饲喂程序、猪群的周转、环境控制等记录）、疾病防治记录（包括隔离消毒情况、免疫情况、发病情况、诊断及治疗情况、用药情况、驱虫情况等）。

（三）猪场生产记录表格

生产记录表格是猪场第一手材料，是各种统计报表的基础，应认真填写和保管，不得间断和涂改。中小型猪场的生产记录表格主要有如下几种，见表7-5～表7-8。

表7-5　母猪产仔哺育登记表

猪舍栋号__________　　　　　　　　______年____月____日

窝号	产仔日期	母猪号	母猪品种	与配公猪		交配日期	怀孕日期	产次	产仔数/头			存活数/头			死胎数	备注
				品种	耳号				公	母	合计	公	母	合计		

负责人__________　　　　　　　　填表人________

表7-6　配种登记表

猪舍栋号__________　　　　　　　　______年____月____日

母猪号	母猪品种	与配公猪		第一次配种时间	第二次配种时间	分娩时间	备注
		品种	耳号				

负责人__________　　　　　　　　填表人________

表7-7　猪只死亡登记表

猪舍栋号__________　　　　　　　　______年____月____日

品种	耳号	性别	年龄	死亡猪只				备注
				头数/头	体重/千克	时间	原因	

负责人__________　　　　　　　　填表人________

表7-8　种猪生长发育记录表

猪舍栋号__________　　　　　　　　______年____月____日

测定时间			耳号	品种	性别	月龄	体重/千克	胸围/厘米	体高/厘米	平均膘厚/厘米
年	月	日								

负责人__________　　　　　　　　填表人________

（四）猪场的报表

为了及时了解猪场生产动态和完成任务的情况，及时总结经验与教训，在猪场内部建立健全各种报表十分重要。各类报表力求简明扼要，格式统一，单位一致，方便记录。常用的报表有以下几

种，见表 7-9、表 7-10。

表 7-9　猪群饲料消耗月报表或日报表

领料时间	料号	栋号	饲料消耗/千克			备注
			青料	精料	其他	

填表人________

表 7-10　猪群变动月报表或日报表

群别	月初头数/头	增加/头				合计/头	减少/头					合计/头	月末头数/头	备注
		出生	调入	购入	转出		转出	调出	出售	淘汰	死亡			
种母猪														
后备母猪														

填表人________

（五）猪场记录的分析

通过对猪场的记录进行整理、归类，可以进行分析。分析是通过一系列分析指标的计算来实现的，利用成活率、繁殖率、增重、饲料转化率等技术效果指标来分析生产资源的投入和产出产品数量的关系以及分析各种技术的有效性和先进性，利用经济效果指标分析生产单位的经营效果和赢利情况，为猪场的生产提供依据。

五、产品销售管理

猪场的产品销售管理包括销售市场调查、销售预测和决策、营销策略及计划的制订、促销措施的落实、市场的开拓、产品售后服务等。市场营销需要研究消费者的需求状况及其变化趋势，在保证产品产量和质量并不断提高的前提下，利用各种机会、各种渠道刺激消费、推销产品：一是加强宣传、树立品牌；二是搞好销售网络；三是积极做好售后服务。

第四节 经济核算

一、资产核算

（一）流动资产

流动资产是指可以在一年内或者超过一年的一个营业周期内变现或者运用的资产。流动资产是企业生产经营活动的主要资产，主要包括猪场的现金、存款、应收款及预付款、存货（原材料、在产品、产成品、低值易耗品）等。流动资产周转状况影响到产品的成本。加快流动资产周转措施如下：

1. 有计划地采购

加强采购物资的计划性，防止盲目采购，合理地储备物资，避免积压资金，加强物资的保管，定期对库存物资进行清查，防止鼠害和霉烂变质。

2. 缩短生产周期

科学地组织生产过程，采用先进技术，尽可能缩短生产周期，节约使用各种材料和物资，减少在产品资金占用量。

3. 及时销售产品

产品及时销售可以缩短产成品的滞留时间，减少流动资金占用量。

4. 加快资金回收

及时清理债权债务，加速应收款项的回收，减少成品资金和结算资金的占用量。

（二）固定资产

固定资产是指使用年限在1年以上，单位价值在规定的标准以上，并且在使用中长期保持其实物形态的各项资产。猪场的固定资产主要包括建筑物、道路、基础猪以及其他与生产经营有关的设备、器具、工具等。

1.固定资产的折旧

固定资产的长期使用过程中，在物质上要受到磨损，在价值上要发生损耗。固定资产的损耗，分为有形损耗和无形损耗两种。有形损耗是指固定资产由于使用或者由于自然力的作用，使固定资产物质上发生磨损。无形损耗是由于劳动生产率提高和科学技术进步而引起的固定资产价值的损失。固定资产在使用过程中，由于损耗而发生的价值转移，称为折旧。由于固定资产损耗而转移到产品中去的那部分价值叫折旧费或折旧额，用于固定资产的更新改造。

猪场提取固定资产折旧，一般采用平均年限法和工作量法。

(1) 平均年限法　它是根据固定资产的使用年限，平均计算各个时期的折旧额，因此也称直线法。其计算公式：

固定资产年折旧额＝［原值－（预计残值－清理费用）］/固定资产预计使用年限

固定资产年折旧率＝固定资产年折旧额/固定资产原值×100%＝(1－净残值率)/折旧年限×100%

(2) 工作量法　它是按照使用某项固定资产所提供的工作量，计算出单位工作量平均应计提折旧额后，再按各期使用固定资产所实际完成的工作量，计算应计提的折旧额。这种折旧计算方法，适用于一些机械等专用设备。其计算公式为：

单位工作量（单位行驶里程或每工作小时）折旧额＝（固定资产原值－预计净残值）/总工作量（总行驶里程或总工作小时）

2.提高固定资产利用效果的途径

(1) 适时、适量购置和建设固定资产　根据轻重缓急，合理购置和建设固定资产，把资金使用在经济效果最大而且在生产上迫切需要的项目上；购置和建造固定资产要量力而行，做到与单位的生产规模和财力相适应。

(2) 注重固定资产的配套　注意加强设备的通用性和适用性，并注意各类固定资产务求配套完备，使固定资产能充分发挥效用。

(3) 加强固定资产的管理　建立严格的使用、保养和管理制度，对不需用的固定资产应及时采取措施，以免浪费；注意提高机器设备的利用强度和利用程度。

二、成本核算

企业为生产一定数量和种类的产品而发生的直接材料费用（包括直接用于产品生产的原材料、燃料动力费等）、直接人工费用（直接参加产品生产的工人工资以及福利费）和间接制造费用的总和构成产品成本。

（一）成本核算的意义

产品成本是一项综合性很强的经济指标，它反映了猪场的技术实力和经营状况。品种是否优良，饲料质量好坏，饲养技术水平高低，固定资产利用率的高低，人工耗费多少等，都可以通过产品成本反映出来。所以，猪场通过成本和费用核算，可发现成本升降的原因，降低成本费用耗费，提高产品的竞争能力和盈利能力。

（二）做好成本核算的基础工作

1. 建立健全各项原始记录

原始记录是计算产品成本的依据，直接影响着产品成本计算的准确性。如原始记录不实，就不能正确反映生产耗费和生产成果。饲料、燃料动力的消耗，原材料、低值易耗品的领退，生产工时的耗用，畜禽变动，畜群周转，畜禽死亡淘汰，产出产品等都必须认真如实登记。

2. 建立健全各项定额管理制度

猪场要制定各项生产要素的耗费标准（定额）。不管是饲料、燃料动力，还是费用工时、资金占用等，都要制定比较先进、切实可行的定额。定额的制定应建立在科学、合理的基础上，对经过十分努力仍然达不到的定额标准或不需努力就很容易达到定额标准的定额，要及时进行修订。

3. 加强财产物资的计量、验收、保管、收发和盘点制度

财产物资的实物核算是其价值核算的基础。做好各种物资的计量、收集和保管工作，是加强成本管理、正确计算产品成本的

前提条件。

（三）猪场成本的构成项目

猪场成本的构成项目见表7-11。

表7-11　猪场成本的构成项目

序号	项目	
1	饲料费	指饲养过程中耗用的自产和外购的混合饲料和各种饲料原料。凡是购入的按买价加运费计算，自产饲料一般按生产成本（含种植成本和加工成本）进行计算
2	劳务费	从事养猪的生产管理劳动，包括饲养、清粪、防疫、转群、消毒、购物运输等所支付的工资、资金、补贴和福利等
3	种猪摊销费	饲养过程中应负担种猪的摊销费用
4	医疗费	指用于猪群的生物制剂、消毒剂及检疫费、化验费、专家咨询服务费等。但已包含在配合饲料中的药物及添加剂费用不必重复计算
5	固定资产折旧维修费	指猪舍、栏具和专用机械设备等固定资产的基本折旧费及修理费。根据猪舍结构和设备质量、使用年限来计损。如是租用土地，应加上租金；土地、猪舍等都是租用的，只计租金，不计折旧
6	燃料动力费	指饲料加工和猪舍保暖、排风、供水、供气等耗用的燃料和电力费用，这些费用按实际支出的数额计算
7	杂费	包括低值易耗品费用、保险费、通信费、交通费、搬运费等
8	利息	指对固定投资及流动资金一年中支付利息的总额
9	税金	指用于养猪生产的土地、建筑设备及生产销售等一年内应交税金

成本的计算方法分为分群核算和混群核算。

（1）分群核算　分群核算的对象是每种畜禽的不同类别，如基本猪群、仔猪群、育肥猪群等，按畜禽不同类别分别设置生产成本明细账户，分别归集生产费用和计算成本。

①基本猪群成本核算　基本猪群包括基本母猪、种公猪和未断奶的仔猪，主产品是断奶仔猪，副产品是猪粪，在产品是未断奶

仔猪。基本猪群的总饲养费用包括母猪、公猪、仔猪饲养费用和配种受精费用。本期发生的饲养费用和期初未断奶的仔猪成本应在产成品和期末在产品之间分配，分配办法是活重比例法。

仔猪活重单位成本＝（期初未断奶仔猪成本＋本期基本猪群饲养费用－副产品价值）/（本期断奶仔猪活重＋期末未断奶仔猪活重）

② 仔猪和育肥猪群成本计算　主产品是增重，副产品是猪粪和死淘猪的残值收入等。

增重单位成本＝总成本/该群本期增重＝（全部的饲养费用－副产品价值）/（该群期末存栏活重＋本期销售和转出活重－期初存栏活重－本期购入和转入活重）

活重单位成本＝（该群期初存栏成本＋本期购入和转入成本＋该群本期饲养费用－副产品价值）/该群本期活重＝（该群期初存栏成本＋本期购入和转入成本＋该群本期饲养费用－副产品价值）/[该群期末存栏活重＋本期销售或转出活重（不包括死猪重量）]

③ 猪群饲养日成本核算　指每头猪饲养日平均成本。它是考核饲养费用水平和制订饲养费用计划的重要依据，应按不同的猪群分别计算。

某猪群饲养日成本＝（该猪群本期饲养费用总额－副产品价值）/该群本期饲养头日数

（2）混群核算　混群核算的对象是每类畜禽，如牛、羊、猪、鸡等，按畜禽种类设置生产成本明细账户归集生产费用和计算成本。该法在资料不全的小型猪场常用。

畜禽类别生产总成本＝期初在产品成本（存栏价值）＋购入和调入畜禽价值＋本期饲养费用－期末在产品价值（存栏价值）－出售、自食、转出畜禽价值－副产品价值

单位产品成本＝生产总成本/产品数量

三、盈利核算

盈利核算是对猪场的盈利进行观察、记录、计量、计算、分析和比较等工作的总称。所以盈利也称税前利润。盈利是企业在一定

时期内的货币表现的最终经营成果，是考核企业生产经营好坏的一个重要经济指标。衡量盈利效果的经济指标有成本利润率、销售利润率、产值利润率以及资金利润率。

（一）成本利润率

成本利润率指100元销售成本的盈利额。其计算公式为：

成本利润率（%）＝销售利润/销售成本×100%

（二）销售利润率

销售利润率指100元销售收入可以获得的利润额。其计算公式为：

销售利润率（%）＝销售利润/销售收入×100%

（三）产值利润率

产值利润率指100元产值能创造的利润额。其计算公式为：

产值利润率（%）＝销售利润/产值×100%

（四）资金利润率

资金利润率指100元资金所创造的利润。其计算公式为：

资金利润率（%）＝销售利润/流动资金占用额（流动资金占用额＋固定资金占用额）×100%

附录

猪常见疾病鉴别表

猪常见疾病鉴别表见附表1和附表2。

附表1　仔猪腹泻病鉴别诊断详表

病名	发病阶段或日龄	季节	流行特点	临床特征	剖检特征	实验室检验	防治
猪瘟	仔猪、架子猪	四季	为慢性、温和型猪瘟，潜伏期和病程较长	低热、贫血、消瘦，腹泻与便秘交替发生，抗生素疗效不显著	内脏淋巴结肿大，呈暗红色，切面周边出血；喉头、膀胱黏膜、肾皮质有出血点；肠卡他或有溃疡	荧光抗体、猪瘟兔化弱毒兔体交互免疫试验	按免疫程序免疫接种；猪瘟高免血清和大剂量猪瘟疫苗有一定疗效；应用抗病毒药物等
口蹄疫	乳猪	冬春	急性发作	营养状况良好，突然腹泻，多突然死亡。抗生素无效	死乳猪胃肠发炎、心肌发炎，有虎斑样出血	斑点BLISA检测，具有良好的敏感性和特异性	母猪及时免疫注射

续表

病名	发病阶段或日龄	季节	流行特点	临床特征	剖检特征	实验室检验	防治
猪传染性胃肠炎	各种年龄猪	冬春寒冷季节	新疫区100%发病，老疫区常限于仔猪	乳猪呕吐、水样泻，脱水，死亡或成僵猪，成年猪轻度水样泻或一时性软便	乳猪胃膨满凝乳块，胃底黏膜充血；小肠壁薄，含有气泡和黄绿色或灰白色液体；肾浑浊肿胀、脂肪变性，有的脾脏、肠系膜淋巴结肿大、充血	电镜检出冠状病毒，抗原定性（送检血清）	用其弱冻干苗注射；口服补液盐、抗生素，腹腔注射补液、止泻等对症治疗，其他同轮状病毒病疗法
猪流行性腹泻	各种年龄猪	多在冬春，夏季也发生	传播病，病死率也较低，腹泻症状也轻	同传染性胃肠炎往往混合感染	病变主要在小肠，小肠壁变薄，肠腔扩张，黏膜充血；但肠内容物却为黄绿色液体	电镜检出类冠状病毒，抗原定性	用其弱毒苗或与传染性胃肠炎双价冻干苗注射妊娠母猪。其他同轮状病毒病疗法
轮状病毒病	10～56日龄	早春和晚冬寒冷季节	新疫区偶见暴发，多散发。10～28日龄猪更易感	成年猪多为隐性感染。仔猪呕吐、腹泻，粪黄白色或黑色，较腥臭，呈水样或糊状	胃内有凝乳块，小肠壁非常薄、半透明；小肠内容物呈水样。结肠、盲肠多膨胀	电镜检24小时内粪样可见似车轮状的球状病毒颗粒	1. 注射或口服疫苗；2. 注射康复猪血清或高免血清；3. 注射新城疫Ⅰ系苗作诱导剂，诱导猪机体产生干扰素
伪狂犬病	乳猪	冬春	3日龄后发病	精神沉郁、呕吐、发抖、腹泻，有的有后退、转圈等神经症状	脑膜充血、水肿、实质小点状出血，肝、脾、肾、心及淋巴结上有灰白色坏死点	动物接种病料试验，免疫荧光检查，血清学检验	母猪免疫；发病后注射高免血清。无特效药

续表

病名	发病阶段或日龄	季节	流行特点	临床特征	剖检特征	实验室检验	防治
猪痢疾	49～84日龄	4～5月份和10～12月份	先急性暴发,后为慢性,不易清除	流行初,未显症状突然死亡。多数有不同程度腹泻,先拉软便,渐为黄色稀粪,内混黏液或血	主要是结肠、盲肠黏膜肿胀、充血和出血,肠腔充满黏液,有麸皮样膜	镜检肠黏膜涂片有多量密螺旋体	痢菌净口服和注射
仔猪副伤寒	1～4月龄	多雨潮湿季节	多见于营养、卫生条件差的猪场	多见慢性结肠类型,与肠型猪瘟相似,有急性败血症,经2～6天死亡	特征病变是坏死性盲肠、结肠炎,肠壁厚,覆盖麸皮样物质,脾稍肿,肺增大,继发肝变区或化脓灶	采肝、脾分离细菌鉴定,也可做免疫荧光试验	注射或口服疫苗,主要在预防
红痢(仔猪传染性坏死性肠炎)	1～3日龄	四季	发病急剧,病程短促,大多于1～5天内死亡	排出浅红色或红褐色稀粪,以后粪内含坏死组织碎片,变成“米粥”状粪便	主要是空肠呈暗红色,肠腔内充满含血的液体,肠内容物呈红褐色并混杂小气泡;空肠黏膜肿胀,有出血性或坏死性炎症,有的扩展到回肠,但十二指肠一般不受损害。另外,可见肠系膜淋巴结肿大或出血	此为肠毒症,以肠内容物涂片及毒素接种动物实验为确诊,以中和试验鉴别魏氏梭菌的C型或D型	孕猪产前1个月和半个月各肌内注射红痢菌苗1次。仔猪出生后,用青霉素、链霉素等预防性口服,有一定疗效

续表

病名	发病阶段或日龄	季节	流行特点	临床特征	剖检特征	实验室检验	防治
黄痢（早发性大肠杆菌病）	出生后到7日龄	四季	以第一胎母猪产仔或环境卫生差时发病率高；日龄越小死亡率越高	排黄色稀粪，内含凝乳小片，排粪失禁，脱水消瘦，衰弱死亡	主要病变是胃肠卡他，肠壁变薄，松弛、充气，尤以十二指肠最为严重，发生充血、出血和急性卡他性炎症。肠系膜淋巴结肿大，心、肝、肾等实质器官发生严重退行性病变	此为菌血症，以小肠内容物培养出大肠杆菌1×10^4个/毫升菌落、ELISA检测出抗原为确诊	孕猪产前40天和产前20天各接种1次抗大肠杆菌腹泻菌苗。仔猪出生后即用微生态制剂或抗生素口服，连用3天；可用抗生素交替使用治疗
白痢（迟发性大肠杆菌病）	10～20日龄	四季	饲养管理及卫生差，气温剧变，阴雨连绵等状况多发，病程2～10天	以排出乳白色或灰白色腥臭的糊状稀粪为特征	胃肠卡他性炎症，胃常充盈积有多量凝乳块或未消化的食物；胃黏膜尤以幽门部潮红肿胀	涂片染色镜检	由于该病常与轮状病毒病并发，母猪产前15天、产后7天各进行一次轮状病毒病弱毒苗注射，对本病防疫也有作用
猪水肿病	多发于断奶前后	4～6月份和9～10月份	多见于营养好和体壮的仔猪，突然发病死亡	有些先轻腹泻后便秘，体温升高后很快降至常温，有些眼睑等水肿，或有共济失调等神经症状	主要是水肿，胃大弯、贲门部胃黏膜与肌层胶冻样水肿，肠系膜、皮下等也水肿		参照黄白痢

续表

病名	发病阶段或日龄	季节	流行特点	临床特征	剖检特征	实验室检验	防治
弓形体病	早产乳猪、3～5月龄	夏秋	呈地区性，湿热季节发病	似猪瘟、流感症状，体温升高稽留，腹泻或便秘，皮肤发绀	肺高度水肿，小叶间质增宽，充满半透明胶冻样渗出物。全身淋巴结肿大，小点坏死	动物接种和血清学诊断	增效磺胺-5-甲氧嘧啶
球虫病	6～15日龄	8～9月份，湿热环境	逐渐消瘦和自行耐受	母猪正常，乳猪排灰黄色水样恶臭粪便，pH 7～8，有的与便秘交替发生	小肠卡他，重症状的肠黏膜上有淡白色至黄色圆形结节	查粪便有大量球虫卵囊	用氨丙啉每千克体重25～65毫克，给仔猪或母猪产前1周或产后的哺乳期拌料或混饮，连用3～5天
低血糖症	1～3日龄	四季	因哺乳母猪无乳症而引起	仔猪由不活泼到水样泻、虚弱，然后发展到体温低、昏迷或神经症状	消化道内没有消化物，脱水，肝脏小而硬，肾盂和输尿管内有白色沉淀物	血液尿素氮含量升高，血糖50毫克以下	预防母猪无乳症。腹腔注射5%葡萄糖注射液15～30毫升或口服
缺铁性贫血	2～4周龄左右	四季	以规模化猪场、水泥地面猪舍的猪易发	病仔猪消瘦、食欲不振、下痢与便秘交替，可视黏膜苍白	皮肤和可视黏膜苍白，轻度黄染，肝脂肪变性、肿大，肌色淡，脾肿大、色浅，心扩张，肺水肿，胃肠有灶性病变	血检，血红蛋白和红细胞数皆降低	补铁剂

续表

病名	发病阶段或日龄	季节	流行特点	临床特征	剖检特征	实验室检验	防治
乳猪补料诱导性腹泻或营养性腹泻	7～10日龄，断奶后1周	四季	突然强制补料或吃入不良的奶汁和饲料引起	仔猪活泼，有饮食欲，无全身症状，仅是腹泻消化不良的稀臭粥状粪便	胃肠内充满没有消化的内容物或是少量未能消化的劣质料，胃内pH约5左右，胃肠卡他性炎症		防止日粮抗原（天然酪蛋白或蛋白质）过高导致仔猪免疫高敏感性，容易感染病原菌。适时断奶；喂优质乳猪料或添加2%柠檬酸

附表2 传染性母猪繁殖障碍病（引起母猪流产、死产和木乃伊胎）**的鉴别诊断**

病名	流行特点	临床症状	剖检病变	病原体分离鉴定	血清学方法
猪瘟	低毒力的毒株只能引起母猪繁殖力降低及产生死胎、死产、早产或产生弱小的仔猪	母猪可在急性临床期间或其后发生流产或死产，仔猪弱小，可出现小猪先天性肌阵挛，共济失调、抽搐	内脏淋巴结肿大，呈暗红色，切面周边出血；喉头、膀胱黏膜、肾皮质有出血点；肠卡他或有溃疡	从胎儿体分离病毒，用病死猪脾做兔子试验	1. 白细胞、血小板显著减少；2. 扁桃体等组织荧光抗体法
细小病毒病	主要发生于初产母猪，首次群发，后呈散发，可水平传播和垂直感染，3个月内可100%感染	呈暴发性流产，主要是胎儿干尸化，胎儿死于不同发育阶段，但母猪正常，仅腹围小，存活的有畸形仔猪	妊娠初期感染胎儿出现死亡、木乃伊化、骨质溶解、腐败等，母猪有轻度子宫内膜炎变化，胎盘部分钙化，胎儿在子宫内被溶解吸收。大多数死胎、死产仔、弱仔皮肤皮下充血或血肿、胸膜腔积有淡黄色或淡红色渗出液	取70日龄之内不到16厘米长的胎儿脑、肺、肾做荧光抗体、血凝试验	胎儿存在抗体，用血凝抑制试验，母猪机体病毒滴度高

续表

病名	流行特点	临床症状	剖检病变	病原体分离鉴定	血清学方法
猪繁殖与呼吸障碍综合征	主要侵害种猪、繁殖母猪及其仔猪，经空气、呼吸道感染，也可通过胎盘感染。饲养过密、气候恶劣、卫生不良可促进流行	病猪体温升高，食欲减退，精神不振，少数病猪耳部发绀，妊娠母猪流产、早产、产死胎，仔猪生后呼吸困难，死亡率25%～40%	剖检仔猪仅见头部水肿、胸腔和腹腔有积水。断奶仔猪死后，可见肺炎、胸膜炎、腹膜炎、肠炎、关节炎和败血症等继发感染性病变。公、母猪及育肥猪无肉眼可见变化。间质性肺炎是PRRS最常见的特征性组织病理学变化	用荧光标记单株抗体的方法检查患猪肺、脾的组织切片，也可找出病毒抗原所在的位置	免疫过氧化物酶单层细胞试验（IPMA）检测(PRRSV)抗体，或间接荧光抗体试验(IFA)
伪狂犬病	多为散发，多发生于冬春季，妊娠母猪于临床发病后10～20天流产，青年猪先发病，除妊娠头2个月外都可发生，流产率50%	母猪仅有厌食、精神沉郁，暂时发热，妊娠后期流产。初生猪未出现神经症状可败血症死亡，较大的猪则可出现呕吐、腹泻(痉挛、麻痹、失明、呼吸困难等)	死后见脑膜充血和脑脊髓液增加，扁桃体、淋巴结、肾、肝、脾有1～2毫米灰白色坏死点，心包液增加，肺有出血点和水肿，上呼吸道内有大量泡沫样液体	病料(脑、脾)做兔奇痒试验	免疫荧光法直检脑，扁桃体压片或冰冻切片见核内荧光，还可用中和、标记、琼扩、间接血抑试验和酶联免疫吸附(EL-ISA)等方法
猪流感	多发生在天气骤变和冷湿的季节，往往2～3天全群发病，病程短(1周)，病死率1%～4%。主要伴发或继发嗜血杆菌病、巴氏杆菌病、双球链菌病、沙门氏菌病使病程复杂	发病猪厌食、迟钝、肺炎、有呼吸病症、咳嗽。母猪在妊娠晚期流产或产下个体小且易夭折的仔猪	主要是在呼吸器官发生病变：鼻、咽、喉、气管和支气管的黏膜充血、肿胀，有黏稠的液体，小支气管内充满泡沫样渗出液。胸腔积有大量混有纤维素的浆液。肺病变区膨胀不全		无有效疫苗，无特效疗法

续表

病名	流行特点	临床症状	剖检病变	病原体分离鉴定	血清学方法
猪传染性死木胎病毒感染(SMEDI)	初次感染的大猪,可呈地方性流行;隐性感染的猪群,只有新引进的未曾接触本病的妊娠母猪表现繁殖紊乱	妊娠早期感染,引起胚胎死亡吸收、木乃伊化;妊娠后期感染,引起母猪产出畸形、水肿、虚弱仔猪,母猪配种后又发情,母猪本身常无症状	主要病变为死亡胎儿皮下和肠系膜水肿,胸腔和心包积液,脑膜和肾皮质有小出血点。病理组织学检查,可见血管周围水肿、出血、淋巴细胞浸润,脑内神经胶质细胞增生		用已知抗血清做中和试验
猪乙型脑炎	人畜病毒血症,蚊感染后终身带毒传染,多于7～9月份散发,有严格的季节性,公猪大多一侧性睾丸肿大、发亮,肿稍退或萎缩变硬	病猪突然稽留热,有时病猪有前冲、流白沫等神经症状,或后肢麻痹,视力下降,关节肿大,妊娠后期突然流产,胎儿全身红肿,多胎衣停滞,胎儿腹水多	病变是脑水肿、皮下水肿、胸腔积液、腹水、浆膜有出血点、淋巴结充血、肝和脾有坏死灶、脑膜和脊髓膜充血。出生后存活的仔猪,有震颤、抽搐、癫痫等神经症状	与细小病毒病相似,有脑水肿、皮下水肿、胸腔积液、小点出血、腹水、肝和脾有坏死灶	胎儿荧光抗体试验
衣原体病	猪群多表现持续的潜伏性感染,以妊娠母猪和乳猪最易感。其流行常与潮湿、拥挤、通风不良等诱发因素有关	①流产型:妊娠母猪多在临产前几周发生流产,初产母猪发病率可高达40%～90%,流产前后无不良病症。公猪多呈隐性经过,有的有睾丸炎、包皮炎、副性腺体炎。②肠炎型:乳猪多发。③肺炎型和关节炎型:以断奶后仔猪多发	①流产胎儿和死亡的新生仔猪的头、胸等皮下水肿,有出血点;胎衣呈暗红色,有水肿和坏死区;母猪子宫内膜出血、水肿。②肠卡他性出血性变化,浆膜表面有灰白色浆液性纤维素性覆盖物,肝质脆,有灰白色斑点。③肺水肿,表面有大量出血点	采集病料涂片,姬姆萨染色、斯坦帕(Stamp)氏染色,能见到肝、脾、肺有稀疏的衣原体,膀胱和胎盘可见大量的衣原体及包涵体	血凝抑制(HI)试验,免疫酶联染色法等

续表

病名	流行特点	临床症状	剖检病变	病原体分离鉴定	血清学方法
猪布氏杆菌病	无明显季节性,病猪体温不升高,多于受胎后60～90天流产	多无木乃伊胎,流产的胎膜充血水肿,表面覆以淡黄色渗出液,流产胎儿没有非化脓性脑炎病变。母猪乳腺炎或关节囊炎、皮下组织脓肿。公猪出现单侧或双侧睾丸肿大,为化脓性炎症,副睾丸肿大,还有关节炎、淋巴结脓肿	在皮下各处形成脓肿,呈消耗性慢性疾病,流产胎儿皮下、肌间有出血性、浆液性浸润;胸腔、腹内有纤维素性渗出物;胃、肠黏膜有出血点;胎衣水肿、充血、出血,流产母猪子宫黏膜上有多个黄白色、芝麻大小的坏死结节	采阴道分泌物、流产胎儿胃内容物及化脓灶内脓汁,进行涂片镜检或细菌分离培养	试管凝集试验,在1∶50稀释度呈"++"以上的反应强度为阳性;平板凝集试验,0.04毫升血清出现凝集即为阳性
李氏杆菌病	主要发生于冬季和早春,散发性,偶尔呈暴发流行	有脑膜脑炎的神经症状,血液单核细胞增多,孕畜流产。①败血型:多发于仔猪,病猪呼吸困难,耳和腹部皮肤发绀,皮疹。②脑膜脑炎型:多发于断奶后的猪,也可见于乳猪,病猪兴奋、共济失调、后退、严重侧卧、抽搐、口吐白沫、反应性增强、惊叫。③混合型:多发于乳猪	除败血症病变外,主要是局灶性肝坏死,脾淋巴结、心肌、脑等有坏死灶,脑干和脊髓变软、有化脓灶。流产猪子宫内膜充血后广泛坏死,胎盘子叶出血坏死	采取病猪肝、脾、肺、脑组织、淋巴结等做成抹片,革兰氏染色后,镜检发现有两端钝圆的革兰氏阳性小杆菌,单个散在或成对排列	菌体分离"冷增菌"法培养和动物接种试验

参考文献

[1] 张金枝. 瘦肉型母猪饲养技术手册 [M]. 上海: 上海科学技术出版社, 2005.

[2] 张慧辉, 等. 规模化猪场兽医手册 [M]. 北京: 化学工业出版社, 2013.

[3] 钟正泽, 等. 高产母猪健康养殖新技术 [M]. 北京: 化学工业出版社, 2011.

[4] 蔡少阁, 等. 正说养猪 [M]. 北京: 中国农业出版社, 2011.

[5] 梁永红. 实用养猪大全 [M]. 2版. 郑州: 河南科学技术出版社, 2008.

[6] 潘琦, 等. 科学养猪大全 [M]. 2版. 合肥: 安徽科学技术出版社, 2013.

[7] 张登辉. 瘦肉型后备母猪乏情及配不上种的原因与对策 [J]. 国外畜牧学-猪与禽, 2011 (6): 84-85.